中华人民共和国科学技术部
2005
中国科学技术发展报告
2005 CHINA SCIENCE AND TECHNOLOGY DEVELOPMENT REPORT

科学技术文献出版社

《中国科学技术发展报告》编写组

组　长 ◎ 杜占元　王　元

副组长 ◎ 徐建国　杨起全　周　元　郭铁成　张晓原　武夷山

成　员 ◎（按姓氏笔画排序）

丁坤善　马　缨　毛中颖　孔欣欣　方　衍
王书华　王奋宇　王俊峰　韦东远　巨文忠
包献华　玄兆辉　龙开元　刘　敏　刘树梅
刘　仲　刘　彦　刘　峰　刘冬梅　吕　静
伊　彤　孙福全　朱星华　沈文京　苏　靖
何光喜　宋卫国　张炳清　张　缨　张九庆
张杰军　张述庆　张俊祥　李　津　陈　成
陈宝明　陈颖健　周文能　金逸民　房汉廷
柳卸林　赵　刚　赵　捷　赵延东　赵志耘
徐　芃　徐　峰　徐　峻　郭　戎　郭丽峰
高志前　高昌林　崔玉亭　梅建平　黄　伟
龚钟明　彭春燕　程广宇　程如烟　程家瑜
董丽娅

序言

21世纪头20年，是中国经济社会发展的重要战略机遇期，也是科学技术发展的重要战略机遇期。抓住历史机遇，为全面建设小康社会而努力奋斗，是时代赋予我们的神圣使命和责任。

中国正处在一个新的历史起点上。贯彻落实科学发展观、全面建设小康社会、走新型工业化道路、建立资源节约型和环境友好型社会，决定了中国必须把科技创新作为国家发展战略，把走创新型国家发展道路作为中国面向2020年的战略选择。中共十六届五中全会明确提出必须增强自主创新能力，把自主创新作为科学技术发展的战略基点，作为调整产业结构和转变增长方式的中心环节。胡锦涛总书记在全国科学技术大会上提出，坚持走中国特色自主创新道路，为建设创新型国家而努力奋斗。《国家中长期科学和技术发展规划纲要（2006 — 2020年）》明确提出未来科学技术发展应坚持“自主创新、重点跨越、支撑发展、引领未来”的指导方针。

目前，中国科技创新能力总体上还比较弱。在综合国力竞争日趋激烈的形势下，创新能力不足已对中国经济社会发展和国家安全构成严重制约。但我们也必须看到，建国50多年来，特别是改革开放以来，中国科学技术取得了举世瞩目的成就，已经具备了建设创新型国家的一定基础和能力。中国科技人力资源总量和研发人员总数现在已分别居世界第一位和第二位，这是建设创新型国家的最大优势；中国已经建立了比较完整的学科布局，这是建设创新型国家的重要基础；中国拥有一个巨大、多层次和多样性的国内市场，为建设创新型国家提供了难得的市场空间；中国已经形成了一个自配套能力和自组织能力极强的生产与服务体系，这为建设创新型国家奠定了重要的产业基础；中国也已具备了一定的自主创新能力，在生物、纳米、航天等重要领域的研究开发能力已跻身世界先进行列；中国具有独特的传统文化优势，重视教育、辩证思维、集体主义精神等，为中国未来科学技术发展提供了多样化的路径选择。更为重要的是，中国还具有社会主义制度的政治优势。邓小平理论、“三个代表”重要思想和科学发展观为中国经济社会和科技发展提供了坚实的理论基础；科教兴国战略、可持续发展战略和人才强国战略日益深入人心。

过去的5年，是中国工业化加速发展的5年，国内生产总值（GDP）保持平均每年9.2%的速度增长，国家综合实力显著增强，人民生活大幅改善，“和平发展”之路为世人所瞩目。过去的5年,对于中国的科技改革与发展来说是不平凡的5年。在党中央、国务院的正确领导下，全国科技战线坚持“十五”科技发展规划制定的“创新、产业化”的指导方针，锐意进取，实事求是，勇于创新，科技综合实力显著增强，科技资源配置不断优化，创新能力不断提升，研究开发与产业化成效显著，体制改革与环境建设取得重要进展，为经济与社会发展提供了有力支撑。

《中国科学技术发展报告（2005）》总结了过去5年来科技工作取得的重大成就和进展，对于全面评估和认识中国目前的科技工作尤其是自主创新能力，以及今后工作的调整和布局，有着十分重要的意义。《中国科学技术发展报告（2005）》将力求准确阐述“十五”期间各领域科技发展的战略部署，总结各领域制定并实施的重大科技决策、政策，反映各领域开展的重大科技行动、获得的重大科技成就和取得的主要进展，并结合国家中长期科学技术发展规划纲要和“十一五”科技发展规划，简要分析和阐述相关方面的未来趋势、发展思路与战略部署等。

“十一五”是中国全面落实科学发展观，提高自主创新能力，加快经济增长方式转变、推进产业结构优化升级，为全面建设小康社会奠定基础的关键时期，是贯彻十六届五中全会和全国科学技术大会精神，实施《国家中长期科学和技术发展规划纲要(2006 — 2020年)》的开局阶段。面向未来，我们必须以自主创新为主线，脚踏实地，奋力开拓，开创科技事业发展的新局面，充分发挥科技对经济社会全面、协调、可持续发展的支撑和引领作用，为中国早日进入创新型国家行列而努力奋斗！

徐冠华

2006年7月26日

2005
中国科学技术发展报告
2005 CHINA SCIENCE AND TECHNOLOGY DEVELOPMENT REPORT

前言

“十五”期间，是中国经济社会发展进入新世纪后的一个重要的新阶段，也是中国科学技术发展的一个十分重要的历史时期。5年来，在党中央、国务院的领导下，中国科学技术发展取得了举世瞩目的成就。在“十五”科技发展规划所确立的“创新、产业化”方针的指引下，中国对新世纪开局阶段的科学技术发展做出了全面的部署，以不断增强自主创新能力为主线，坚持深化改革和扩大开放，发挥了科学技术支撑和引领经济社会发展的关键作用，为中国未来科学技术的发展和建设创新型国家奠定了扎实的基础。

为了全面反映“十五”期间中国科学技术的发展战略、政策、体制改革的进展和国家科技计划的主要安排与实施，介绍中国在主要领域中的科学技术发展情况，宣传中国科技战线贯彻落实科教兴国战略和可持续发展战略所取得的成就，让社会公众更多地了解和理解中国科技发展的全局，中华人民共和国科学技术部决定编写出版《中国科学技术发展报告（2005）》。

《中国科学技术发展报告（2005）》是一部政府出版物。本书全面描述了“十五”期间中国（指中国大陆，不含香港、澳门和台湾）科学技术发展的战略部署、目标和重点任务，准确阐述了国家科学技术发展的重大决策、政策，客观反映了各领域开展的一系列科技行动、取得的重大科技成就和主要进展。本书采用简明文字和图表，从国家、地方、行业、企业等多个层面，对中国科学技术发展进行了比较系统地描述和总结。

该书共十二章。第一章从总体上阐述了科学技术发展趋势、“十五”期间中国科技发展的重大部署以及取得的重大成就和进展。第二章全面和系统地介绍了制定国家中长期科学和技术发展规划的背景、制定过程和特点，以及科技发展战略研究的主要成果和《国家中长期科学和技术发展规划纲要（2006 — 2020 年）》的主要内容。第三章阐述了研究机构、企业、高等学校的改革与科技创新，以及军民两用技术创新体系建设和科技中介组织发展。第四章阐述了深化科研机构管理体制改革、优化资源配置、营造良好创新环境等方面的科技政策与法律法规。第五章分析了中国科技投入、科技金融、科技条件、科技人才等科技资源的增长、结构和资源配置机制。第六章描述了基础研究的战略部署、总体进展和主要学科与领域具有代表性的创新成果。第七章介绍了战略高技术发展重点以及信息技术、生物技术、新材料技术等领域的创新成果。第八章阐述了现代农业技术新进展，农村科技产业化，农村区域经济发展等。第九章对中国制造业、能源、交通等主要行业和领域的技术创新活动与代表性成果做了介绍，并描述了中国高技术产业和国家高新技术开发区发展的基本概况。第十章阐述了资源环境、人口健康等领域的科技创新活动，以及中国科普事业的发展。第十一章描述了中国区域科技发展的主要特点、重大区域科技行动和地方科技工作。第十二章介绍了中国国际科技合作的新局面，以及参与的国际大科学工程计划等重要进展和成果。

我们希望，本书将成为所有想了解中国科学技术发展和科技工作的人们，特别是各级政府行政人员、政策与管理研究人员、科技工作者，以及国外政府和有关国际组织的一部具有权威性、全面性和客观性的重要文献。

在本书编写过程中，我们得到了各级政府部门、行业协会、学术团体、科研机构、高等学校、企业等相关单位和专家的大力协助与支持，在此一并表示衷心的感谢。

编写组

2006 年 6 月

2005
中国科学技术发展报告
2005 CHINA SCIENCE AND TECHNOLOGY DEVELOPMENT REPORT

目录

2005
中国科学技术发展报告
2005 CHINA SCIENCE AND TECHNOLOGY DEVELOPMENT REPORT

第一章
综述

进入新世纪，世界新科技革命发展的势头更加迅猛，科技活动孕育着新的重大突破，中国科技既迎来了跨越式发展的历史机遇，也面临着更加严峻的竞争和挑战。同时，中国进入了全面建设小康社会、加快推进现代化建设和积极参与经济全球化的新时期，经济社会发展对科技的需求日益迫切。为此，党中央、国务院做出了一系列重大部署，为全国科技工作指明了方向。在各方面的通力协作下，"十五"期间中国科技事业取得了一系列重大成就和进展，为支撑和引领经济社会发展做出了重大贡献，为未来科技发展奠定了良好基础。

第一节 科技发展趋势与战略选择

当今时代，全球科技活动正呈现出一系列新的趋势。科技创新不断涌现，科技竞争日益激烈，重大发现和发明从根本上改变了人类社会生产方式和生活方式，科技已成为推动世界经济格局、利益格局和安全格局重大变化的主导力量。面对这一新的形势，世界各主要国家都把促进科技创新作为国家战略，把科技投资作为战略性投资，把超前部署和发展高技术及产业作为带动经济社会发展的战略举措。

一、科技发展趋势

○ 科技相互交叉渗透，推动人类整体认识能力的飞跃

20世纪以来特别是二战以后，科技发展的跨学科性日益明显。许多学科之间的边界变得更加模糊，重大创新更多地出现在学科交叉领域。学科之间、科学和技术之间、自然科学和人文社会科学之间相互交叉渗透，导致众多跨学科领域的诞生，引发新的科学和技术革命。学科的交叉融合，促进了新兴学科的发展，深化了人类对于化学、生物学、信息科学等基本原理的认识。科学与技术之间的相互融合、相互作用和相互转化更加迅速，逐步形成了统一的科技体系，提高了人类改造世界的能力和效率。同时，先进仪器和设备的广泛应用，使科技在宏观和微观两个尺度上，向着更复杂、更基本的方向发展。对基本粒子、基因、微机械、微加工和纳米材料等微观世界的研究，对网络系统、经济系统、生态系统、大脑和生命系统等复杂系统的研究，正在突破人类传统认识的极限，这预示着科技将进入一个前所未有的创新密集时代。

○ 科技发展速度加快，科技成果转化周期大大缩短

科研成果转化为现实生产力的周期越来越短，技术更新速度越来越快。电磁波理论的提出到无线通信的实现相隔近30年，而集成电路技术仅用了7年的时间就得到应用。20世纪，电话走进50%的美国家庭用了长达60年的时间，而互联网进入50%的美国家庭只用了5年时间。人类基因组、超导、纳米等许多基础研究的成果，在中间阶段就已申请了专利，很多科学研究的成果迅速转化为产品，走进人们的生活。科技成果产业化周期缩短，造就了新的追赶和超越机会。当前，在纳米技术、生物技术等新兴领域，不少国家都处在相近的起点上，后发国家完全有可能在这些领域实现突破，带动整体科技竞争力的跃升。

○ 科学理论超前发展，原始性创新能力成为科技竞争的核心

与20世纪以前的情况不同，现代技术革命的成果绝大多数源于基础研究领域的原始性创新。核能、集成电路、生物技术以及正在兴起的纳米技术，都是源于基础科学理论的突破。科学理论越来越走在技术和生产的前面，为技术和生产发展开辟新的道路。科技已成为引领经济和社会发展的主导力量，科技竞争的焦点在不断前移，原始创新、关键技术创新和系统集成的作用日益突出，原始创新能力已经成为国家间科技竞争的核心，成为决定国际产业分工地位和全球经济格局的关键因素。

○ 科技全球化进程加速，创新方式发生重大变化

随着经济全球化的迅速发展，人类面临的许多问题越来越呈现出全球化的特征，如全球环境、食品安全、生物多样性保护和传染病的防治，以及反恐、维护世界和平与稳定、保障国家安全等问题。世界各国为了解决共同面临的发展难题，加强了彼此之间的科技交流与合作，资本、信息、技术和人才等要素在全球范围内的流动与配置日益普遍。科技全球化，促进了科技资源的整合，提高了配置效率，使传统的科研组织结构和创新方式发生了重大变化，并影响着世界产业发展的格局。国际科技的交流与合作，在一定程度上帮助了后发国家及时吸收世界上先进的科技知识，培育后发国家科技人才队伍的成长。

二、战略选择

科技全球化并没有改变国家间竞争的本质，科技竞争仍然是国家间竞争的焦点，自主创新能力成为国家竞争力的决定性因素。对此，世界主要国家都做出了比较一致的战略选择。

○ 把科技创新作为重要的国家战略，争夺科技制高点成为国家发展战略的重点

美国政府把保持美国在科技最前沿领先地位作为国家战略目标；英国政府提出必须确保科学基础的优异和强大，并把创新作为提高生产效率和加快经济增长的核心；日本政府相继提出了科技创新立国和知识产权立国的国家战略；韩国政府提出了必须在国家层次上制定和执行以科技为基础的政策，为国家发展探索新的道路。

○ 大幅度增加研究开发支出，把科技创新投资视为最重要的战略性投资

2005财年美国联邦科技预算为1273亿美元，这是美国历史上最大规模的联邦政府研究开发支出；英国

政府发布了《英国10年（2004—2014）科学与创新投入框架》，明确提出到2014年将研发经费占GDP的比例提高到2.5%；欧盟提出到2010年将研发经费占GDP的比例提高到3%；韩国提出到2025年将研发经费占GDP的比例提高到4%。

○ 把超前部署和重点发展战略技术及产业作为实现创新跨越的重要突破口

美国的信息高速公路计划、国家纳米技术计划和氢能研发计划，欧洲的科技框架计划和伽利略计划，韩国的先导技术研发计划和替代能源计划等，则体现了这一点。

面对更加激烈的科技竞争，提高自主创新能力，增加国家竞争实力，是中国必须坚持的战略选择。"十五"期间，中国充分借鉴和吸收以往科技发展的成功经验，认真分析经济社会发展所面临的矛盾和问题，做出了重要部署，为全面建设小康社会提供了有力支撑。

第二节 "十五"期间中国科技发展的重大部署

"十五"是中国实施现代化建设第三步战略部署的第一个五年，是社会主义市场经济体制初步建立后的第一个五年，是科技事业加速发展的五年。为适应科技发展趋势和国际国内形势出现的新变化，国家制定了《国民经济和社会发展第十个五年计划科技教育发展专项规划（科技发展规划）》（简称"十五"科技规划），对"十五"期间中国科技发展做出了重大部署。为落实和有效实施"十五"科技规划，国家调整了科技计划体系，实施了人才战略、专利战略、技术标准战略（简称"人才、专利和技术标准三大战略"），组织了12个重大关键技术攻关与产业化示范科技专项（简称"12个重大科技专项"），进一步深化了科技体制改革。

一、制定科技规划

"十五"科技规划按照"有所为、有所不为，总体跟进、重点突破，发展高科技、实现产业化，提高科技持续创新能力、实现技术跨越式发展"的指导方针，针对国民经济发展的现实与未来需求，从"促进产业技术升级"和"提高科技持续创新能力"两个层面进行了总体部署：一是以企业为技术创新主体，重点攻克产业发展的关键技术，推动高新技术产业发展，运用高新技术改造传统产业，促进产业技术升级和结构调整；二是充分发挥大学和科研院所的作用，大力开展战略高技术研究和原创性基础研究，提高科技持续创新能力，力争在有相对优势或战略必争的关键领域实现技术的跨越发展。

二、调整科技计划体系

为促进国家科技资源的有效配置和利用，"十五"期间科技部将国家科技计划体系优化和调整成"3+2"模式，即国家高技术研究发展计划（863计划）、国家科技攻关计划、国家重点基础研究发展计划（973计划）

三大主体计划加研究开发条件环境建设、科技产业化环境建设两方面的计划。

863计划着重解决战略性、前沿性和前瞻性的高技术问题，积极支持发展具有自主知识产权的高技术；国家科技攻关计划以促进产业技术升级和解决社会公益性重大技术问题为主攻方向；973计划支持面向国家重大需求、立足科学前沿、战略性强的重大基础理论研究，全力提高中国原始创新能力。

研究开发条件环境建设的主要任务是加强科技基础条件平台建设、社会公益研究、国际科技合作等专项工作，以及加强国家科技基地建设，包括国家重点实验室建设计划、国家重大科学工程建设项目计划、国家工程技术研究中心、国家科技基础条件平台建设、科研院所社会公益研究专项、国际科技合作重点项目计划、国家软科学研究计划等。

科技产业化环境建设的主要任务是加强科技产业化试点示范，加强科技中介机构建设和其他相关环境建设，包括星火计划、火炬计划、国家科技成果重点推广计划、国家重点新产品计划、科技型中小企业技术创新基金、农业科技成果转化资金、科技兴贸行动计划、生产力促进中心、大学科技园建设、国家农业科技园区、科研院所技术开发研究专项资金等。

三、实施三大战略

为积极应对中国加入世界贸易组织带来的机遇和挑战，经国家科教领导小组批准，科技部于2002年启动实施了人才、专利和技术标准三大战略。实施人才战略，旨在积极参与国际人才竞争，发现、培养和稳定人才作为重要任务；实施专利战略，旨在强化知识产权的创造和保护，鼓励研发主体申请专利；实施技术标准战略，旨在建立部门和产业协调机制，在全国开展技术标准试点示范，积极参与国际技术标准制订，形成各部门、各地方联合推动的工作格局。

专栏1-1

人才、专利、技术标准三大战略

人才战略。在973计划、863计划、攻关计划、国家自然科学基金和中科院知识创新工程的部署中都对人才队伍的建设提出了明确要求，同时实施了“百人计划”、跨世纪人才培养计划、高层次创造性人才计划、国家杰出青年科学基金等各类人才计划，重点支持学科团队和优秀研究团队；通过兴办留学人员创业园、实施海外学子创业工程、设立海外学人基金和专项等，吸引海外留学人员归国创业。

专利战略。中国专利工作加强了相关部门之间的协作，在促进技术创新成果的产权化方面采取了一系列重大的举措：在国家主体科技计划中，如863计划、攻关计划，提出知识产权目标要求；继续落实“对外申请专利资金”，鼓励在国家重点领域取得的具有国际市场的重要技术和产品向国外申请专利；推进实施“专利战略推进工程”，帮助科技创新主体培育和形成新的科技优势。

技术标准战略。在促进国家技术标准工作的开展方面取得积极进展，在关键技术标准研制等方面成果显著。列入“十五”重大科技专项的“重要技术标准研究”专项，目前已完成近500项国家标准和近1000项行业标准的研制工作。

四、组织重大科技专项

为迅速抢占一批21世纪科技制高点，力争在3～5年内在中国的若干科技领域取得重大技术突破和实现产业化，经国家科教领导小组批准，“十五”期间科技部集中资源组织实施了12个重大关键技术攻关与产业化示范科技专项（简称“12个重大科技专项”），注重突出重点，有所为、有所不为，实现创新突破，开发新产品、建立新产业、实现跨越式发展。通过重大专项的实施，力争对调整中国产业结构、提高市场竞争能力和增加农民收入等国民经济和社会发展的重大战略问题产生深远的影响。

专栏 1-2

12个重大科技专项

12个重大科技专项是：

超大规模集成电路和软件
信息安全、电子政务及电子金融
功能基因组和生物芯片
电动汽车
高速磁浮交通技术
创新药物与中药现代化
农产品深加工技术与设备研究开发
奶业重大关键技术研究与产业化技术集成示范
食品安全关键技术
现代节水农业技术体系及新产品研究与开发
水污染控制技术与治理工程
重要技术标准研究

五、深化科技体制改革

为加强科技体制建设，科技部在继续推进开发类院所改革的基础上，全面推动部门和地方社会公益类研究院所改革。加速建立现代科研院所制度，按照中共中央十六届三中全会确定的“职责明确、评价科学、开放有序、管理规范”的原则，推行科技人员聘用制和岗位管理，实行科研院所长和重要科研岗位人员面向社会公开招聘制度，实行岗位任期制，形成人员能上能下、能进能出的良性机制。以深化产权制度改革为核心，推动开发类科研机构加快建立现代企业制度，增强持续创新能力。进一步发挥转制院所在科技进步中的作用，重点加大竞争前技术和关键技术领域的国家支持力度。加强科技中介服务体系建设，在全国初步形成符合社会主义市场经济体制和国家创新体系建设要求的，开放协作、功能完备、高效运行的科技中介服务体系，基本满足各类科技创新活动的服务需求。认真贯彻落实“第一把手抓第一生产力”的方针，加强地方科技工作，完善区域创新体系，把科教兴国战略落实到基层。营造良好制度环境，力争在科技计划、科技经费、科技评价和科技奖励等改革上取得突破。

第三节
“十五”期间中国科技发展的重大进展和成就

“十五”期间，中国科技工作紧密围绕国民经济和社会发展的重大战略需求，统筹布局，科学安排，精心组织实施了多个领域的攻关，成功应对了“非典”疫情等重大突发性事件，科技工作取得重要进展，基本完成了“十五”科技规划制定的目标和任务。

一、科技综合实力增强

○ 科技投入持续增长

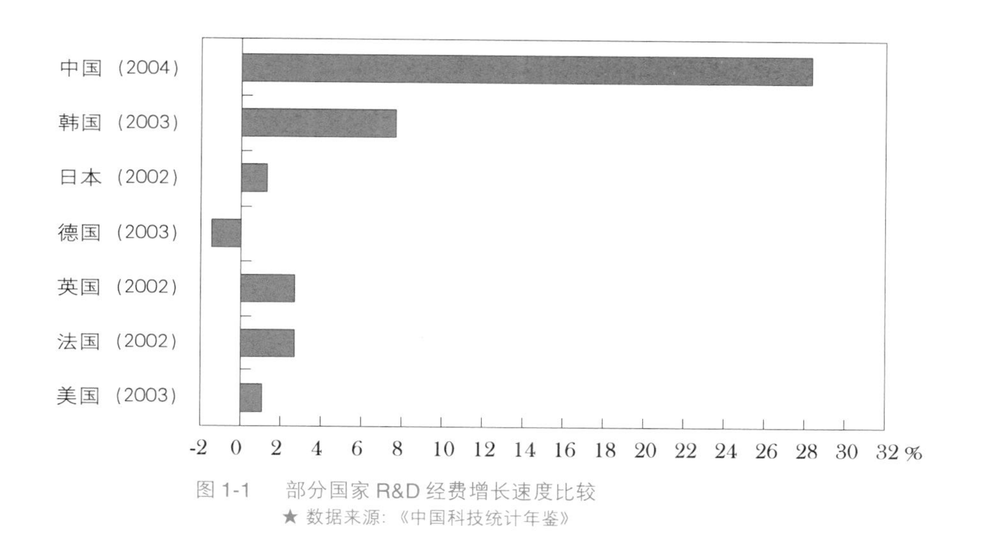

图 1-1　部分国家 R&D 经费增长速度比较

★ 数据来源：《中国科技统计年鉴》

进入“十五”以来，中国科技活动经费筹集额呈现快速增长态势，2004年总额突破4000亿元，2000—2004年年均增长16.5%。2001年中国R&D经费支出首次突破1000亿元，2004年接近2000亿元，总量排世界第6位。2000—2004年R&D经费年均增长速度21.7%，明显高于国内生产总值（GDP）的增长，也大大高于发达国家的增长水平。中国科技投入强度不断提高，R&D经费占国内生产总值的比例（R&D/GDP）2002年首次突破1%，2004年达到了1.23%。

○ 科技人才队伍不断壮大

“十五”期间，国家颁发了《2002—2005年全国人才队伍建设规划纲要》，2003年12月又召开了全国人才工作会议，全面规划和部署人才队伍建设工作，组织实施了“新世纪百千万人才工程”、“博士服务团”、

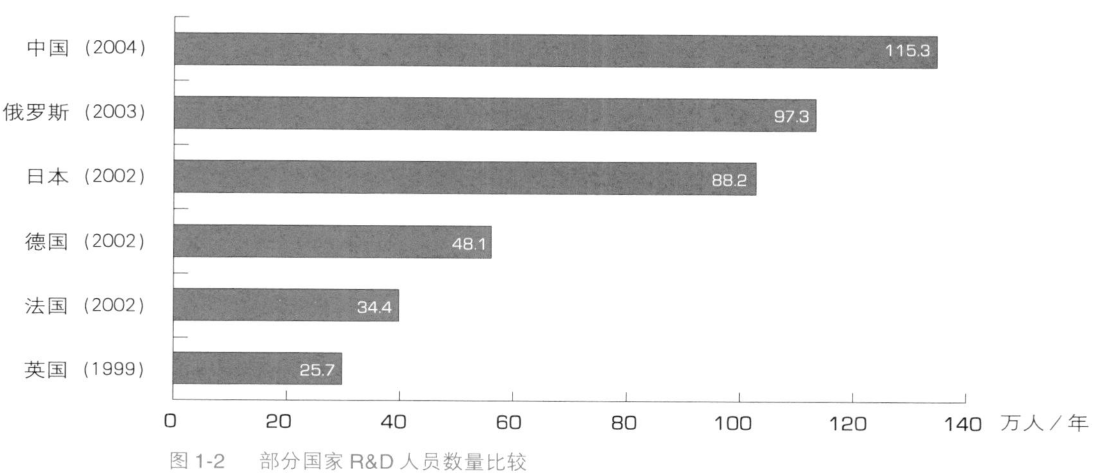

图 1-2　部分国家 R&D 人员数量比较

★ 数据来源：《中国科技统计年鉴》

"长江学者奖励计划"、"百人计划"等一系列计划，为科技人才的成长提供了更为宽广的舞台，推动了多层次人才培养体系的形成与完善。"十五"以来，中国科技人力资源稳步增加，科技队伍日益壮大。2004年每万名经济活动人口中科技活动人员达到45人；中国R&D人员增长较为迅速，年均增长接近6%，于2002年首次突破了100万人，2003年超过俄罗斯跃居世界第2位；科技活动人员素质结构明显改善，中国R&D人员中的科学家、工程师所占比例稳步提高，2004年首次超过80%。

"十五"期间，中国加强了科技人才的培养和储备，逐步形成了多渠道的科技人才供给网络。普通高等学校大学生和研究生招生规模不断扩大。大学生招生数量年均增长19%，研究生增长26%。自然科学与工程技术领域的大学生和研究生总数不断增加，为中国未来科技发展提供了较为充足的后备科技人力资源。归国留学人员明显增加，年均增长29%，高于"九五"同期20个百分点。2004年归国留学人员与出国留学人员的比例比"十五"初期提高7个百分点。许多归国留学人员不仅在大学、科研机构的研究工作中发挥了重要作用，而且还通过创办实业带动了经济的发展，成为中国科技人力资源的重要组成部分。

○ 科技论文数量增加、质量提高

中国原始创新能力在"十五"期间得到一定程度的提高，突出表现在科技论文数量迅速增加，论文质量明显提高。国内科技论文数量2004年达到31万篇，年均增量3万篇左右，高于"九五"时期年均1万余篇的增量。中国发表的国际论文年均增长22%，高于"九五"增长水平，总量位于世界第5位，居发展中国

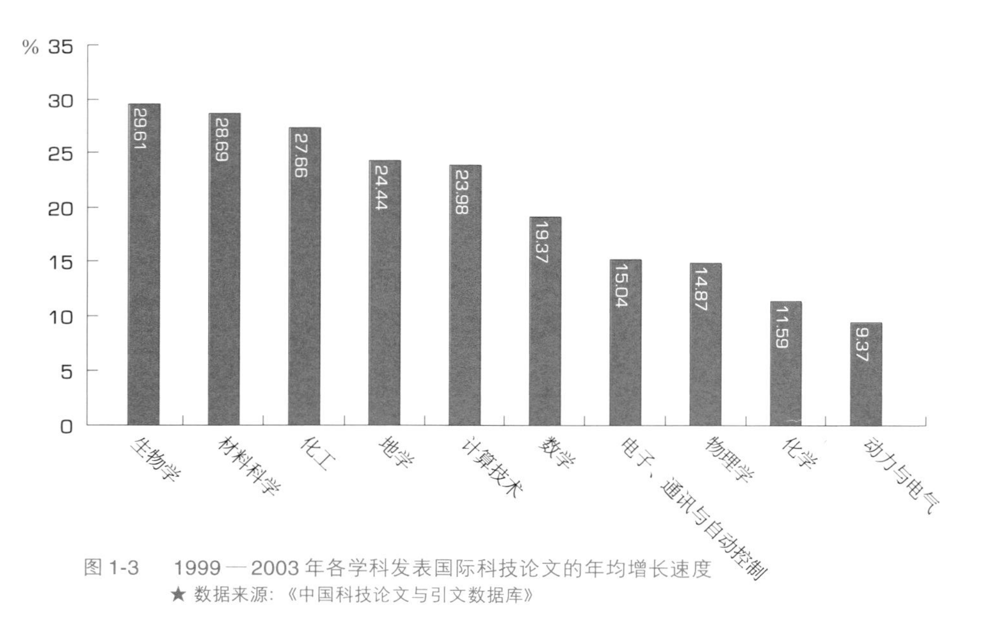

图1-3　1999—2003年各学科发表国际科技论文的年均增长速度
★ 数据来源：《中国科技论文与引文数据库》

家首位。中国国际科技论文占世界总数的比例由2001年的4.4%增加到2004年的6.3%。按学科来看，1999—2003年中国发表国际科技论文最多的学科分别是化学、物理学和电子、通讯与自动控制，增长幅度最大的为生物学、材料科学和化工，反映出中国科学研究与世界前沿科学发展的紧密联系。

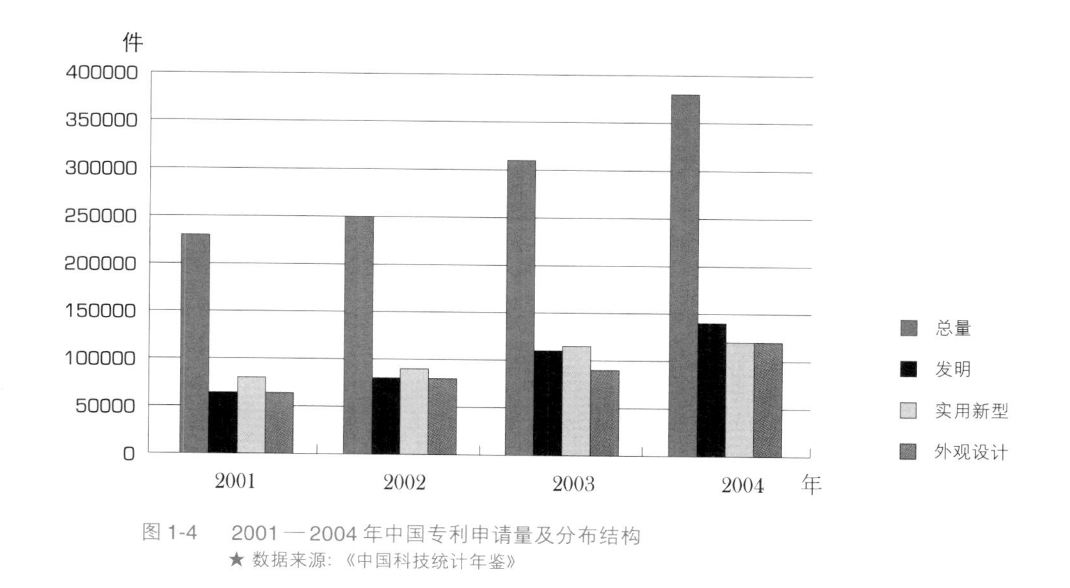

图 1-4　2001—2004 年中国专利申请量及分布结构
★ 数据来源：《中国科技统计年鉴》

中国国际科技论文质量和国际影响力也有较大提高。1993—2003 年被《SCI》收录论文的被引证次数排世界第 19 位，1995—2005 年升至第 14 位。

○ 专利总量增长、结构改善

“十五”期间，中国专利申请量以年均 18% 的速度增长，高于“九五”时期年均 13% 的增幅，2004 年达到 35 万余件。2003 年，来自国内的发明专利申请数量首次超过来自国外的申请。2004 年，发明专利申请量首次超过实用新型和外观设计申请量，专利结构有所改变。

中国在国外的发明专利申请量和授权量也出现较快的增长。中国在美国提出的专利申请在2003年达到 887 件，是 2000 年的 2 倍；2002 年中国拥有三方专利（在欧洲专利局和日本专利局提出了申请，并已在美国专利商标局获得授权）144 件，在非 OECD 经济体中位居第二。

二、科技资源配置改善

○ 企业科技投入持续增加

“十五”期间中国科技发展的一个突出变化是企业科技投入快速增长。2004 年企业科技投入增速高达 30%，占全国科技活动经费筹集额的比例达到 64%。企业 R&D 经费在全社会 R&D 总支出中的比例稳步上升，2004 年已达 66.8%，比 2000 年提高 6.8 个百分点。大中型工业企业科技活动活跃，在企业研发活动中占有越来越重要的地位。大中型工业企业R&D经费支出延续了“九五”后期的高增长态势，保持了年均近30% 的增长速度，占企业全部 R&D 经费中的比例由 2000 年的 66% 上升到 2004 年的 73%。

○ 国家财政科技拨款稳步增长

2001—2004 年，中央财政科技拨款年均增幅达到 19%，比“九五”提高 6 个百分点。2000 年在国家财政科技拨款中，中央财政拨款占 61%、地方财政科技拨款占 39%，2004 年这两个比例分别变为 63% 和 37%。

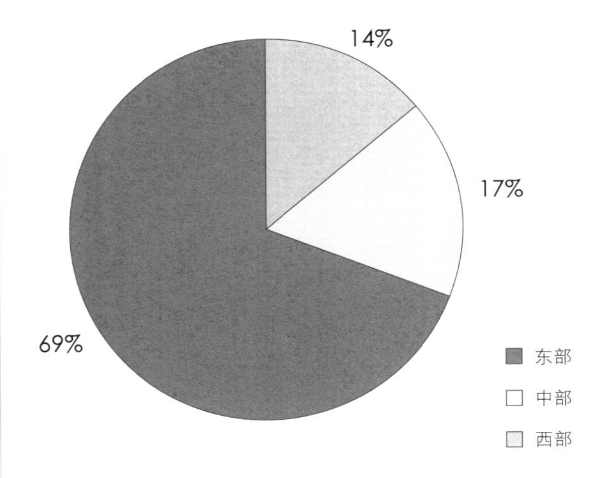

图 1-5　2004年东、中、西部科技经费筹集的比例

经济发达地区的财政科技拨款增长加快。2001—2004年，上海、浙江、北京、天津、江苏等省市，财政科技拨款年均增幅超过20%，有力地促进了地方经济社会的发展和科研实力的提升。

○ 资源配置结构逐步调整

"十五"期间，中国投入到基础研究、应用研究领域和试验发展的R&D经费结构相对稳定，基础研究和应用研究领域R&D经费支出在全国R&D总量中的比例有所提高。2004年基础研究和应用研究的R&D经费占全国总量的比例分别比2000年的5.2%和17%提高了约0.7个百分点和3.4个百分点。2001—2004年，中国高等院校的R&D经费年均增长超过27%，比"九五"时期年均增幅提高了14%，也高于同期全部企业和研究机构的增幅。在R&D经费支出中，高等院校所占的比例由2000年的8.6%提高到2004年的10.2%；企业所占的比例上升7个百分点，达到67%；研究机构所占的比例从2000年的28.8%下降到2004年的22.0%。

○ 西部科技资源投入加大

随着国家西部大开发战略的实施，西部科技资源投入得到了较快的增长。2001—2004年，西部地区科技活动经费筹集额年均增长20%，科技活动人员数量年均增长3%。2004年西部科技经费筹集额占总量的比例达到14%。国家科技计划中加大了对西部的投入。国家科技攻关计划中特别设立了"西部开发科技专项"；在西部地区科技发展的一些重点领域，还实施了若干重点行动计划，如为推进西部高技术产业发展，实施了"三大行动套餐"（即消除"数字鸿沟"西部行动、西部新材料行动、西部新能源行动）；为解决"三农"问题，实施了"星火西进"行动。同时，其他相关计划或工作，如火炬计划、科技型中小企业创新基金、科研基础条件建设、农业科技成果转化基金等，也都在一定程度上向西部地区进行了倾斜投入。

三、科技创新能力提升

○ 重大领域自主创新能力增强

"十五"期间，科技部全面启动实施的12个重大科技专项，总体进展顺利。12个专项取得了2000多项重要研究成果，形成了700多项国家标准，在一些长期受制于人的关键技术领域取得了重要突破，带动了信息、生物、新材料等关键产业的跨越式发展，培育了新的经济生长点。

以"众志"、"龙芯"等为标志的集成电路技术取得较大进展，由技术突破向重点推广纵深发展；曙光4000A超级计算机位列全球超级计算机500强前列；新型高速路由器在中国下一代互联网建设中得到应用；具有自主知识产权的第三代移动通信TD-SCDMA系统正在走向产业化；红旗Linux、永中办公套件和数据库软件等国产核心软件产品在国内得到推广应用。

国家信息安全应用示范取得关键技术突破，电子政务试点示范工程已进入可信互联互通阶段，异构网络平台、网络环境下密码、密钥、服务和监管分布等关键技术为金融信息化提供了支撑。

功能基因组和生物芯片专项先后有15篇学术论文发表在《Cell》、《Nature》、《Science》、《PNAS》等世界一流的学术刊物上，申请了202项国际专利和1021项国内专利，发现并确证在医疗诊断、药物创新、农业性状等方面具有广泛应用前景且具有自主知识产权的功能基因163个，找到潜在药靶12个。同时，建成了若干生物芯片产业化基地，实现了芯片生产产品多样化、流程工业化。

高性能复合材料领域的两项研究成果获得2004年度国家技术发明奖一等奖，结束了这一重要奖项连续六年空缺的局面；高温超导带材的产品综合性能和技术达到世界先进水平，产品已进入国际市场。

国家电动汽车技术创新平台和拥有自主知识产权的新一代新能源汽车动力系统技术平台已初步建立，整车技术、燃料电池、发动机、混合动力等关键技术研究开发和产业化取得重要进展，16个清洁汽车试点城市（地区）燃气汽车保有量已达到20万辆，建成加气站630多座；高速磁浮交通技术取得重要进展，通过消化吸收，基本掌握了磁浮交通系统关键技术。

现代中药、网络、数字高清晰度电视等产业化专项，加快了科技产业化进程；数控五轴五面加工中心等高端数控机床研制取得突破；高性能对地观测微小卫星技术与应用等工程已进入主体实施阶段；制造业信息化工程重大专项的实施，形成了一批集数字化设计、数字化生产、数字化装备和数字化管理于一身的数字化企业。

○ 科技持续创新能力提高

“十五”期间，国家切实加强基础研究、前沿技术研究和社会公益研究工作，增大对这些研究领域的支持力度。通过863计划、973计划、自然科学基金、知识创新试点工程等的实施，科技持续创新能力稳步提高，取得了一批具有重要意义和影响的创新成果。基础研究的原始创新能力得到增强，解决了一批社会经济发展中的重大科学问题，使中国在国际科学前沿占据了一席之地；取得了以“神舟”系列飞船的成功发射为代表的一大批具有世界水平的研究成果，突破并掌握了一批关键技术，缩小了同世界先进水平的差距；在农业、生命健康、公共安全等方面开展了一系列的攻关与示范工程，解决了许多关系国计民生的公益性问题。

2001 — 2004年，973计划获得授权的发明专利2193项，国家三大奖93项——其中国家自然科学一等奖1项，国家科技进步一等奖8项。阶段性研究成果在国民经济与社会发展中的重要作用正日益显露，一批创新成果在国际学术界产生了重要影响：非线性光学晶体、量子信息和通信、超强超短激光研究居国际前列；“澄江动物群与寒武纪大爆发研究”于2003年获得国家自然科学奖一等奖等。随着国家对自然科学基金的投入逐年增长，优秀中青年科技人才成为各类基金项目资助的重点，中青年主持人的比例在70%以上，他们获得了具有影响力的科研创新成果。知识创新工程在战略高技术、重大公益性科技创新、重要基础研究领域取得了一大批基础性、战略性与前瞻性的科技创新成果。

截至2005年9月，863计划（民口）共申请专利9500余项，其中发明专利6600项以上；软件著作登记权近千项；制订标准730余项，共发表论文约3.5万篇。“十五”期间，863计划取得了一批具有标志意义的成果：在微电子装备方面，成功研制出四台0.1微米工艺的超大规模集成电路刻蚀机样机，自主开发出8英寸、0.1微米工艺的大角度离子注入机样机，这些样机均已成功进入了大生产线的试运行；在能源技术领域，模块化高温气冷堆的研究与建造已达到世界先进水平，高温堆蒸汽透平循环发电进入了商业化示范建设阶段，高温气冷堆氦气透平发电系统取得重大技术突破，成为世界上第一个将高温堆与气体透平直接循环结合的试验装置；在生物和现代农业方面，率先在国际上独立完成了籼稻9311全基因组测序和粳稻第4号染色体精确测序，构建了世界上惟一完整的家蚕28对染色体的近等位标记系统；在新材料方面，在国际上首次制备了新型深紫外非线性光学晶体材料KBBF和深紫外谐波光全固态激光器，成功开发出了国际上最大功率的红绿蓝全固态激光器，研制出60英寸激光家庭影院及140英寸大屏幕激光显示样机，巩固了中国在人工晶体和全固态激光器领域的国际领先地位。

图1-6　神舟六号船箭塔组合体被勤务塔合拢、为火箭燃料加注做准备

国家科技攻关计划自实施以来，始终坚持面向经济建设主战场，把解决国民经济和社会发展中重大的综合性和关键性技术问题作为基本宗旨，组织实施了一批重大项目，取得了一系列重大成果，在支撑中国农业发展，推动产业结构优化与升级，培育和发展新兴产业，促进社会协调可持续发展以及人才培养和基地建设等方面做出了重要贡献。利用分子技术构建了中国特有和优异的主要农作物资源“分子身份证”，初步筛选出符合目标要求的主要粮食优异种质200多份；工业过程控制技术开发的部分产品，已经开始在宝钢和秦山核电站中应用；在大型乙烯工程关键技术开发中，国产15万吨/年裂解装置的单位能耗为537.5万卡/吨乙烯，达到国际同类技术的先进水平。“十五”期间，攻关计划共产生新产品912项、新技术工艺749项、新材料56项、中试生产线735条、生产线524条、各类新成果361项，制订新标准222项，获得国家级奖励8项、部级奖励56项。

四、研究开发与产业化成效显著

○ 国内技术交易活跃

“十五”期间，全国技术市场交易规模继续扩大，交易水平不断提高。继2003年技术合同交易额首次突破1000亿元后，2004年又实现了23%的增长，交易总额高达1334亿元；技术合同的平均交易数额明显增加，由“九五”末期的27万元提高到40余万元。

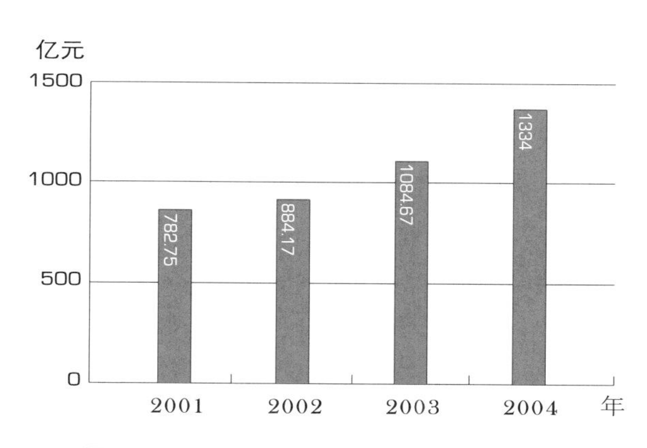

图 1-7　2001 — 2004 年中国技术市场合同成交额

★ 数据来源：《中国科技统计年鉴》

○ 企业研发产出稳中有升

“十五”是企业职务发明专利申请量和授权量增长的黄金期。2001 — 2004年，企业发明专利申请年均增长35.5%，2004年企业职务发明专利申请占国内职务发明专利申请总量的64.7%；企业发明专利授权年均增长63.5%，2004年国内职务发明专利授权量中一半为企业所有，2004年企业发明专利授权量是2000年的6倍。

2001 — 2003年，大中型工业企业新产品收入继续保持较快的增长速度，年均增长约23%，较“九五”同期略有提高。新产品收入占销售收入的比例基本保持在15%左右，与“九五”末期基本持平。

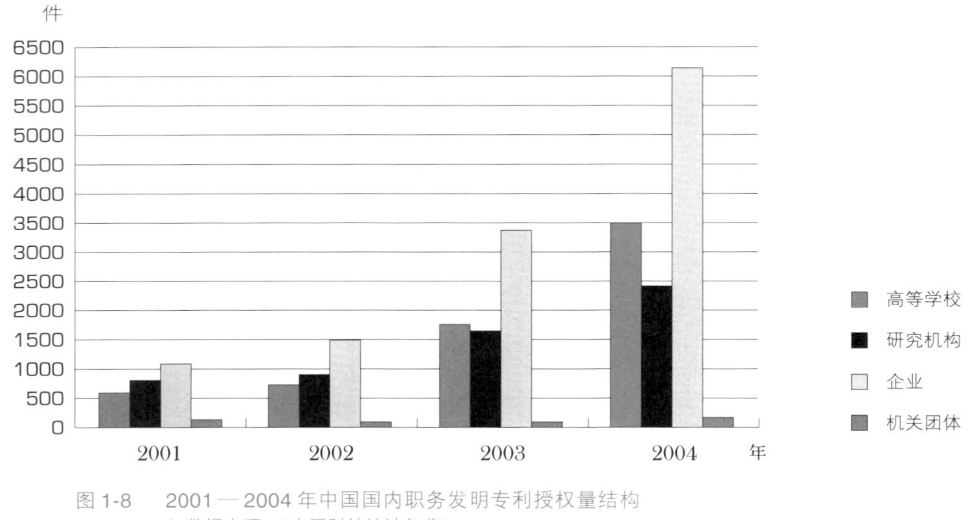

图 1-8　2001—2004 年中国国内职务发明专利授权量结构
★ 数据来源：《中国科技统计年鉴》

○ 高技术产业发展迅速

按照国际可比的高技术产业口径统计，2004年中国高技术产业增加值占GDP的比例已达4.6%，比“九五”末期提高了0.7个百分点；全员劳动生产率达到人均10.8万元，比“九五”末期提高了3.7万元，比制造业高出2.7万元。国家高新技术开发区发展迅速，成为区域经济增长的重要推动力量。高新区的年度总收入已占中国高新技术产业的半壁江山；规模以上高新技术企业占全国规模以上高新技术企业总数的65.4%，其中超亿元的高新技术企业数目占全国的一半；区内R&D投入占工业增加值的比例高于全国平均水平8倍，占全国的1/3。

○ 高技术产品出口增长迅猛

2004年，计算机与通讯技术、生命科学技术、电子技术、计算机集成制造技术、航空航天技术、光电技术、生物技术、材料技术等领域的高技术产品贸易首次出现顺差，贸易特化系数（贸易差额/贸易总额）

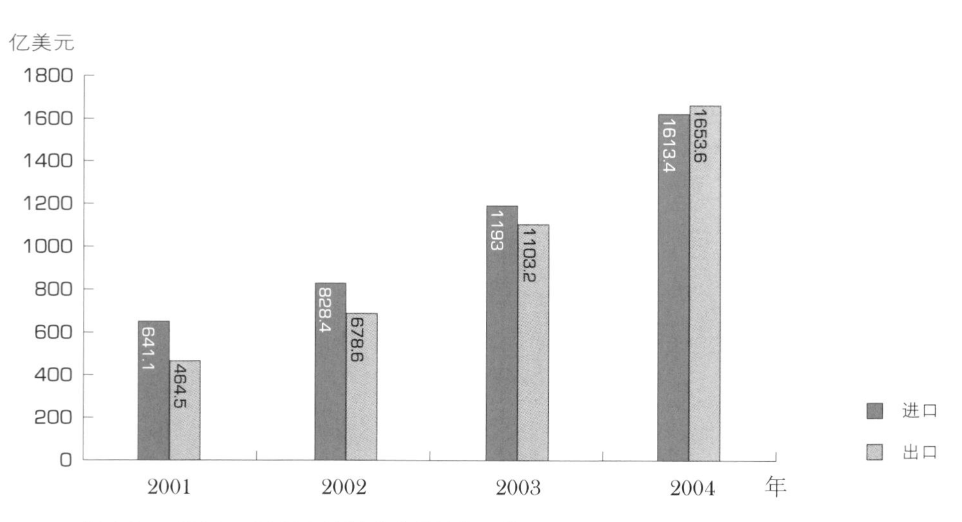

图 1-9　2001—2004 年高技术产品进出口额
★ 数据来源：《中国科技统计年鉴》

首次达到正值。高技术产品进出口额比2003年增长42.3%，分别高于商品和工业制成品同期进出口额增长速度6个和8个百分点。

五、体制改革与创新环境建设取得重要进展

○ 科技法制化进程加快

“十五”期间，国家为促进科技进步与创新，颁布和修订了一系列法律、法规。启动了《科学技术进步法》的修订工作，完善了科技管理制度，推动了地方科技立法工作。2002年，国家通过了《科学技术普及法》，为加强科技普及工作，提高公民的科学文化素质，提供了法律依据；在集成电路、计算机软件、农业机械化等领域建立了相关法规；修订了《公司法》、《中小企业促进法》、《政府采购法》等原有立法，增加了促进技术创新的相关条款。2003年，全国人大常委会开展了《科学技术进步法》执法检查，分析了存在的问题，征集了各方面的意见和建议。从2004年开始，由科技部门牵头，组织多部门和单位参与，开展了《科学技术进步法》的修订起草工作，目前工作进展顺利。科技部会同有关部门先后出台了有关科技项目评估评审、国家科研计划项目研究成果知识产权管理、转制科研机构产权制度改革等方面的政策性文件30多项，进一步加强了科技管理的制度化建设。在国家立法的推动下，各部门和地方也结合实际，出台了一批配套政策和法规，初步形成了有利于科技发展的法制环境。地方立法带有明显的地方特色，既与国家立法有机衔接，又在许多重要领域进行了积极的探索和尝试，为进一步完善和健全国家立法积累了宝贵的经验。

○ 科技体制改革成效显著

“十五”期间，中国科技体制改革稳步推进，取得了明显成效。科研院所改革进一步深化，技术开发类科研机构企业化转制和社会公益类科研机构分类改革顺利推进。企业技术创新体系建设得到加强，国家创新体系得到完善。

根据中央的部署，中央和地方的技术开发类科研机构实现了企业化转制，提高了面向市场、服务经济的能力，加强了以市场为导向的科技创新。已有千余家技术开发类科研机构转制为科技型企业，其中263个中央部门属转制科研院所2004年实现总收入450亿元、利润31.5亿元，分别比2000年增长95%和133%。

全部启动了中央20个部门所属265家社会公益类科研机构分类改革。国家为支持公益类院所改革，不断增加改革配套经费，人均事业费水平得到显著提高。中国气象局、水利部、国土资源部、国家测绘局、国家林业局、中国地震局等6个先期启动改革的部门完成了阶段性验收。这些部门所属的公益类科研机构的管理体制和运行机制发生了重要转变，学科结构进一步优化，人员结构得到较大调整，管理制度不断完善，科研能力显著增强。为保证改革顺利进行，国家相继制定了30多项改革的配套政策，通过事业费和项目经费支持、税收优惠、赋予外贸自营进出口权、制定养老保险社会统筹的办法等等，为改革创造了有利的政策环境。

国家通过863计划、攻关计划、火炬计划、中小企业创新基金、国家重点新产品计划等，支持企业技术创新体系建设。调整国家科技政策的支持方式和重点，支持企业设立国家工程技术研究中心。一些重大科

技专项和项目开始由企业独立承担，或以企业为核心，联合科研机构、大学共同承担。2005年度获科技进步奖的项目中，有一半是由企业独立或以企业为主承担的。同时，科技部与国家开发银行、中国农业银行、华夏银行等多家金融机构签署了协议，营造支持企业创新的金融环境。

○ 科技基础条件平台建设取得阶段性成果

自2002年推进科技基础条件平台建设以来，在国务院有关部门和地方积极参与下，国家科技基础平台的宏观框架设计已基本完成，科技资源的共建共享工作取得重要进展。2003年7月，正式成立了有国务院16个有关部门领导参加的国家科技基础条件平台建设部际联席会。2004年7月，国务院办公厅转发了《2004—2010年国家科技基础条件平台建设纲要》。2005年7月，科技部、国家发改委、财政部、教育部四部委联合发布了《"十一五"国家科技基础条件平台建设实施意见》，为今后五年的工作指明了方向。

"十五"以来，重点建设了一批共性技术集成和工程化配套能力较强的行业技术推广示范中心、工程技术中心，顺利推进了大型科学仪器设备、自然科技资源、科学数据与文献共享试点工程，相继启动了一批国家重点实验室建设和国家重大科技基础设施建设，开展了国家实验室筹建、省部共建实验室建设。目前，国家重点实验室共计182个，覆盖了中国基础研究和应用基础研究的大部分学科领域；共建设国家重大科学工程19个；组建国家工程技术研究中心147个，国家工程研究中心99个，在产业共性技术的工程化、产业化方面发挥了重要的作用；资源共享和协作机制取得初步成效，大型科学仪器协作共用网、数据共享工程、网络科技环境建设、自然科技资源共享平台建设等，整合了科技资源，提高了利用效率。

○ 国际科技合作向纵深方向发展

"十五"期间中国广泛开展国际科技合作，有效地利用了全球科技资源。截至2004年底，中国已与152个国家和地区建立了科技合作关系，与96个国家签订了政府间科技合作协定，科技合作成为中国对外关系的重要组成部分。在政府支持下，地方和民间的科技合作交流也取得了相当大的进展。中外高等院校、研

图1-10　2000年6月26日，中、美、英、日、德、法6国宣布人类基因组工作草图绘制完成。中国是参与完成这项工作草图绘制工作的惟一发展中国家。图为人类染色体的扫描显微图

究所和实验室、研究所与企业以及企业之间建立了多种形式的科技合作和交流关系。

中国的国际科技合作按照“平等互利、成果共享、保护知识产权、尊重国际惯例”的基本原则，采取“引进来”、“走出去”的战略，初步形成了全方位、多层次、广领域的国际科技合作态势。通过参加国际大科学工程计划，增强了科技实力。中国已成为继美、英、日、法、德之后的第6个参与人类基因组计划的国家，完成了其中1%的测序任务，建立了人类基因组研究基地，跻身国际人类基因组研究的先进行列；中国是继国际空间站之后最大的国际科研合作项目——国际热核聚变实验反应堆（ITER）计划的主要参与方，为解决人类面临的能源危机做出了积极贡献。

开展了以我为主的国际科技合作，提升了国际影响力。中国科学家首先提出并领衔了人类肝脏蛋白质组计划——第一个人类组织/器官的蛋白组计划，首次成为大型国际科研计划的领导者之一。围绕中国经济和科技发展的需求、发展目标，吸引国际科研力量，中国在非典型性肺炎（SARS）研究、奥运科技、西部大开发等领域，积极吸引世界先进科研力量，提高国内研究开发水平。

积极鼓励科技企业走出国门，开拓国际市场。从2002年起，科技部已陆续在英国、美国、俄罗斯及新加坡成立了5个科技创业园，帮助中国科技型企业扩大国际市场份额，吸收海外先进的技术和先进的管理，提高了竞争能力。中国的一些企业，如海尔、联想、华为、海信等，已经在海外设立了自己的研发机构，提高了产品竞争力。

○ 科技普及工作稳步推进

“十五”期间，中国颁布实施了《科普法》、《2000—2005年科技普及工作纲要》、《2001—2005年中国青少年科技普及活动指导纲要》、《关于鼓励科普事业发展的若干税收政策》等一系列法律和政策，健全了科普的政策法规体系；科普工作联席会议制度已经成为科普工作协调的有效机制，19个科普工作联席会议成员单位共同主办了5届全国科技活动周，开展了一系列丰富多彩、形式多样的群众性科技活动；农村科普工作推陈出新，科技西部行、青年星火西进计划等，积极推进了农村科技培训和农业科技推广。

通过多年工作的稳步推进，中国科普事业已形成一定规模，取得了一定的成绩，提高了全民族的科学素养。根据中国科协2003年公众科学素养调查的结果，中国公众达到科学素养标准的比例为1.98%，高于1996年的0.3%和2001年的1.4%。目前，全国科普场馆和科普基地已具备一定规模，科普读物、科普信息服务类网站和科教类频道内容十分丰富。

第四节
“十一五”中国科技发展的部署与展望

“十一五”是全面落实科学发展观，提高自主创新能力，加快经济增长方式转变，推进产业结构优化升级，为全面建设小康社会奠定基础的关键时期，是贯彻党的十六届五中全会和全国科技大会精神，实施《国家中长期科学和技术发展规划纲要(2006—2020年)》(以下简称《纲要》)的开局阶段。根据《纲要》确定的各项任务和要求，国家对“十一五”时期的科技发展做出了进一步具体的部署：

以邓小平理论和“三个代表”重要思想为指导，全面落实科学发展观，大力实施科教兴国战略和人才强国战略，坚持“自主创新、重点跨越、支撑发展、引领未来”的指导方针，力争实现“五个突破”：突破约束经济社会发展的重大技术瓶颈；突破制约中国科技持续创新能力的薄弱环节；突破限制自主创新的体制机制性障碍；突破阻碍自主创新的政策束缚；突破不利于自主创新的社会文化环境制约。

围绕需要处理好的一些重大关系，坚持统筹科技创新和制度创新；统筹科技创新全过程；统筹项目、人才、基地的安排；统筹安排工业、农业与社会发展领域的科技创新活动；统筹区域科技发展；统筹军民科技资源的基本原则。

根据科技和经济社会发展的要求，着重提升“五种能力”：面向国民经济重大需求，加强能源、资源、环境领域的关键技术创新，提升解决瓶颈制约的突破能力；以获取自主知识产权为重点，加强产业技术创新，显著提升农业、工业、服务业等重点产业的核心竞争能力；加强多种技术的综合集成，提升人口健康、公共安全和城镇化与城市发展等社会公益领域的科技服务能力；适应国防现代化和应对非传统安全的新要求，提高国家安全保障能力；超前部署基础研究和前沿技术研究，提升科技持续创新能力。

为实现“进入创新型国家行列”的中长期科技发展目标，要进一步完善中国特色国家创新体系，为建设创新型国家奠定科技体制基础；初步建成满足科技创新需求的科技基础设施与条件平台，为建设创新型国家奠定科技条件基础；造就一支规模大、素质高的创新人才队伍，为建设创新型国家奠定科技人才基础。

根据《纲要》的总体任务，重点在“发挥科技支撑与引领作用”和“加强科技创新能力与制度建设”两个方面进行战略部署：集中力量组织实施一批重大专项，加强关键技术攻关，超前部署前沿技术，稳定支持基础研究，支撑和引领经济社会持续发展；加强科技创新的基础能力建设，进一步深化科技体制改革，完善自主创新的体制机制，为科技持续发展提供制度保障和良好环境。

“十一五”是为建设创新型国家奠定基础的重要时期。在全社会的共同努力下，到“十一五”末期，中国研发投入占国内生产总值的比例将提高到2%以上；对外技术依存度降到40%以下，从主要依靠国外技术来源转向主要依靠国内技术；科技人力资源总量和全时研发人员显著增加，科技人力资源总量达到5000万人以上；国际科学论文被引用数进入世界前10位；本国人发明专利年度授权量进入世界前15位，在部分重要领域将进入科技先进国家行列，力争使中国成为自主创新能力较强的科技大国。

第二章 国家中长期科学和技术发展规划

制定国家科学和技术的长远发展规划，是党的十六大提出的一项重要任务。党中央、国务院把制定国家中长期科学和技术发展规划作为一件大事列入了重要日程。本次规划是中国在新世纪的第一个中长期科技发展规划，也是以科学发展观统领全局的第一个科技规划。规划工作自2003年6月下旬正式启动，重点开展了规划的战略研究工作以及规划的编制工作。2005年6月27日，胡锦涛总书记主持召开中央政治局会议，听取了国家中长期科学和技术发展规划领导小组办公室（以下简称"规划办"）关于规划纲要编制工作的汇报，审议并原则通过了《国家中长期科学和技术发展规划纲要（草案）》（以下简称《纲要（草案）》）。2005年下半年，在国务院和规划办领导下，国家有关部门为落实规划纲要确定的战略目标、指导思想和重点任务，开展了若干配套政策的研究和制定工作。2005年底，国务院正式颁布了《国家中长期科学和技术发展规划纲要（2006 — 2020年）》。

第一节
制定规划纲要的背景

进入新世纪，全球化进程进一步加快，知识经济初见端倪，科技成为综合国力竞争的焦点，当代科技面临重大突破，中国国民经济和社会发展正在进入全面建设小康社会的新时期，科技事业也将进入一个崭新的发展阶段。这要求中国必须针对当前经济、社会发展的现实需求和长远战略目标，根据当代科技的发展规律，在国家科技的指导方针、总体思路、发展目标、重点任务上做出战略部署。

一、全面建设小康社会和科技发展的需求

○ 科技成为经济社会发展的主导力量

20世纪以来，科学理论的重大突破，带动了一系列新技术的产生和高新技术产业的形成，特别是20世纪70年代以来，信息革命极大地促进了世界经济结构的变革，信息制造业和信息服务业等新兴产业迅速崛起，成为带动世界经济增长的火车头。信息技术与传统产业的有机结合，有力地促进了传统产业的技术升

级。生物技术、纳米技术和新能源技术的创新，加快了农业、医药、材料、能源等产业结构的新一轮变革，加速了传统产业的高技术化。发达国家产业的知识含量日益增加，知识资源正在成为主要的财富源泉。在现代科技知识生产和应用的国际分工体系中，发展中国家仍处于被动地位，面临着日趋严峻的经济安全、文化安全和军事安全问题。

◎ 全面建设小康社会需要科技强有力的支撑

改革开放以来，中国的经济水平和综合国力明显提高，人民生活水平由温饱进入了小康。但是中国现在仍然处于社会主义初级阶段，经济文化落后的状况还没有得到根本改变。党的十六大提出："要在本世纪头20年集中力量，全面建设惠及十几亿人口的更高水平的小康社会。"随着经济规模的不断扩大，产品结构、能源供应、生态环境和自然资源等对经济增长的约束也越来越强，只有依靠科学技术，走出一条科技含量高、经济效益好、资源消耗低、环境污染少、人力资源得到充分发挥的新型工业化道路，才能实现全面建设小康社会的目标。

◎ 加快科技发展必须做出战略部署

建国50多年来,中国科技事业取得重大成就，已进入科技大国行列。但与发达国家相比，仍存在很大差距，科技竞争力还比较弱。主要表现在：一是科技创新能力不足，尤其是原始性创新不足；二是科技供给能力不足，还不能满足国内经济、社会发展和国防建设的需要；三是科技投入总量不足，2003年中国研究与开发经费总量只有美国的6.5%；四是科技研究的学科带头人和高水平的研究团队严重不足；五是科技发展的体制、机制和政策还不尽完善。

总之，从国内、国际形势看，未来中国科技发展的机遇与挑战并存。只有从战略上准确把握世界科技发展的趋势及其带来的机遇，加快发展，才能满足国民经济、社会发展对于科技的迫切要求，才能使中国在日益激烈的国际竞争中处于有利地位。因此，制定新时期国家中长期科学和技术发展规划具有重大战略意义。

二、党中央国务院的决策和部署

为落实党的十六大提出的任务，2003年1月6日国家科技教育领导小组会议第十二次会议决定，由科技部会同有关部门研究制定中国科学和技术长远发展规划，报国务院审批。同年3月22日，在新一届国务院组成以后举行的第一次全体会议上，决定着手研究制定国家中长期科学和技术发展规划。5月30日，温家宝总理主持召开国家科教领导小组会议,听取了科技部部长徐冠华关于制定国家中长期科学和技术发展规划工作方案的汇报，审议并原则通过了《关于制定国家中长期科学和技术发展规划工作方案的汇报》。

经过各方面的准备，2003年6月6日，国务院成立了以温家宝总理为组长、陈至立国务委员为副组长，科技部、中国科学院、总装备部、发改委、财政部等23个相关部门和单位主要领导同志为成员的国家中长期科学和技术发展规划领导小组。6月13日，温家宝总理主持召开国家中长期科学和技术发展规划领导小组第一次全体会议，提出做好规划工作的三项原则和十条要求。会议审议并通过《国家中长期科学和技术发展规划领导小组工作规则》和《关于规划制定与战略研究工作有关情况的汇报》。至此，国家中长期科学和技术发展规划工作正式启动。

专栏 2-1

温家宝总理对做好规划工作提出的三项原则和十条要求

三项原则是：1. 要有一个正确的指导方针；2. 要确定主攻方向和目标；3. 要实行决策的科学化、民主化。

十条要求是：1. 要弄清中国科技发展面临的机遇和挑战；2. 要重视做好规划的战略研究；3. 规划内容要做到三个"紧密结合"，即必须与经济社会发展紧密结合、必须与国家安全紧密结合、必须与可持续发展紧密结合，在这个基础上进行总体设计和统筹安排；4. 要突出重点，有所为、有所不为；5. 要做到"军民结合、寓军于民"；6. 要实行政府主导与发挥市场机制作用相结合；7. 要统一领导、大力协同；8. 要面向世界、面向未来，搞开放式的研究；9. 要处理好基础研究与应用研究的关系；10. 要努力形成发扬民主、鼓励争鸣、集思广益、科学决策的良好环境。

第二节 规划纲要的制定过程和特点

在党中央、国务院的领导下，国家中长期科学和技术发展规划制定工作经历了战略研究和《纲要》起草两个阶段。规划战略研究汇聚了产业界、科技界、社科界和管理界的一大批精英，取得了丰富的成果。在此基础上，开展了《纲要》的编制工作。同时，启动了有关配套政策的研究制定工作，提出了一系列有力度、有突破、可操作的政策措施，以保障《纲要》各项任务的落实和目标的完成。

一、规划战略研究工作

根据国务院的总体部署，规划工作启动后，重点开展了战略研究工作。战略研究工作共设置了20个专题，由科技发展的宏观战略问题研究、科技发展的重大任务研究、科技发展的投入与政策环境研究三部分构成。

20个专题下设180多个课题，2000多位科技、经济、管理等方面的专家参加了规划战略研究，形成了120余万字的战略研究总报告。在规划战略研究期间，举办了200多位专家参加的规划战略研究论坛，召开了300人以上规模的专题研究工作启动会议、专题研究开题报告会议和战略研究交流会议，召开了"走向2020年的中国科技——国家中长期科学和技术发展规划国际论坛"。为了广泛听取社会各方面的意见，规划办设立了专门网站，在相关报刊媒体开辟了规划专栏，促进了社会公众参与规划的制定工作。

2003年12月—2004年1月，在规划办的统一组织下，进行了为期40天的第一次集中研究，并组织了与国务院近40个部门和行业协会及100多家企业的全面交流；2004年4月开展了为期两周的第二次集中研究；2004年5~6月，开展了为期2个月的"三院"（即中国科学院、中国工程院、中国社会科学院）咨询工作，并征求了各部门、各地方意见；在此基础上，于2004年7月13~24日进行了第三次集中研究。

规划战略研究工作有以下几个突出特点：一是党中央、国务院的高度重视和强有力的领导，为规划战略研究工作提供了保证。2004年4～8月温家宝总理先后7次主持会议，听取战略研究专题汇报；二是科技界和社会各界的广泛参与，形成了发扬民主、集思广益的规划工作机制。在战略研究过程中全面实施了沟通协调、战略咨询和公众参与三大机制，努力使战略研究成为发扬民主、集思广益、统一思想的过程；三是开放式的研究，扩大了规划及战略研究工作的国际视野；四是把科技与经济社会发展、国家安全和可持续发展的紧密结合，作为规划工作的出发点和立足点；五是强调政府主导与发挥市场机制作用相结合。

专栏2-2

国家中长期科学和技术发展规划战略研究专题

第一部分：宏观战略问题研究（设2个专题）

科技发展总体战略研究、科技体制改革与国家创新体系研究。

第二部分：重大任务研究（设13个专题）

制造业发展科技问题研究、农业科技问题研究、能源、资源与海洋发展科技问题研究、交通科技问题研究、现代服务业发展科技问题研究、人口与健康科技问题研究、公共安全科技问题研究、生态建设、环境保护与循环经济科技问题研究、城市发展与城镇化科技问题研究、国防科技问题研究、战略高技术与高新技术产业化研究、基础科学问题研究、科技条件平台与基础设施建设问题研究。

第三部分：投入与政策环境研究（设5个专题）

科技人才队伍建设研究、科技投入及其管理模式研究、科技发展法制和政策研究、创新文化与科学普及研究、区域科技发展研究。

二、《纲要》的编制

在规划战略研究的基础上,规划办于2004年8月成立了《纲要》起草组，正式启动了《纲要》的编制工作。《纲要》起草组成员分别来自科技部、发改委、财政部、国防科工委、总装备部、中国科学院、中国工程院等部门和单位，以及部分重点大学、科研机构、大中型企业。规划战略研究的部分专家也参加了起草工作。

起草工作经历了前期准备、框架设计、任务凝练与政策梳理、草案形成和征求意见等5个阶段，历时1年多，先后20次易稿。针对《纲要（草案）》涉及的重大专项和其他重要问题，温家宝总理等国务院领导多次召开会议听取各方面意见。2005年1月6日，规划办将《纲要（草案）》送中国科学院、中国工程院、中国社会科学院进行咨询，并提交规划领导小组成员单位、专家顾问组成员征求意见。同时，还多次征求了国务院有关部门的意见。

2005年5月10日和6月8日，温家宝总理分别主持国家中长期科学和技术发展规划领导小组会议和国务院常务会议，审议《纲要（草案）》。

2005年6月23日和27日，胡锦涛总书记分别主持召开中央政治局常委会和中央政治局会议，审议并原则通过《纲要（草案）》。

根据国务院的指示，从2005年6月份开始，开展了《纲要》配套政策的研究制定工作。在国务院的统一部署和规划办的具体组织协调下，科技部、发改委、财政部、人事部、中国人民银行等5个牵头部门及有关部门组织精干力量，成立了12个政策制定工作小组，共有来自25个部门的200多位有关专家参加，认真开展《纲要》配套政策研究与制定工作。经过半年多的努力，《纲要》配套政策的制定工作取得了重要成果。2005年12月21日，温家宝总理主持召开国务院常务会议，审议并原则通过《实施〈国家中长期科学和技术发展规划纲要〉的若干配套政策》。

2005年底，国务院正式颁布了《国家中长期科学和技术发展规划纲要（2006—2020）》。

《纲要》的编制工作坚持以邓小平理论和"三个代表"重要思想为指导，充分体现科学发展观的思想内涵和基本要求；全面吸收规划战略研究成果，进一步凝练和突出科技发展与改革的重点；注重学习借鉴其他国家的经验和做法，重点研究10多个国家的科技发展规划和计划，多次邀请留学海外的中青年科学家交流座谈；强调与"十一五"国民经济发展规划的紧密衔接和企业参与，先后召开10多次部门（行业）、地方和各类企业代表座谈会，有近600家企业的代表直接参与规划工作。

第三节
战略研究工作的主要成果

战略研究是制定好《纲要》的基础。通过规划战略研究，摸清了中国科技的家底，进行了一次非常重要的国情调查；深化了对中国科技发展的方向、目标和重点的认识，提出了建设创新型国家、依靠科技进步建立资源节约型、环境友好型社会等一系列重大的战略思想，深化了对科学发展观的认识；形成了一系列重大的判断，为搞好宏观调控和研究制定"十一五"规划提供了重要依据；锻炼了从事国家科技战略研究的队伍，培养了一批科技帅才。规划战略研究的意义已经超出了专题研究本身，对各部门都有重要的参考价值。

一、宏观战略研究

○ 科技发展总体战略研究

在认真分析国际形势、当代科技发展趋势和基本国情的基础上，针对全面建设小康社会对科技创新的重大战略需求，提出了"以人为本，自主创新，重点跨越，支撑和引领经济社会持续协调发展。"作为新时期科技的发展指导方针。到2020年，科技创新能力从目前的世界第28位提高到前15位，进入创新型国家行列，为全面建设小康社会提供支撑，并为中国在21世纪上半叶成为世界一流科技强国奠定坚实基础。针对国民经济社会发展的重大需求和科技自身发展的要求，提出了科技发展四个层次的战略部署原则，即实施一批重大战略产品和工程专项，务求取得关键技术突破，带动生产力的跨越式发展；立足于中国国情和需求，确定一批重点领域，发展一批重大技术，提高国家整体竞争能力；把握科学基础和技术前沿，提高持续创新能力，应对未来发展挑战；加强国家创新体系建设，优化配置全社会科技资源，为全面提高国家整体创新能力奠定坚实的基础。在科技发展上提出了六个重点：把发展能源、水资源和环境保护技术放在优先位置，下决心解决制约国民经济发展的重大瓶颈问题；以获取自主知识产权为中心，抢占信息及其应用技术制高点，大幅度提高中国信息产业的国际竞争力；增加对生物技术研究开发和应用的支持力度，为保障食物安全、优化农产品结构、提高人民健康水平提供科技支撑；以信息技术、新材料技术和先进制造技术的集成创新为核心，大幅度提高重大装备和重大制造业产品自主创新能力；加强多种技术的综合集成，发展城市和城镇化技术，现代综合交通技术，公共安全预测、预防、预警和应急处置技术，提高人民的生活质量、保证公共安全；加快发展空天技术和海洋技术，拓展未来发展空间，保障国防安全和经济安全，维护国家战略利益。同时提出了保障科技发展目标和任务实现的八个方面的重大措施与政策建议：以构建企业为主体、产学研紧密结合的技术创新体系为突破口，全面推进国家创新体系建设；增加国家科技投入，提高科技投入效率；广泛培养和凝聚高层次优秀人才；改善国家科技基础条件，建立科技资源共享机制；加强科技宏观管理，整合国家创新资源；积极扩大对外开放，广泛利用全球科技资源；发挥区域优势，构建富有特色的区域创新体系；提高全民科技素质，培育全社会文化和创新精神等。

○ 科技体制改革与国家创新体系研究

提出了以增强整体创新能力为总体战略目标，以提升技术创新能力为战略重点，以培育科学创新能力为战略储备，以优化创新服务能力为战略支撑，以实施若干国家重大专项为战略突破，实现创新立国的发展思路。同时提出了几个方面的重点任务：大力加强以政府为主导的管理调控体系，以企业为主体、产学研互动的技术创新体系，以科研机构和大学为主体的科学创新体系，以各种中介机构为纽带的科技服务体系，军民结合的创新体系，具有地域特色的区域创新体系的建设；强化科技信息、公共数据共享平台基础，适应创新发展的人才基础，军民共用的科技信息网络和技术交互平台基础，有利于创新的文化基础等4个基础支撑平台的建设。提出了强化战略决策体制，实施“登顶工程”增强企业技术创新能力，充实创新资源战略储备，推进军民结合，加强人才队伍建设的建议。

二、重大任务研究

○ 制造业发展科技问题研究

提出了可持续发展、开放式自主创新、提高装备设计制造能力、用高新技术对制造业进行改造和嫁接四大发展战略。到2020年，中国制造科技的总体水平进入国际先进行列。把重大成套装备和高技术装备、新一代绿色制造流程与装备、制造业信息化发展作为制造科技的三个重点领域，重点发展数字化、智能化设计制造及基础装备、大型清洁火电与核电设备及关键技术、22～45nm极大规模集成电路专用设备及关键技术、海洋工程装备及关键技术、新一代流程工业成套技术与装备、新一代节能型轿车及新能源汽车设计制造技术等。

○ **农业科技问题研究**

提出了以生物技术和信息技术为引擎，推动农业常规技术的效率革命和全面升级，加强技术转化和基础科学研究的发展思路。到2020年，农业科技达到世界先进水平。把粮食安全保障、农业生态安全、农业领域拓展与农民增收、农业科技的跨越发展作为战略重点，实施超级农用动植物种培育、农用水土资源的高效利用与替代、西部生态脆弱区的生态与增产增收共建双赢工程、农业信息化平台、“三生”（生物质能源、生物质材料、生物反应器）开发工程、复杂农艺性状功能基因组学研究等科技项目。同时，建议在水土资源的替代、生态与生产共建双赢、农产品多用途开发与加工增值、农业生物技术、农业信息技术、农业常规技术的效率革命与升级等方面开展重点研究。

○ **能源、资源与海洋发展科技问题研究**

提出了依靠科技进步，推进中国能源、资源利用方式的根本转变，实现利用较少的能源、资源消耗达到GDP翻两番的战略目标。在能源领域，提出了“节能优先，保障供应，煤为基础，多元发展”的可持续发展的能源战略，重点在节能和提高能效技术、煤炭合理高效经济清洁开发利用技术、保障石油安全技术、大型水电工程技术、先进可靠的电力输配系统、可再生能源规模化利用技术、氢能与燃料电池技术等方面开展研究。在资源与海洋领域，提出了“合理开发，优化配置，高效利用，有效保护和综合治理”的发展思路，重点在水资源可持续利用技术、现代矿产资源立体勘察技术和成矿地质理论研究、矿产资源高效开发与矿山环境优化技术、土地资源集约利用技术、海洋国防技术、海底资源探测与开发技术、蓝色海洋生物开发利用技术等方面开展研究。

○ **交通科技问题研究**

提出了“需求引导，综合集成，创新挖潜，重点突破”的发展思路，使交通基础设施建养技术、运输装备技术、运营管理技术达到国际先进水平，实现交通运输现代化，为社会和公众提供通畅、便捷、安全、经济、可持续发展的运输服务。建议把“发展一个体系，解决三大热点问题”，即发展现代综合交通体系，解决交通能耗与污染、交通安全、大城市交通拥堵作为交通科技发展战略任务。重点在300km/h等级高速铁路成套技术、新型洁净能源汽车、新航行系统、智能交通系统、高速磁浮交通等方面开展研究。

○ **现代服务业发展科技问题研究**

提出了“以人为本，面向市场，务实创新，重点跨越”的指导思想，为建成一个基于先进信息网络、能够满足多层次需求的现代服务体系提供科技支撑。以建设综合网络平台、发展支撑生产性及其他服务业科技为重点，从下一代网络基础设施、信息服务支撑平台、重大应用软件的开发等三个层次上，重点开展下一代信息网络基础设施和现代金融、协同电子商务、网络教育、现代传媒、现代医疗等方面的研究。

○ **人口与健康科技问题研究**

提出了“强调自主创新为先导，引进与开发相结合；以医药生物技术为主体，高新技术与适宜技术协调发展，开展跟踪、跨越、创新研究，赶超世界先进水平”的发展思路。并提出到2020年，实现“人口安全发展，人人享有健康”，使人口与健康科技发展水平达到中等发达国家同期水平。实施以预防为主的“前移战略”和注重社区和农村医疗的“下移战略”。重点在人口健康与安全、医药生物技术、农村与社区医疗卫生、食品药品安全及健康产业等方面开展研究。

◎ 公共安全科技问题研究

提出了建立国家公共安全理论体系、国家和部门公共安全技术创新体系、与公共安全科技发展需求相适应的支撑体系，实现公共安全从被动应对型向主动保障型的战略转变，公共安全科技从传统经验型向现代高科技型转变的发展思路。重点在生产安全、食品安全、防灾减灾、核安全、火灾与爆炸、社会安全、国境检验检疫等方面开展研究。

◎ 生态建设、环境保护与循环经济科技问题研究

提出了以统筹人与自然和谐发展为指针，以全球变化为背景，以区域的、系统的综合防治为重点，建立有中国特色的生态与环境科技体系的总体思路，为生态、环境质量明显改善，建立资源节约型和环境友好型社会提供科技支撑的发展目标。重点在生态资产理论与绿色核算体系，主要生态区的退化机理、趋势与修复，区域性环境污染形成机理与综合防治，污染物对人体健康的影响与防治，循环经济理论与技术体系，应对全球变化与履约等方面开展研究。

◎ 城市发展与城镇化科技问题研究

提出了围绕节约能源、资源，减少环境负面影响，促进城市和城镇的协调、可持续发展，向节约型社会迈进的发展思路，为人口集聚、经济社会发展与城镇化进程协调发展提供技术保障，重点在城镇发展的资源合理利用，环境污染治理，改善交通状况，居住环境和防灾减灾等方面开展研究。

◎ 国防科技问题研究

全面分析了当前世界国防科技发展的主要特点和主要国家国防科技发展的重大举措，论证了中国国防科技发展的战略环境和战略需求，为贯彻军民结合、寓军于民的方针，针对中国国防科技整体水平与世界先进水平存在明显差距的现状，提出了中国国防科技发展的战略构想、战略目标和战略重点。

◎ 战略高技术与高新技术产业化研究

提出了“开放扩散，跨越发展，自主创新，优势集成”的战略和“统筹规划，分步实施”的原则。并提出2020年前后，在信息、生物、关键材料等科技领域进入先进国家行列，航天、激光、微纳米及战略能源等领域的关键技术达到世界先进水平。重点进行信息高技术及其应用、生物高技术与绿色过程、纳米技术与微系统、关键材料与器件、战略能源技术、空天高技术、激光高技术及应用、海洋高技术，以及国家天基综合信息系统、龙网工程、战略激光高技术及其重大应用、煤的多联产技术、关键信息功能材料和器件研究开发；加强工业生物技术、绿色工业过程、超级结构材料、纳米技术与微系统、高超声速技术验证等5个高技术平台建设。

◎ 基础科学问题研究

提出了“求真探源，厚积薄发，人才优先，投入超前，全面布局，协调发展”的指导思想，实施“双

力”驱动、超前发展、开放合作三大发展战略。并提出到2020年，力争在世界科学发展的主流方向上取得一批具有重大影响的原始性创新成果，在若干国家重大战略需求领域解决一批瓶颈性关键科学问题，拥有一批具有世界影响力的科学家和研究团队，建设一批重要基础科研基地和基础设施，形成有利于创新的科学文化氛围。重点在生命过程的定量研究和系统整合及脑与认知科学，量子调控和未来信息科学基础，深层次的物质结构、大尺度的物理规律以及宇宙的起源和演化，核心数学以及数学与科技的交叉，地球系统过程与资源、环境和灾害，新物质创造与转化的化学过程，凝聚态物质与量子特征研究等方面开展研究。

○ 科技条件平台与基础设施建设问题研究

提出了“统筹规划，分步实施，政府主导，多方共建，优化配置，开放共享”的原则，提高自主创新能力和增强国际竞争力，重点建设国家实验室体系、大型科学设施、地球观测系统、自然科技资源保存与利用体系、网络科技环境、科学数据共享系统、科技文献资源与服务系统、国家计量与检测技术体系、国家技术标准体系、成果转化公共服务平台等。

三、投入与政策环境研究

○ 科技人才队伍建设研究

提出了以提升自主创新能力为重点，以体制机制改革为动力，以优化人才成长环境为根本的发展思路，建立一支与中国经济社会发展相适应的规模宏大、结构合理、素质优良的科技人才队伍，形成高效率的科技人才资源开发机制，为国家现代化建设提供科技人才智力保证。建议实施重点科研教育基地和科技人才国际化工程，启动科技人才数据库及信息网络平台建设工程，建立和完善事业单位社会保障体系，实施人才战略性流动计划四项重点措施。

○ 科技投入及其管理模式研究

提出了政府引导全社会科技投入和加大政府直接投入力度、重点支持的方针，在有关领域有重点和持续稳定地增加科技投入，到2010年中国R&D经费占GDP比值达到2.0%，2020年达到2.5%。提出了建立兼顾基本科技投入和专项科技投入的稳定增长机制，构成财政科技投入保障体系；继续完善税收激励政策体系；构建多层次科技金融支持体系；健全科技成果管理和资产管理体系；采取政府采购等多种政策手段引导全社会加大科技投入等建议。

○ 科技发展法制和政策研究

提出修订《科技进步法》，适时制定《中华人民共和国科学技术法》，建立健全科技政策法律体系；加强科技政策法律的实施和监督；完善国家科技决策机制，培养复合型人才。

○ 创新文化与科学普及研究

提出了更新观念，倡导创新、完善制度，保障创新、打造团队，引领创新的发展思路。到2020年，完善科技创新管理制度和评价、奖励、监督与诚信体系；健全与创新文化相关的研究、教育、培训和推广体系，重点实施全民科学普及行动计划，将科普工作纳入国家科教领导小组职责范围；建立公益性科普事业长效运行机制，完善科普政策法规；建立三级科普基础设施体系和国家信息网络平台；强化大众传媒科普力度，培养专业化职业化科普人才；逐步形成有利于自主创新的社会文化环境。

◦ 区域科技发展研究

提出了一体化战略、区域竞争力提升战略、区域协调发展战略。形成8～10个实现经济科技一体化的经济区域或具有国际竞争力的大都市圈；按照分区指导的原则，制定区域政策，东部地区要以紧紧围绕全面建设小康社会、有条件的地区率先基本实现现代化为总目标，建设若干科技密集区和一批依托科技的新型工业化示范城镇，为中国实现技术跨越和提高区域国际竞争优势起先导和示范作用；在东北老工业基地实施制度和技术创新战略，以光机电一体化和原材料精深加工技术开发应用为重点，通过自主创新和引进技术与合作创新相结合，促进创新要素的互动和优势互补，实现从传统工业基地向现代化新兴产业基地的跨越；在中部地区实施人才、资本和技术集聚战略，把引进和利用区外的人才、技术、资本作为加快中部科技发展的重要手段，形成若干产业集群和创新集群，提升区域综合竞争优势；在西部地区实施人才、资本和技术集聚战略和中心城市带动战略，提升区域创新能力和竞争优势，提高科技成果转化水平。

第四节
《纲要》的主要内容

《纲要》在分析国内外科技经济发展形势、特点和需求的基础上，提出了未来15年中国科技发展的指导方针、战略目标、重点任务以及重要的政策措施等。《纲要》集中体现了五个特点：一是突出自主创新，以此为主线统领全篇；二是突出科技的引领作用，在继续发挥科技对经济社会发展支撑作用的基础上，强调科技引领未来经济社会发展；三是突出重大专项，以技术集成创新形成战略产品和新兴产业为重点，实现跨越式发展；四是突出企业技术创新的作用，把以企业为主体、产学研结合的技术创新体系，作为全面推进国家创新体系建设的突破口；五是突出军民结合，统筹军民科技资源，把发展军民两用技术作为提高国家竞争力的一项重大举措。

一、指导方针

《纲要》提出了今后15年中国科技工作的指导方针，即："自主创新，重点跨越，支撑发展，引领未来"。"自主创新"是新时期科技发展指导方针的核心，是贯穿《纲要》的一条主线，将从根本上指导今后15年的科技工作。

自主创新，核心是增强国家创新能力，在充分利用全球资源的基础上，加强原始性创新、集成创新和在引进先进技术基础上的消化、吸收与再创新。重点跨越，就是坚持有所为、有所不为，选择具有一定基础和优势、关系国计民生和国家安全的关键领域，集中力量，重点突破，实现跨越式发展。支撑发展，就是从现实的紧迫需求出发，着力突破重大关键技术、共性技术，支撑经济社会全面协调可持续发展。引领未来，就是着眼长远，超前部署基础研究和前沿技术，创造新的市场需求，培育新型产业，引领未来经济社会发展。这一方针是半个多世纪以来中国科技发展实践经验的概括和总结，是面向未来、实现中华民族伟大复兴的重要决策。

二、发展目标

到2020年，中国科技发展的总体目标是：自主创新能力显著增强，科技促进经济社会发展和保障国家安全的能力显著增强，为全面建设小康社会提供强有力的支撑；基础科学和前沿技术研究综合实力显著增强，取得一批在世界具有重大影响的科技成果，进入创新型国家行列，为在21世纪中叶成为世界科技强国奠定基础。

经过15年的努力，在科学技术的若干重要方面实现以下目标：一是掌握一批事关国家竞争力的装备制造业和信息产业核心技术，制造业和信息产业技术水平进入世界先进行列。二是农业科技整体实力进入世界前列，促进农业综合生产能力的提高，有效保障国家食物安全。三是能源开发、节能技术和清洁能源技术取得突破，促进能源结构优化，主要工业产品单位能耗指标达到或接近世界先进水平。四是在重点行业和重点城市建立循环经济的技术发展模式，为建设资源节约型和环境友好型社会提供科技支持。五是重大疾病防治水平显著提高，艾滋病和肝炎等重大疾病得到遏制，新药创制和关键医疗器械研制取得突破，具备产业发展的技术能力。六是国防科技基本满足现代武器装备自主研制和信息化建设的需要，为维护国家安全提供保障。七是涌现出一批具有世界水平的科学家和研究团队，在科学发展的主流方向上取得一批具有重大影响的创新成果，信息、生物、材料和航天等领域的前沿技术达到世界先进水平。八是建成若干世界一流的科研院所和大学以及具有国际竞争力的企业研究开发机构，形成比较完善的中国特色国家创新体系。

到2020年，全社会研究开发投入占国内生产总值的比重提高到2.5%以上，力争科技进步贡献率达到60%以上，对外技术依存度降低到30%以下，本国人发明专利年度授权量和国际科学论文被引用数均进入世界前5位。

三、战略部署

未来15年，中国科学技术发展的总体部署是：一、立足于中国国情和需求，确定若干重点领域，突破一批重大关键技术，全面提升科技支撑能力。《纲要》确定了11个国民经济和社会发展的重点领域，并从中选择任务明确、有可能在近期获得技术突破的68项优先主题进行重点安排。二、瞄准国家目标，实施若干重大专项，实现跨越式发展，填补空白。《纲要》共安排了16个重大专项。三、应对未来挑战，超前部署前沿技术和基础研究，提高持续创新能力，引领经济社会发展。《纲要》重点安排了8个技术领域的27项前沿技术，18个基础科学问题，并提出实施4个重大科学研究计划。四、深化体制改革，完善政策措施，增加科技投入，加强人才队伍建设，推进国家创新体系建设，为中国进入创新型国家行列提供可靠保障。

必须根据全面建设小康社会的紧迫需求、世界科技发展趋势和中国国力，把握科技发展的战略重点。一是把发展能源、水资源和环境保护技术放在优先位置，下决心解决制约经济社会发展的重大瓶颈问题。二是抓住未来若干年内信息技术更新换代和新材料技术迅猛发展的难得机遇，把获取装备制造业和信息产业核心技术的自主知识产权，作为提高中国产业竞争力的突破口。三是把生物技术作为未来高技术产业迎头赶上的重点，加强生物技术在农业、工业、人口与健康等领域的应用。四是加快发展空天和海洋技术。五是加强基础科学和前沿技术研究，特别是交叉学科的研究。

专栏 2-3

《纲要》提出的未来15年中国科技发展的重大专项

核心电子器件
高端通用芯片及基础软件
极大规模集成电路制造技术及成套工艺
新一代宽带无线移动通信
高档数控机床与基础制造技术
大型油气田及煤层气开发
大型先进压水堆及高温气冷堆核电站
水体污染控制与治理
转基因生物新品种培育
重大新药创制
艾滋病和病毒性肝炎等重大传染病防治
大型飞机
高分辨率对地观测系统
载人航天与探月工程等

《纲要》在重点领域中确定一批优先主题的同时，围绕国家目标，进一步突出重点，筛选出了16项重大战略产品、关键共性技术或重大工程作为重大专项，充分发挥社会主义制度集中力量办大事的优势和市场机制的作用，力争取得突破，努力实现以科技发展的局部跃升带动生产力的跨越发展，并填补国家战略空白。通过重大专项的实施，培育出一批具有自主知识产权的高技术产业群，抢占未来竞争制高点，以局部跨越发展带动产业结构的优化升级；攻克一批具有全局性、带动性的关键共性技术，通过工程示范和推广应用，保障经济社会的可持续发展；掌握一批关系国计民生和国家安全的核心技术，带动中国相关领域技术水平的整体提升，保障国家安全；建成几项标志性工程，提高中国国际威望，增强民族自信心和自豪感。重大专项的实施，要根据国家发展需要和实施条件的成熟程度，逐项论证启动。同时，根据国家战略需求和发展形势的变化，对重大专项进行动态调整，分步实施。对于以战略产品为目标的重大专项，要充分发挥企业在研究开发和投入中的主体作用，以重大装备的研究开发作为企业技术创新的切入点，更有效地利用市场机制配置科技资源，国家的引导性投入主要用于关键核心技术的攻关。

四、政策措施

支持企业成为技术创新主体

国家通过制定财税、金融、政府采购、科技计划等方面的政策措施，鼓励和引导企业成为研究开发投入的主体、技术创新活动的主体和技术集成应用的主体。主要包括：通过财政引导、税收优惠、期权激励等政策，鼓励企业加大科技投入，支持企业建立研究开发机构或产学研联盟；建立和完善风险投资等机制，实施促进科技创新的金融政策；调整国家科技计划支持方式，在具有市场应用前景的领域，建立企业牵头实施国家科技计划项目的机制；设立专项资金，组织对重大引进项目的消化、吸收和再创新，制定限制盲目重复引进的政策；实施促进自主创新的政府采购政策，制定《政府采购法》实施细则，政府应订购、采购或首购具有自主知识产权的高新技术产品；制定鼓励中小企业技术创新活动的政策，建立知识产权信用担保制度，建立加速科技产业化的多层次资本市场体系，积极推进创业板市场建设；制定和实施扶持中介服务机构的政策。

○ 大幅度增加科技投入

国家制定科技投入政策，增强政府调动全社会资源配置的能力；大幅度增加财政科技投入，中央和地方各级政府编制年初预算和预算执行中的超收分配，都要体现法定增长的要求；调整投入结构，国家在继续对科技项目支持的同时，加大对科研基地、条件平台和科技队伍建设的支持，以及对基础研究、前沿高技术研究、社会公益研究的支持，形成更加符合公共财政的投入结构；建立严格的国家财政科技投入监督管理制度，切实提高国家科技经费使用效益。同时，要强调建立多元化、多渠道的科技投入体系，引导企业和全社会增加科技投入。

○ 推进国家创新体系建设

通过深化改革，加快建立现代院所制度，按照国家赋予的职责定位，集中力量形成若干优势学科领域和研究基地；对从事基础研究、前沿高技术研究和社会公益研究的科研机构，给予相对稳定的支持，并根据不同情况提高人均事业经费标准；建立有利于加强科研机构原始性创新的运行机制，支持需要长期积累的学科建设、基础性工作和队伍建设，加强对科研机构开展自主选题研究的支持。建设国家创新体系的重点包括：建设以企业为主体、产学研结合的技术创新体系；加快建设科学研究与高等教育有机结合的知识创新体系；建设军民结合、寓军于民的国防科技创新体系；建设各具特色和优势的区域创新体系；建设社会化、网络化的科技中介服务体系。

○ 加快建设创新人才队伍

要加强对青年科技人才和优秀科研团队的支持；加大重点科研岗位高层次创新人才海内外公开招聘力度，对招聘的外籍杰出人才适当放宽长期居留的条件；对创新性强的小项目、非共识项目、学科交叉项目给予特别关注和支持；支持企业吸引和培养科技人才，允许国有高新技术企业对技术和管理骨干实施股权激励等政策；加快建立有利于科技人才有序流动的科研单位和高等院校的社会保障制度。

《纲要》还提出了实施知识产权战略和技术标准战略，推进高新技术产业化加速先进适用技术的推广，扩大国际科技合作与交流，提高国民科学文化素质，营造有利于科技创新的社会环境等方面的政策和措施。

第三章
科技体制改革与国家创新体系建设

深化科技体制改革的目标是推进和完善国家创新体系建设。国家创新体系是一个有效整合全社会科技资源，推动经济与科技的紧密结合，形成技术创新、知识创新、国防科技创新、区域创新、科技中介服务等相互促进、充满活力的制度和组织体系。"十五"以来，按照中共中央、国务院发布的《关于加快技术创新，发展高科技，实现产业化的决定》和国务院办公厅转发科技部等部门《关于深化科研机构管理体制改革的实施意见》的要求，围绕国家创新体系建设进行了全面部署，取得了重大进展，形成了制度创新与科技创新相互促进、有机结合的新局面。

第一节 以企业为主体产学研结合的技术创新体系

在国家创新体系中，企业应是研究开发投入的主体、技术创新活动的主体和创新成果应用的主体。作为一种经济活动的创新，必须坚持以企业为主体，才能真正提高国家的创新能力。"十五"期间，中国企业的创新活动出现了一系列重要的变化，企业研究开发投入明显增长，产学研结合的创新活动日趋活跃，创新正在成为提高企业核心竞争能力的关键因素。

一、企业技术创新

"十五"期间，从投入与使用的R&D经费、拥有的R&D人员、技术与专利产出等方面看，中国企业都已经成为技术创新的最重要力量。2004年中国企业R&D人员占全国总量的60.4%，比2000年的50%提高了10.4个百分点；2004年企业使用的R&D经费占全国总量的比重达到67%，比2000年的60%提高了7个百分点。2004年，中国国内企业申请受理的发明专利、实用新型专利和外观设计专利的总数为90148件，占全国国内职务专利申请受理数的81%，其中发明专利申请受理数占65%。这些数据说明，从技术创新投入、技术创新活动以及技术创新产出等指标来看，中国企业技术创新的主体作用不断加强。

根据国家认定的企业技术中心的评价结果，中国大中型企业的自主创新能力已有所增强。2004年，国家认定企业技术中心的科技经费投入增长幅度首次超过了产品销售收入的增长幅度，国家认定企业技术中

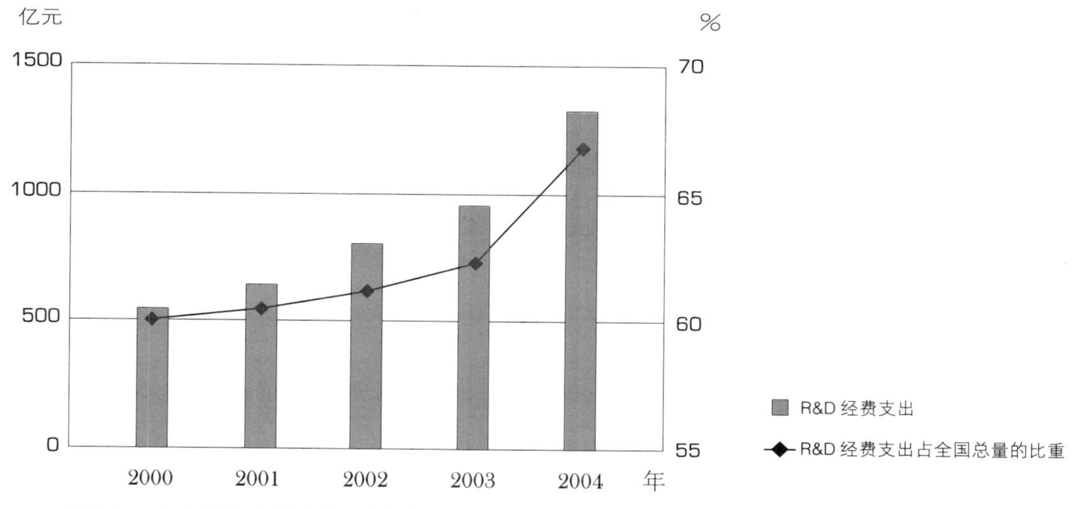

图 3-1　企业 R&D 经费支出及其占全国总量的比重
★ 数据来源：《中国科技统计年鉴》

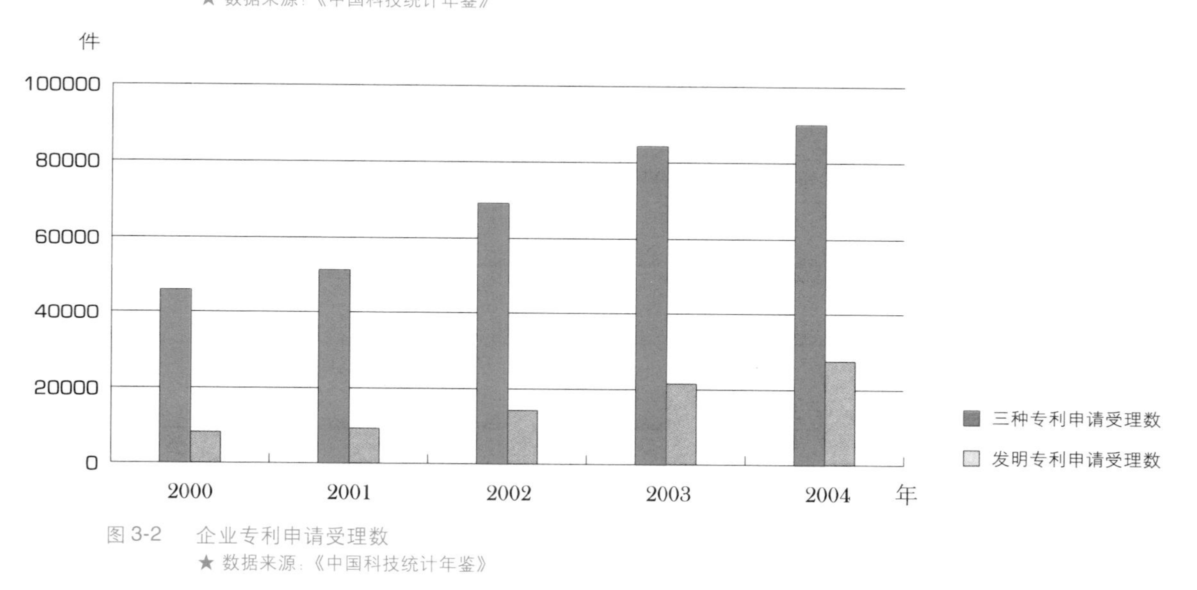

图 3-2　企业专利申请受理数
★ 数据来源：《中国科技统计年鉴》

心依托的 332 家企业产品销售收入达到 28670.96 亿元，比 2003 年增长了 29.5%。同期，企业科技活动经费支出额达到 1138.14 亿元，比 2003 年增长了 33.5%，增长幅度超过产品销售收入增长幅度 4 个百分点。2004 年，这些企业科技活动经费支出占产品销售收入的比重达到 3.9%，R&D 经费支出占产品销售收入的比重达到 2.4%。

民营科技企业是中国高新技术产业的一支新生力量，在中国经济和科技发展中起到越来越重要的作用。到 2004 年底，中国共有民营科技企业 141353 家，总收入达到 48083 亿元，上缴国家税金 2342 亿元，出口创汇 1209 亿美元，科技活动经费达 987 亿元，占全年总收入的 2%，共申请发明专利、实用新型专利和外观设计专利 58740 项。

在国家各项科技计划尤其是在国家科技产业化环境建设科技计划中，企业作用更加突出。2004 年，在星火计划、火炬计划、国家科技成果重点推广计划和国家重点新产品计划中，企业已成为承担项目的主体，按承担单位性质分，企业承担的项目数分别占71.6%、80.1%、58.8%和95.0%；在863计划、国家科技攻关计划、重大科技专项和农业科技成果转化基金项目的组织实施中，企业均有不同程度的参与，按承担单位性质分，企业项目数分别占总数的23.0%、30.1%、42.0%和40.5%。

二、产学研结合

企事业委托的科技经费已成为科研院所和高等学校科技经费的重要组成部分。1999 — 2004年，政府研究与开发机构获得的企事业委托科技经费年均增长幅度为4.7%，其中2004年研究与开发机构科技经费收入中来自企业的所占比重为7.0%。同期，在高等学校科技经费收入中，来自于企事业委托的科技经费从45.05亿元增长到144.03亿元，按可比价计算，年均增长率为22.4%，2004年占高等学校科技经费总收入的比重达到41.8%。

与企业合建研究机构是产学研结合的一种十分重要的组织形式。“十五”期间，中国各类高等院校与企业共建研究机构或以长期委托合同方式共同开展的研究开发活动呈现出明显增加的趋势，企业与高等院校之间的技术交流、技术咨询、合作研发等活动十分活跃。2004年研究机构与其他机构共合办研究机构678家，其中与国内企业合建63家，占合办研究机构总数的9.29%。

反映产学研结合的一个重要指标是企业与其他机构的科技论文合著情况。2001—2003年，企业与研究机构、高等学校合作论文数量均呈现逐年增加的趋势。2001年，企业与高等学校和科研机构的合作论文总数为1567篇，2003年为2207篇。2003年企业与高等学校合作的论文数量的比例为71%，明显超过与研究机构合作完成的论文数量。

高等院校利用其科技和人才资源优势创办的科技产业，是产学研结合、加速科技成果转化的重要形式。截至2004年底，高等院校校办科技型企业2355家，拥有专利2949项，专有技术2838项。2004年，高等院校校办科技企业销售收入总额为806.78亿元，实现利润40.98亿元，净利润23.86亿元，纳税总额为38.48亿元。科研院所创办的科技型企业也是产学研结合的重要途径。以中国科学院为例，2003年，院办企业的销售收入达到了534亿元。

第二节 研究与开发机构的改革与发展

政府研究与开发机构是指隶属于县以上政府部门的研究机构，包括自然科学与技术领域的研究机构、社会科学与人文科学领域的研究机构和科技信息与文献机构。2004年，在政府研究与开发机构的科技活动人员中，自然科学与技术领域的研究机构占93%，社会科学与人文科学领域的研究机构占4%，科技信息与文献机构占3%。

政府研究与开发机构是国家创新体系的重要组成部分，是进行基础研究、战略高技术研究和社会公益研究的主要部门。“十五”期间，中国科研院所的体制改革取得重大进展，技术开发类科研院所的企业化转制工作取得突破性进展，社会公益类科研院所分类改革全面展开，中国科学院知识创新工程试点在体制机制上进行了有益的探索。以制度创新为推动力，政府研究与开发机构创新能力明显增强。

一、科研机构改革

技术开发类科研机构主要从事直接面向生产、面向经济建设第一线的研究工作。技术开发类科研院所向企业化转制，是推进以企业为主体的技术创新体系建设的重大举措。1999年之前，全国政府属此类科研机构有2000多家，其中国务院部门属有376家。1999年，以原国家经贸委所属的242家科研院所为突破口，技术开发类科研机构企业化转制全面展开。到目前，国务院部门所属376家技术开发类科研机构全部完成转制，地方近700家技术开发类科研机构实现转制，绝大部分科研机构实现了平稳过渡，发展势头良好；管理体制和运行机制发生了根本转变；技术创新能力持续增强，在行业技术进步中继续发挥着骨干作用。据2005年对其中263家转制院所统计，2004年全年科技投入35.8亿元，比2000年增加了21%，获得来自政府的科技经费11亿元，比2000年增长30%；来自行业企业的科技收入71亿元，比2000年增长了60.5%；科技产业规模和效益大幅度提高，形成了一批具有市场竞争力的科技企业或企业集团。2004年263家院所实现总收入450亿元，比2000年增长95%，实现利润31.5亿元，是2000年的2.3倍。目前，转制科研机构产权制度改革工作已全面展开，力争通过2～3年的努力，使转制院所都基本建立起现代企业制度。

专栏 3-1

中国科学院知识创新工程

1998年2月4日，江泽民同志在中国科学院《迎接知识经济时代，建设国家创新体系》的研究报告上做出重要批示，支持中国科学院提出的知识创新工程设想，以加速建设国家创新体系，由此拉开了中国科学院的知识创新工程序幕。知识创新工程的目标是使中国科学院在2010年成为国家自然科学和高技术的知识创新中心，成为国际先进水平的科学研究基地。为此，中国科学院进行了一系列的结构调整、机制转换和管理创新，并对一些院所进行了重组。知识创新工程共分为三期，第一期1998—2000年；第二期2001—2005年；第三期2006—2010年。国家安排专项资金支持。

社会公益类科研机构主要指分布在农业、林业、医药卫生、环保、气象、地震等领域从事公益性研究的科研机构。2000年，原中央政府部门所属的社会公益型科研机构有265家。2001年，国家启动了社会公益类科研院所分类改革，有面向市场能力的科研机构向企业化转制，确需政府支持、难以获得相应经济回报的公益类科研机构，在调整结构、分流人员和转变机制的基础上，按非营利性科研机构管理和运行，国家财政加大支持力度。到2004年底，20个部门所属科研机构分类改革方案全面启动。改革过程中，国家加大了对重点院所的事业费支持，人均事业费由改革前的不足2万元提高到4万元，通过改革评估验收的院所达到5万元，近3年国家财政增加事业费投入10多亿元。科技体制改革有力地促进了社会公益类科研机构的学科和人员结构的优化，完善了运行机制。

自1998年，中国科学院开始实施国家知识创新工程试点。几年来，中国科学院按照“有所为、有所不为”的方针，对院属123个研究所进行了建院50多年来最大规模的结构性调整，将原有329个学科方向调整为202个，改变了课题分散、低水平重复的现象，共有67个研究所进入创新基地试点。为了加快科研成果转化，促进高技术产业化，已批准13个机构整体转制为高技术企业，并积极引导向规模化方向发展。中国科学院积极推动与大学、企业、地方的合作与共建；结合学科布局与组织结构调整，进行了运行机制改革的大胆探索。目前，中国科学院正在进行以实施科技创新战略行动计划为重点的第三期知识创新试点工程，努力形成一批具有国际竞争力的知识创新基地和一支精干、高水平的基础和战略高技术研究队伍。

二、科技经费

与1999年相比，2004年研究与开发机构数量有所减少，R&D人员占全国总量的比例从28.4%下降到17.6%，但科技经费筹集额依然呈增加趋势。1999—2004年，研究与开发机构科技经费筹集额从524.20亿元增长到789.09亿元，年均增长率为5.3%。其中，来自政府部门资金增长速度最快，从329.65亿元增长到596.04亿元，年均增长率为9.3%，占研究与开发机构科技经费筹集额的比重从62.9%增长到75.5%。

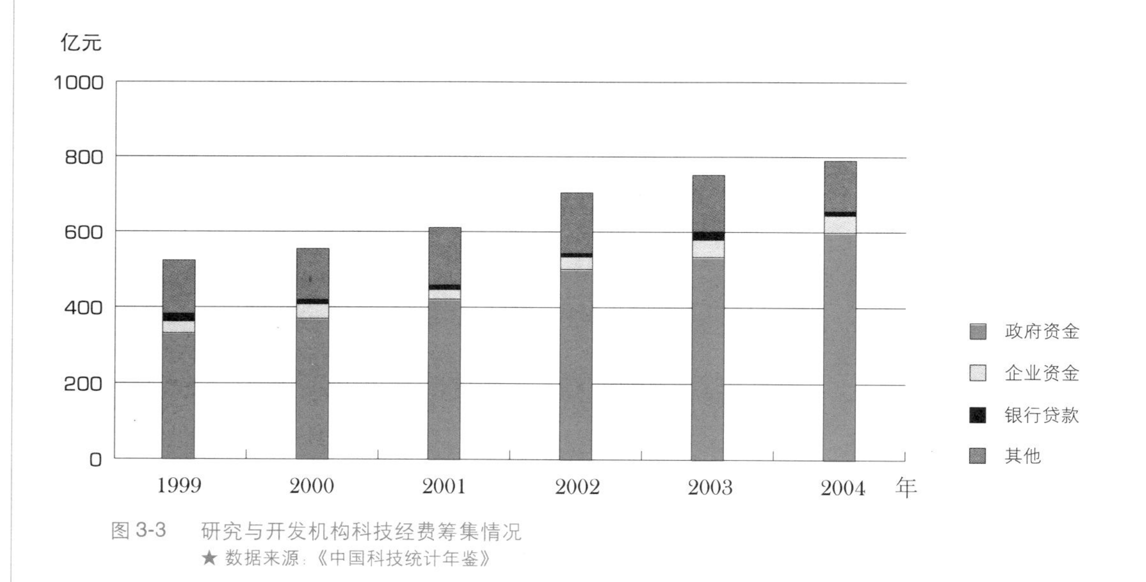

图3-3　研究与开发机构科技经费筹集情况
★ 数据来源：《中国科技统计年鉴》

1999—2004年，R&D经费支出从260.5亿元增长到431.73亿元，年均增长率为7.4%，其中，基础研究经费增长速度最快，年均增长率为17.2%。2004年，在研究与开发机构的R&D经费支出中，基础研究经费占11.9%，应用研究经费占36.8%，试验发展经费占51.2%。

三、科技成果

1999 — 2004 年，研究与开发机构被《SCI》、《EI》、《ISTP》国际三大检索系统收录的论文数量从 8160 篇增加到 17386 篇，年均增长率为 16.33%，国内论文数量从 28327 篇增长到 34043 篇，年均增长率为 3.74%。2002 年，研究与开发机构 SCI 论文发表期刊的平均影响因子为 1.477，2003 年达到 1.630，高等学校 SCI 论文发表期刊的影响因子 2002 年为 1.128，2003 年为 1.268。

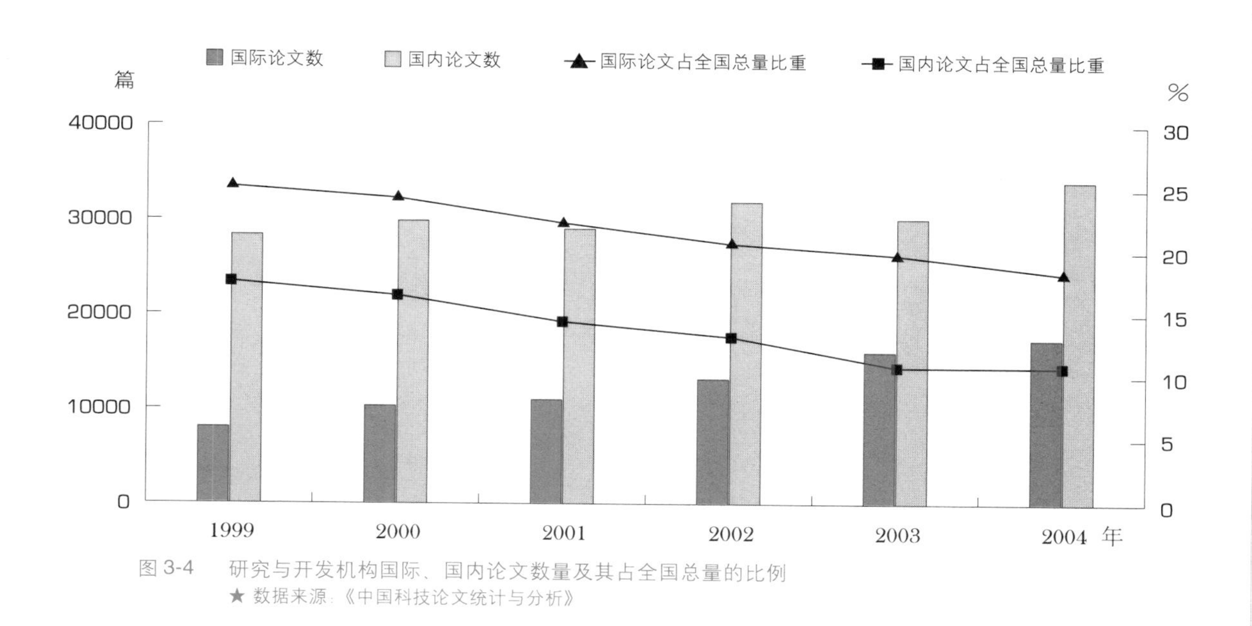

图 3-4　研究与开发机构国际、国内论文数量及其占全国总量的比例
★ 数据来源：《中国科技论文统计与分析》

1999 — 2004 年，研究与开发机构专利申请受理的数量从 3048 件增长到 6709 件，年均增长率为 17.0%，其中发明专利所占比例从 46.3% 增长到 67.7%。专利授权量从 1999 年的 2573 件增长到 2004 年的 4137 件，年均增长率为 9.9%，在授权专利中，发明专利所占比例从 21.1% 增长到 58.1%。

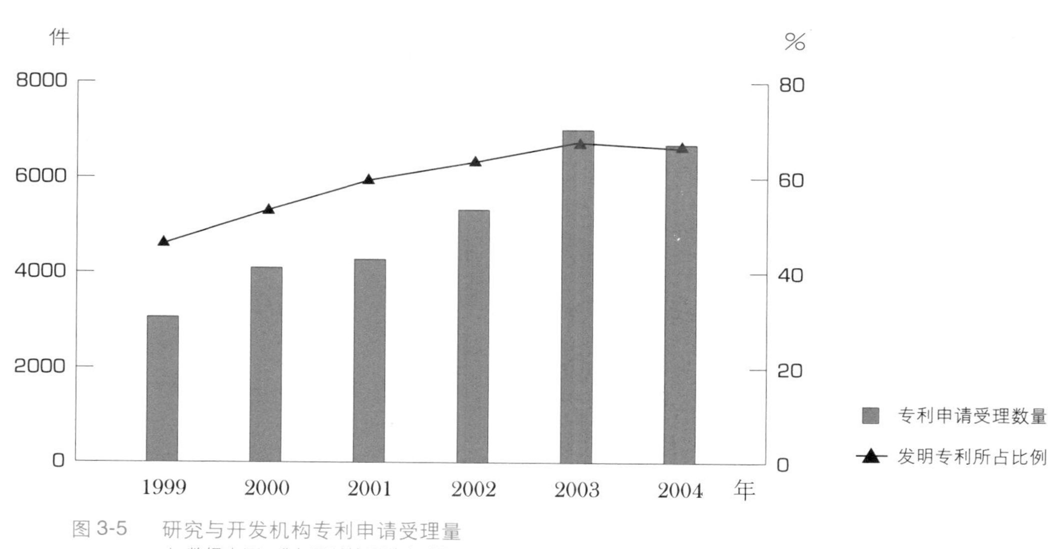

图 3-5　研究与开发机构专利申请受理量
★ 数据来源：《中国科技统计年鉴》

科研院所的分类改革有力地提高了技术开发类院所自身科技成果转化和产业化的能力，使科技成果的转化呈现出新的格局。1999 — 2004年，研究与开发机构的技术转让合同额从163.90亿元增长到190.43亿元。

第三节 高等学校科技创新

"十五"期间，通过实施"211工程"建设项目、"985工程"建设项目，高等学校学科体系得到优化调整，科技资源得到有效配置，大大提高了人才培养、科技创新和科技成果转化能力，总体实力增强，已经形成了一批规模适当、学科综合和人才汇聚的高水平大学。

一、科技经费

1999 — 2004年，高等院校科技经费收入从99.31亿元增长到344.4亿元，年均增长率为24.4%。其中，政府部门的专项经费增长速度最快，从39.16亿元增长到141.25亿元，年均增长率为25.4%，占高等院校科技经费收入的比例从39.4%上升到41%，来自企事业委托的科技经费年均增长率为22.4%，所占比例2004年达41.8%。2004年，主要来自于技术转让、技术咨询、技术服务、技术开发的收入中可转入科技经费的比例为8%。

1999 — 2004年，高等学校R&D经费支出明显增加，从63.45亿元增长到200.9亿元。其中，基础研究经费增长速度最快，从11.36亿元增长到47.9亿元，高等学校的基础研究经费占全国总量的比例从33.5%上升到40.8%。2004年，在高等学校的R&D经费支出中，基础研究经费占24%，应用研究经费占54%，试验发展经费占22%。

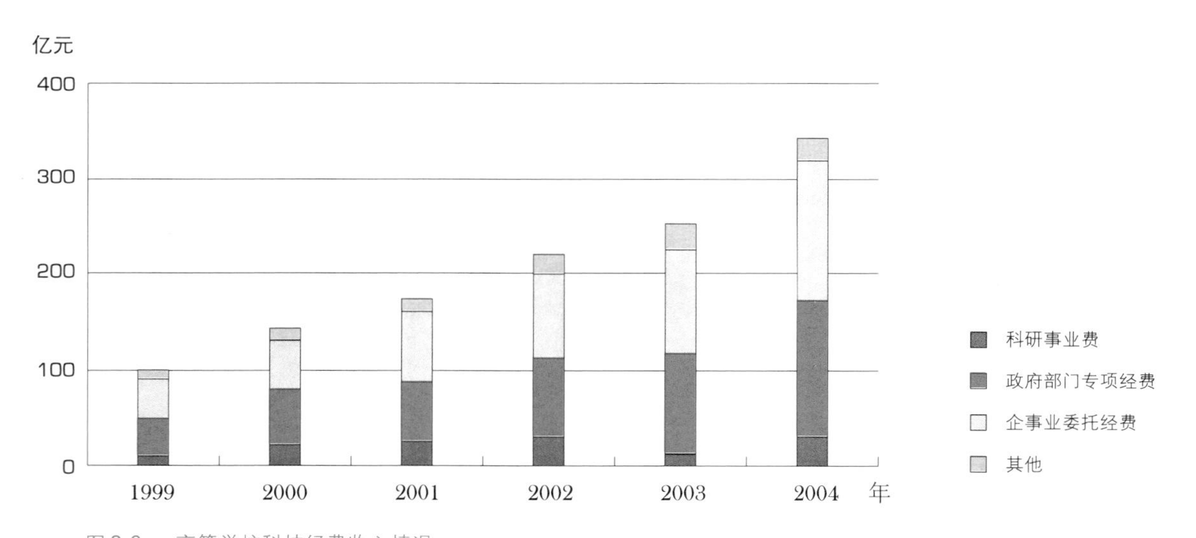

图3-6　高等学校科技经费收入情况
★ 数据来源：《高等学校科技统计资料汇编2000 — 2005年》

“十五”期间，高等学校成为承担国家科技计划项目的主要力量。例如，作为第一承担单位承担“973计划”项目85项并担任首席科学家的，占全部立项总数的54.5%；承担国家自然科学基金面上项目18921项，占立项总数的77.9%；承担国家自然科学基金重点项目456项，占立项总数的56.2%。

二、科技成果

1999 — 2004年，高等学校被SCI、EI、ISTP检索系统收录的论文数量从28185篇增加到77254篇，年均增长率为22.34%，占全国总量的比重从72.4%增长到80.66%；国内论文数量从104073篇增长到214710篇，年均增长率为15.58%，占全国总量的比重从63.9%增长到68.88%。高等学校已成为中国国际、国内科技论文的主要产出机构，其论文增长速度高于其他机构。

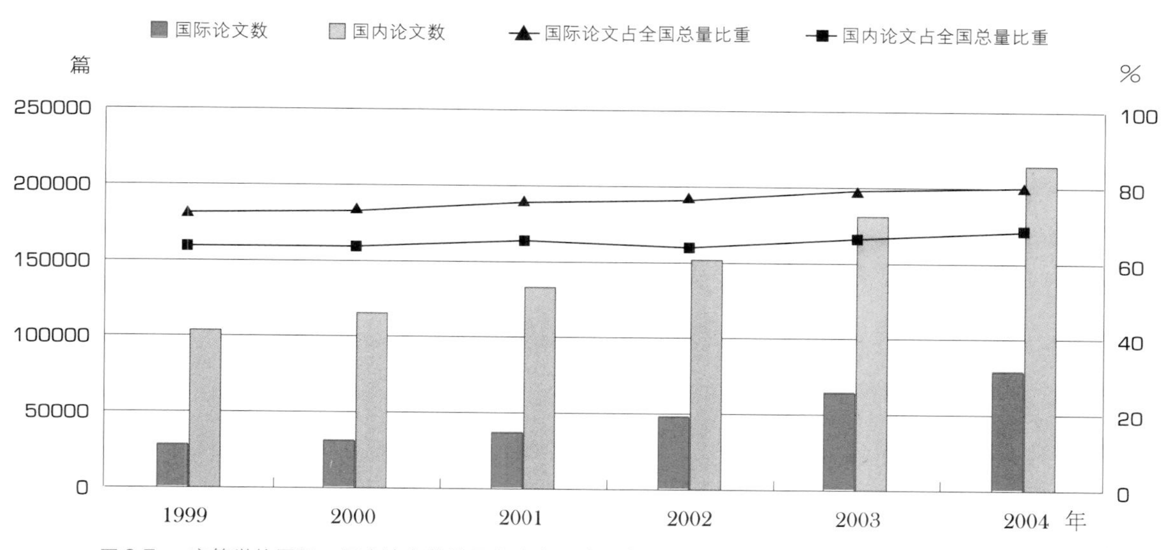

图3-7　高等学校国际、国内论文数量及其占全国总量的比例
★ 数据来源：《高等学校科技统计资料汇编2000 — 2005》

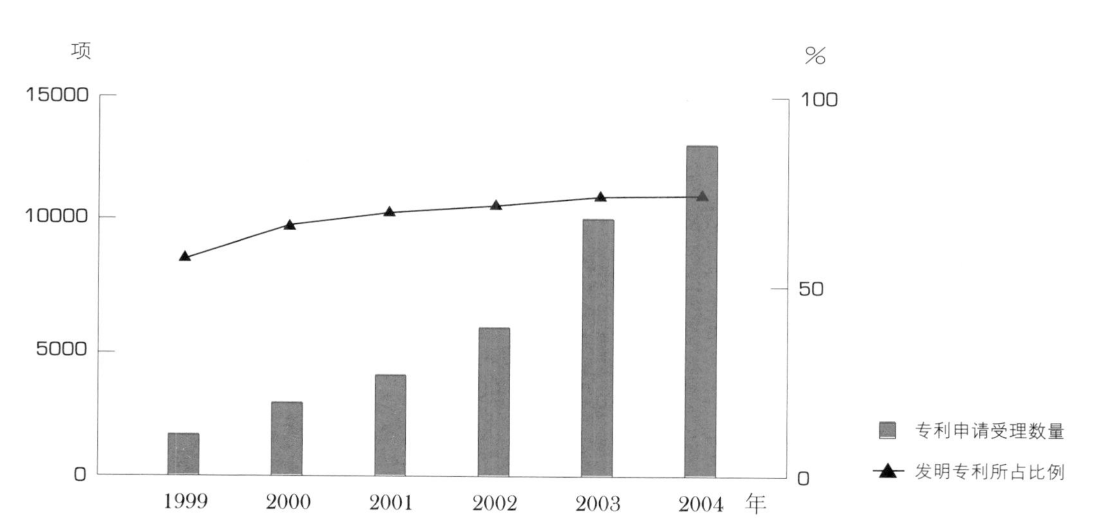

图3-8　高等学校专利申请受理量
★ 数据来源：《高等学校科技统计资料汇编2000 — 2005》

1999—2004年，高等学校申请专利的数量从1769项增长到12997项，年均增长率为49%，其中发明专利所占比例从55.9%增长到74.5%。专利授权量增长迅速，从1999年的1034项增长到2004年的5505项，年均增长率为33%。高等学校专利授权量占全国总量的比例从1999年的1.3%增长到2004年的2.9%。高等学校的技术转让合同数从3973项增加到9188项，年均增长率18.2%；专利出售合同数量从298项增加到731项，专利出售合同金额从1.12亿元增加到2.78亿元，年均增长率16.4%。

截至2005年，国家重点实验室有182个，其中依托高等学校建设的为113个。"十五"期间技术创新平台体系建设与管理继续加强。经国家发改委批准，依托高等学校建设的国家工程研究中心达到42个，占全部工程研究中心总数的35.3%。经科技部批准，依托高等学校建设的国家工程技术研究中心达到40个，占全部工程技术研究中心总数的29.4%。通过"高层次创造性人才计划"的实施，有关高等学校共聘任了900多位长江学者；遴选支持高等学校优秀创新团队120余个，新世纪优秀人才近2000名。

第四节 军民结合的国防科技创新体系

建立军民结合，寓军于民的国防科技创新体系是中国特色国家创新体系建设的重要组成部分。"十五"期间，中国针对国防技术创新体系与民用技术创新体系之间在结合机制上的一系列问题，从调整计划结构与方式、优化资源配置结构、实行新的管理制度和采购制度以及培养人才等多方面入手，加快了军民结合，寓军于民的国防科技创新体系的建设步伐。

一、国防科技管理体制

国务院1998年4月撤消了原来拥有国务院、中央军委双重隶属关系的国防科工委，将原国防科工委管理国防工业的职能、国家计委国防司的职能以及各军工总公司承担的政府职能统一起来，组建了新的国防科工委，成为国务院的职能管理部门之一。同时，以原国防科工委和总参谋部装备部为主体，组建了隶属中央军委领导的总装备部。总装备部业务归口的装备使用部门与国防科工委归口管理的军工科研生产单位的关系，是装备订货和组织生产的关系，是需要和供应的关系。通过调整国防科技工业和武器装备管理体制，实现了武器装备的需求和供应的分别管理。

○ 实施国防科技工业军民共同开发指导性计划

国防科工委2000年下发的《民用部门军品配套科研生产许可证管理实施细则》，鼓励民用部门进入军品配套的科研生产。2002年2月，国防科工委发布了《国防科技工业军转民技术开发"十五"发展指导性计划》，确定了包括电信工程、医药卫生技术、新能源技术、新材料技术、环保技术、光机电一体化技术和现代农业技术等7大领域的30个重点技术项目，作为"十五"期间军民共同开发的重点。2004年，国防科技工业民品产值比上年增长26%，达到1676亿元。

○ 实行新的装备采购制度

2002年10月，中央军委颁布了《中国人民解放军装备采购条例》。2003年12月，总装备部下发《装备采购计划管理规定》、《装备采购合同管理规定》、《装备采购方式与程序管理规定》、《装备承制单位资格审查管理规定》和《同类型装备集中采购管理规定》等配套规章，构成了装备采购新的法规体系。"十五"时期，装备采购工作遵循政府采购制度的基本原则，逐步打破军品行业部门界限，引入竞争机制，支持非军工国有企业和高技术民营企业进入军品市场，采购方式由过去的定点采购向公开招标、邀请招标、竞争性谈判和询价采购等多种方式转变，提高了装备采购的整体效益，确保部队以合理的价格采购到性能先进、质量优良、配套齐全的武器装备。军用计算机和网络设备、车辆底盘、发电机组、方舱等通用性较强的装备，已由各部门单独采购向全军集中采购转变。

二、军民结合的国防科技工业

国防科技工业在确保完成军事订货任务的同时，大力发展军民两用技术，促进核能及核应用技术、民用航天、民用航空、民用船舶、民用爆破等军工主导民品的发展与技术进步。支持西部大开发、东北老工业基地改造，承担国家重点工程建设项目、重大设备研制和技术攻关任务，促进国民经济产业升级和技术进步。

○ 核电向产业化方向发展

中国大陆目前共有9台核电机组运行，总装机容量为701万千瓦，另有2台106万千瓦机组正在建设中。2003年核发电量为433亿千瓦时，占全国总发电量的2.3%。核能配套工程建设稳步推进，基本形成了与核电相配套的核燃料生产体系，核燃料生产实现了技术升级。高度重视核设施退役和放射性废物治理工作，强化环境保护意识，确保各种放射性废物的安全处置。核事故应急响应体系逐步完善，响应能力得到了提高。

○ 民用航天取得重大突破

成功发射了神舟系列飞船，完成了新一代运载火箭关键技术攻关工作，发射了极轨和静止轨道气象卫星、海洋一号卫星、资源卫星等应用卫星，环境与灾害监测预报小卫星星座、大型静止轨道卫星公用平台、新一代极轨气象卫星等卫星研制工作顺利推进。

○ 民用航空工业在研制支线飞机、通用飞机等方面取得重要进展

自行开发的70座级ARJ21新型喷气支线客机研制工作全面展开，计划2008年交付使用。运12E高温高原型通用飞机、直11、直9直升机相继取得适航证，进入民用市场。新研制的小鹰500通用飞机2003年实现首飞。中国和巴西合资生产的ERJ145喷气支线客机已交付使用。中国、法国和新加坡共同研制的EC120直升机在中国建设总装线协议正式签订。国外航空零部件转包生产业务稳步发展。

○ 民用船舶工业继续快速发展，造船产量连续多年位居世界第三位

2005年，中国造船产量达到1212万吨，比2000年增长了2.5倍,占世界船舶产量的20%；承接新的订单首次超过日本，年底手持船舶订单近4000万吨，比2000年翻两番以上；民用船舶产品已出口50多个国家和地区。船舶设计制造能力大幅度提高，已进入世界先进造船国家行列。

第五节 科技中介机构的发展

科技中介服务体系是国家创新体系的重要组成部分，由生产力促进中心、科技企业孵化器、科技咨询和评估机构、技术交易机构、创业投资服务机构、农村技术推广服务组织等组成，旨在为企业、科研院所、大学、金融机构和政府提供技术扩散、成果转化、科技评估、创新资源配置、创新决策和管理咨询等专业化服务。目前，在大中城市共有各类科技中介机构7万多个，从业人员约120余万人，已成为转移、扩散科技成果和有效配置科技资源的重要渠道。

一、生产力促进中心

2004年，全国生产力促进中心达到1218家，其中省级中心27家，地市级中心261家，区县级中心647家，国家行业中心80家，地方行业中心194家。2004年，各级政府对生产力促进中心的投入总额达10.9亿元，非政府投入3.3亿元。全国生产力促进中心共开展技术咨询服务5万多项次；采集信息4800多万条，提供信息2300多万条；共向企业导入技术2000多项；为企业引进人才13000多人；共组织交易活动2400多项；共为社会培训人员170多万人次；共培育企业7298家；同时积极与国外机构和企业合作，人员交流近22000人次，引进项目1096项，引进资金51.7亿元。

二、科技企业孵化器

2004年，全国共有科技企业孵化器464家（不包括42家国家大学科技园），其中国家级科技企业孵化器109家，建立在国家高新区内的孵化器184家；全国科技企业孵化器筹集的孵化基金总额达67亿元，平均每个孵化器为1444万元；在孵企业达到33213家；累计毕业企业达11718家；从业人员55.2万人，其中具有大专以上学历人员占63.3%，从业人员中留学回国人员达10509人；企业获得的各类国家科技计划项目共800项，投入资金总额为9亿元，其中最多的是科技型中小企业技术创新基金项目，共有420个项目，占项目总量的52.5%；获得资金1.78亿元，占资金总量的20%。2004年，在孵企业共计申请专利12134项，比上年增加1715项，其中发明专利申请3548项。当年授权专利有6703项，其中发明专利授权2207项，比上年增加323项。

表 3-1　全国科技企业孵化器发展概况（2000 — 2004 年）

	2000	2001	2002	2003	2004
科技企业孵化器（家）	131	280	378	431	464
场地面积（万平方米）	272.1	509.0	632.6	1358.9	1515.1
在孵企业数（家）	7693	12821	20993	27285	33213
在孵企业人数（人）	128776	263596	363419	482545	552411
当年新孵化企业（家）	2389	5048	7635	8792	8933
累计毕业企业（家）	2770	3994	6207	8981	11718

注：科技企业孵化器总数中包括各类孵化器（创业中心）和留学人员创业园。

图 3-9　张江海外科技创新园，以"风险投资 + 孵化器"的模式吸引留学归国人才在此创业

三、技术市场

中国已初步形成了技术市场的基本运行框架，搭建了促进科技成果商品化、产业化的重要平台。截至2004年，已建立国家、省、市(地)、县四级1500多个技术市场管理机构和1200多个技术合同认定登记机构，从而形成了较完整的技术市场管理监督体系。全国已有各类技术交易服务机构和技术贸易机构共6万多个。近十几年来，中国技术市场合同成交总金额每年以15%以上的速度增长，从1984年7亿元增长到2004年的1334亿元。2004年，企业、科研机构、大专院校输出技术交易额为1061.17亿元，占技术交易总额的79.5%；其余的技术输出方包括技术贸易机构、个体经营者及其他组织，输出的技术交易额占总金额的20.5%。

四、国家大学科技园

2000年，科技部和教育部开始全面部属国家大学科技园的建设工作，旨在依托高等学校的科技资源，整

图 3-10　广州中医药大学科技产业园

合社会资本，孵化科技企业，加速科技成果转化，促进中国经济发展。2004 年，经科技部和教育部共同认定的国家大学科技园已发展到 42 家，比 2000 年的 22 家增加了近 1 倍。根据 2004 年底对 42 家国家大学科技园区的统计，已投入使用孵化场地 485.3 万平方米，设立孵化基金 5 亿元，在孵企业 5037 家，累计转化科技成果 1925 项，毕业企业 1256 家，其中已上市企业 8 家，收入过亿元企业 40 家，毕业企业总收入 130.8 亿元，工业总产值 131 亿元，创汇 1.6 亿美元，提供就业岗位 7 万余个。经过 5 年的建设与发展，国家大学科技园推动了高等学校科技成果转化。

五、国家技术转移中心

为进一步推动高等学校科技资源与产业结合和先进实用技术向企业转移，2001 年原国家经贸委、教育部决定在全国重点高等学校已建立技术转移机构的基础上，首批认定基础比较好、科技力量比较强、科研成果比较多的清华大学、上海交通大学、西安交通大学、华东理工大学、华中科技大学、四川大学等 6 所大学的技术转移机构为国家技术转移中心。2004 年，结合振兴东北老工业基地工作，教育部会同国家发改委启动了大连理工大学国家技术转移中心建设项目。至此，依托高等学校建立的国家技术转移中心已达 7 家。

通过加强同地方经济和重点行业的合作，国家技术转移中心的可持续发展能力、开放程度、国际化程度得到加强，各国家技术转移中心以国家重点行业为主线，与大中型企业签订技术转让、合作开发等项目 2000 多项，合同额超过 8 亿元。

第四章
科技政策与法律法规

继续深化科技体制改革，建立符合社会主义市场经济体制要求和科技创新规律的新机制、新体制，是“十五”期间科技政策体系建设的主要目标和重点任务。几年来，以加快科技体制改革，提高科技持续创新能力，促进技术创新，高新技术成果商品化、产业化和加强知识产权管理等为重点，中国在优化科技资源配置、提高科技创新效率、加速科技进步等方面做出了一系列制度安排，进一步加强了法律法规体系的建设，为科教兴国和可持续发展战略的实施，为科技进步和创新创造了良好的政策环境。

第一节 促进科研机构与企业发展

“十五”时期，中国科技体制改革紧紧围绕中共中央、国务院《关于加强技术创新，发展高科技，实现产业化的决定》的贯彻实施，为进一步推进科研机构深化改革、提高企业技术创新能力和促进中小企业的创新活动，制定了一系列政策措施，在更深层次上和更大范围内推进了科技体制改革。

一、科研机构转制政策

2000年，国务院办公厅转发了科技部等部门关于《深化科研机构管理体制改革实施意见的通知》，明确了中国科研机构深化改革的目标和方向：按照实施科教兴国战略、加强科技创新、加速成果转化的总要求，根据社会主义市场经济规律和科技自身发展规律，全面优化科技力量布局和科技资源配置；加快国务院部门（单位）所属科研机构改革步伐，使其适应市场需求，更好地为经济建设和社会发展服务。其中，对不同类型、分属不同部门的科研机构实行分类改革，对技术开发类科研机构实行企业化转制，对社会公益类科研机构根据不同情况实行改革。

为了保障技术开发类研究机构进行企业化转制，国家科技、财政、税务、劳动与社会保障、工商行政等部门制定了一系列政策措施，先后发布了27个政策文件，内容涉及企业化改革方向、税收扶持、转制后的资产处置原则、经费预算划转办法、财务和资产管理办法、工商登记管理、属地化管理体制、离退休人员养老保险和工资调整、人事制度管理，以及改革的组织实施和工作进度等，有力地保障了科研机构转制的顺利实施。

"十五"期间，国家扶持转制科研机构改革与发展的政策进一步深化和完善。国务院办公厅2003年转发了国务院经济体制改革办公室、科技部等部门联合制定的《关于转制科研机构深化产权制度改革的指导意见》。国家财政、科技、劳动保障、税务等部门分别于2002年发布实施了《关于转制科研机构和工程勘察设计单位转制前离退休人员待遇调整等问题的通知》，2003年发布实施了《关于转制科研机构有关税收政策问题的通知》和《关于转制科研机构有关问题的通知》，2004年发布实施了《关于转制单位部分人员延缓退休有关问题的通知》，2005年发布实施了《关于延长转制科研机构有关税收政策执行期限的通知》。这些政策对于转制科研机构平稳度过体制转轨期，进入科技创新、成果转化和高新技术产业相互促进、协调发展的快车道，发挥了重要的激励和引导作用。

同时，为积极引导公益类科研机构建立现代科研院所制度，2000年随着公益类科研机构分类改革的启动实施，国务院办公厅转发了科技、财政等部门《关于非营利性科研机构管理的若干意见（试行）》，对于主要从事应用基础研究或向社会提供公共服务，无法得到相应经济回报，确需国家支持的公益类科研机构，规定其按非营利性机构运行和管理的发展模式审核登记，并指导其在建立现代科研院所制度方面进行探索。

2003年以后，按照《中共中央关于完善社会主义市场经济体制若干问题的决定》中提出的"职责明确、评价科学、开放有序、管理规范"的现代科研院所制度基本原则，中国科研机构的改革与发展跃上了新台阶。

二、企业技术创新政策

"十五"期间，国家科技主管部门启动了转制科研机构国家重点实验室建设的试点工作，实行转制科研机构和行业企业投入为主，国家资助为辅，产学研联合的新机制，稳定支持一支精干高效的产业科技创新队伍。2000年，为进一步加快企业技术中心建设步伐，增强企业竞争能力，国家经贸委发布实施了《关于加强国家重点企业技术中心建设工作的意见》、《关于深化改革，建立面向行业的技术开发基地的意见》、《关于加速实施创新工程，形成以企业为中心的技术创新体系的意见》，这些政策措施明确要求，大中型企业要建立健全企业技术开发中心，用5年左右的时间，建立起以企业为中心、适应社会主义市场经济体制和现代科学技术发展要求的技术创新体系和运行机制，形成利于科技成果迅速转化为现实生产力的应用机制。同时，对科研机构企业化转制后，国民经济中共性、

图 4-1　奇瑞汽车公司研发中心

关键性、前瞻性技术的发展也做了具体的安排。同年，外经贸部发布了《关于外商投资设立研发中心有关问题的通知》，允许外商以外资形式投资设立研发中心。2002年，国家计委发布实施了《国家计委关于建设国家工程研究中心的指导性意见》，安排了企业技术中心建设专项，加强对企业技术中心建设的支持和指导。在这些政策推动下，全国已有80%的大中型企业与大学、科研机构建立了合作关系，共建各类技术开发基地6000多个。

2002年，科技部制定了《关于重大科技专项启动实施若干问题的意见》，其中特别强调要加大企业的参与力度，鼓励企业通过产学研联合攻关机制参与重大科技专项研制课题，实行优势互补，协同配套，风险共担，权益共享的运作机制，实现创新成果在联盟中的扩散和应用。

中小企业是技术创新活动最活跃的群体。为进一步支持中小企业的创新活动，国家在“十五”期间制定了一系列政策与法律法规。2000年，原国家经贸委下发了《关于加强中小企业技术创新服务体系建设的意见》，要求按照中国企业改革与发展及技术创新工作的总体要求，动员社会各方面力量，加快建立和培育面向中小企业技术创新的服务体系，为中小企业发展创造良好的外部环境。并要求从2000年开始，用两年左右的时间，在直辖市、省会城市等建立40个左右主要面向中小企业的技术创新服务中心，逐步形成全社会、开放式的网络化技术创新服务体系。

2002年6月29日公布的《中华人民共和国中小企业促进法》，明确了国家对中小企业实行积极扶持，加强引导，完善服务，依法规范，保障权益的方针，为中小企业的创立和发展创造有利的环境。国家制定政策，鼓励中小企业按照市场需要，开发新产品，采用先进的技术、生产工艺和设备，提高产品质量，实现技术进步。中小企业技术创新项目以及为大企业产品配套的技术改造项目，可以享受贷款贴息政策。国家鼓励中小企业与研究机构、大专院校开展技术合作、开发与交流，促进科技成果产业化，积极发展科技型中小企业。

第二节 推动科技创新与产业化

“十五”期间，国家为落实“创新、产业化”的指导方针，在加强基础研究、推动产业技术发展和产业化环境建设等方面制定了一系列政策措施，对提高科技持续创新能力、加快中国产业技术创新、加速推进高技术成果转化和高新技术企业参与国际竞争进行了重要部署。

一、原始性创新政策

为提高科技持续的创新能力，2001年，科技部、教育部、中国科学院、中国工程院、国家自然科学基金委发布《关于加强基础研究工作的若干意见》的通知指出，中国基础研究的发展要加强国家战略需求和国际科学前沿的结合，攀登世界科学高峰，为国家经济、社会发展和国家安全提供战略性、基础性、前瞻性的知识人才储备和科学支撑。要遵循“统观全局，突出重点，有所为，有所不为”的原则。同时指出，创新是基础研究的本质特征。前沿探索性研究要创新，应用基础研究也要创新。要遵循科学创新的内在规律，鼓励和支持科学家提出新思想、新理论、新方法，树立牢固的创新思想，保持强烈的创新意识，切实提高创新能力，特别是原始性创新能力。

2002年，科技部、教育部等五部门发布了《关于进一步增强原始性创新能力的意见》，在鼓励探索建立适应原始性创新要求的科研机构管理制度，大力培养和引进创新人才等方面制定了政策措施，对营造良好、宽松的科研环境发挥了重要作用。2002年，科技部、教育部还联合下发了《关于充分发挥高等学校科技创新作用的若干意见》，强调在加强高校科技创新能力建设中，把加强高校基础研究工作、增强原始性创新能力、逐步形成一批具有较强科研力量和较高科研水平的研究型大学作为重要内容，并提出了明确的发展思路和保障措施。

为加强对原始性创新的宏观管理与政策引导，2003年，科技部修订和完善了《国家重点基础研究发展规划项目管理暂行办法》，对973计划项目实行了课题制试点，逐步建立起一套科学和规范的项目组织管理体系，对973计划的组织实施发挥了重要作用。同年，科技部制定了《国家重点实验室发展规划》，修订了《国家重点实验室评估规则》，确立了国家重点实验室今后改革和发展的思路，调整和完善了国家重点实验室的学科布局。

“十五”期间，国家对973计划的投入强度每年增加1亿元；同时较大幅度地增加了对自然科学基金会的投入强度。

二、国家产业技术政策

2002年，国家经贸、财政、科技、税务等部门联合发布实施了《国家产业技术政策》，提出以结构优化和产业升级为目标，以体制和机制创新为保证，以企业为主体，以信息化带动工业化为主要途径，以提高

图4-2 科技兴贸政策促进了高新技术产品出口

技术创新能力为核心，以中国加入世界贸易组织为契机，抓住世界科技革命迅猛发展的机遇，有重点地发展高新技术及产业化，实现局部领域的突破和跨越式发展，逐步形成中国高技术产业群体优势的发展方针。重点发展信息技术、生物工程技术、先进制造技术、新材料技术、航空航天技术、新能源技术、海洋技术等。其中对如何提升传统产业技术水平，用高新技术改造传统产业也做出了安排。

"十五"期间，国务院陆续发布了《鼓励软件产业和集成电路产业发展若干政策》、《农业科技发展纲要（2001—2010年）》，国家发改委、经贸委联合发布实施了《当前国家重点鼓励发展的产业、产品和技术目录》，科技部发布实施了《关于加强863计划成果产业化工作的若干意见》，2002年，国家经贸委发布了《用高新技术和先进适用技术改造提升传统产业的实施意见》。继国家计委和科技部共同组织编制并发布引导高技术产业发展的指导性文件《当前优先发展的高技术产业化重点领域指南》（2001年度）之后，2004年，国家发改委、科技部和商务部联合发布了2004年度《当前优先发展的高技术产业化重点领域指南》。此外，2001年，外经贸部、科技部等四部委联合签发《科技兴贸"十五"计划纲要》，《纲要》提出，要从财政、金融、市场准入等方面研究促进高新技术产品出口和利用高新技术改造传统出口产业的鼓励政策。2003年，商务部、国家发改委、科技部等部门联合发布了《关于进一步实施科技兴贸战略的若干意见》。一系列的方针政策对"十五"期间中国产业技术发展做出了明确的部署。

三、产业化环境建设政策

科技产业化环境建设是"十五"国家科技计划体系的重要组成部分，旨在从加强政策环境建设、促进区域经济发展、增强技术服务和交流等方面，促进科技型中小企业的发展，大力发展科技中介服务机构，营造有利于科技成果转化和科技产业化发展的良好环境。

在税收政策方面，2001年国家海关、外贸部门联合发布实施了《关于支持高新技术产业发展若干问题的通知》，出台了10项便捷措施，为大型高新技术生产企业的发展创造良好的通关环境。《通知》规定，凡在中国关境内从事高新技术生产，其生产产品已列入科技部、外经贸部、财政部、国家税务总局、海关总署共同编制的《中国高新技术产品出口目录》，并且年出口额在1亿美元以上的大型高新技术生产企业（包括国有企业、民营企业和外商投资企业），可向所在地海关提出申请使用提前报关、联网报关、快速转关、上门验放、加急通关、担保验放和咨询服务7项进出口便捷通关程序。对于从事加工贸易的大型高新技术生产企业，如果其生产实行全过程信息化管理、保证有关数据真实无讹并向海关开放的，除可以适用以上7项措施外，还可以向海关申请加工贸易联网管理，并适用免设台账、免审合同、免办手册3项便捷措施。2002年颁布实施了《禁止出口限制出口技术管理办法》。2003年国务院发布实施了《关于加快技术成果转化，优化出口商品结构的若干意见》。2005年国家税务、商务部门联合发布实施了《关于技术进口企业所得税减免审批程序的通知》，国家商务部等八部门联合发布实施了《扶持出口名牌发展的指导意见》的通知。

在标准政策方面，科技部联合有关部门共同实施了技术标准战略，着手建立中国更加完善的技术标准体系，使之成为保护民族产业、参与国际竞争的重要手段。2002年国家发改委等七部门联合发布实施了《关于推进采用国际标准的若干意见》明确指出各类采用国际标准的产品可享受诸多“优先”：在技术进步计划中优先安排；优先纳入技术改造计划；优先列入科技开发计划；优先考虑评优和免检资格；优先进入重点工程和政府采购。该《意见》还对采用国际标准工作如何与企业质量管理工作结合、国家对采标产品实行标志制度、各级标准化管理部门如何积极支持和鼓励企业参与国际标准化活动等提出了具体要求。“十五”期间，国家有关部门还制定颁布了涉及汽车、软件、水利、集成电路等不同产业的发展政策、纲要和标准。

在金融政策方面，“十五”期间，国家在深圳交易所建立了中小企业板，重点扶持中小型科技企业上市直接融资；科技部又分别与中国农业银行、国家开发银行和华夏银行等银行签署了科技金融合作协议，由科技部向金融机构推荐技术成熟、科技含量高的高新技术项目和企业。2002年国家外贸部、财政部发布实施了《出口产品研究开发资金管理办法》，2005年科技部与国家开发银行联合下发了《关于进一步推动科技型中小企业融资工作有关问题的通知》。

在中介机构方面，2002年科技部发布实施了《关于大力发展科技中介机构的意见》，提出促进中国科技中介机构发展的基本目标和主要措施，并将2003年作为科技中介建设年，联合地方科技管理部门，在能力建设、制度规范和网络化协作方面培育能够发挥示范带动作用的骨干科技中介机构，从政策环境、投入和规范运行等方面为科技中介机构的发展创造条件。此外，2001年科技部发布实施了《国家级示范生产力促进中心管理办法》、《关于“十五”期间大力推进科技企业孵化器建设的意见》、《关于“十五”期间国家工程技术研究中心建设的实施意见》，国家经贸、教育部门发布实施了《关于在部分高等学校建立国家技术转移中心的通知》等政策措施。

第三节 完善科技管理体系

科技资源的占有、配置、开发和利用方式的优劣，日益成为决定国家科技创新能力强弱的关键因素。“十五”期间，国家在科技计划、知识产权、科技评价制度、科技奖励制度的管理方面做出了相应的部署。

一、科技计划管理

“十五”期间，国家调整了国家科技计划体系。在此基础上，国务院办公厅2002年转发国家科技、财政等部门联合制定的《关于国家科研计划实施课题制管理的规定》，开始推行课题全成本核算、课题责任人负责制和预算评估等制度，增强科技人员的创新精神和责任意识。继2000年《中华人民共和国招标投标法》颁布之后，2001年，科技部制定并发布了《科技项目招标投标管理暂行办法》。依据《招标投标法》的原则和要求，取消了不具备公开性和竞争性的议标方式；针对科技项目风险较大的特征采用分段招标的方式，使得招标单位有机会从容地制定合理、准确的标底，把技术风险降低到最低程度；强化了科技项目招标代理机构的职能；增设了对投标人的资格审查环节，保证招标工作的效率和质量；规定了投标人的最低报价不能作为中标的惟一理由，而着重考虑科技项目的创新性和目标的可实现性；在评标环节中，规定评标委员会可以要求投标人对投标文件中不明确的地方进行必要的澄清、说明或答辩；强调了技术保密问题，同时，制定了相关的处罚措施。同年科技部发布实施了《国家科技计划管理暂行规定》和《国家科技计划项目管理暂行办法》，对国家科技计划的设立、各类国家科技计划管理办法的程序制定、国家科技计划管理的责任机制等进行规范。并从项目立项、项目实施管理、项目验收和专家咨询等环节，对国家级科技计划项目的管理制定了明确的规范。

二、知识产权管理

"十五"期间，科技部将会同有关部门，对事关综合国力和国际竞争力的重大科技领域、重要高新科技产业和国民经济重点行业，以掌握核心技术及其知识产权为主要目标，在国家层次上组织实施专利战略。2002年，国务院办公厅转发科技、财政部门《关于国家科研计划项目研究成果知识产权管理的若干规定》，科技部发布《加强与科技相关的知识产权保护和管理工作的思路和安排》。2003年，科技部发布实施《关于加强国家科技计划知识产权管理工作的规定》。这些政策明确要求，将专利权、植物新品种权、计算机软件著作权、技术秘密等知识产权的取得、保护和运用，作为科技计划的重要目标，并在项目申请、立项、执行和验收各环节落实了知识产权管理责任；关于科技计划项目研究成果的知识产权归属，文件规定除涉及国家安全、国家利益和重大社会公共利益的科研项目以外，国家授予项目承担单位知识产权，承担单位可以依法自主决定实施、许可他人实施、转让、作价入股等，并取得相应的收益；国家保留无偿使用、开发、使之有效利用和获取收益的权利。解决了多年来中国科技计划项目知识产权责权不清的问题。据此，863计划、科技攻关计划管理制度及项目合同中均增加了知识产权内容，各个重大科技专项招标指南都明确提出了知识产权产出的目标要求。教育部1999年发布实施的《高等院校知识产权保护管理规定》，知识产权和经贸部门2000年发布实施的《企业专利工作管理办法（试行）》，有效提升了不同创新主体的知识产权管理和保护工作。

根据科技部、财政部《关于在国家有关科研计划经费中可以开支知识产权事务费的规定》，科技部已先后设立了国家转基因植物研究与产业化专项申请专利及植物新品种权补助金、863计划国际专利补助金等，建立知识产权资助机制。鼓励和扶持国家科技计划项目成果申请国内外专利；并在国家科技计划管理制度中，明确要求项目承担单位安排知识产权管理和保护工作经费。

三、科技评价与奖励机制

2003年，科技部、教育部联合中国科学院、中国工程院和国家自然科学基金委员会发布了《关于改进科学技术评价工作的决定》，同年，科技部发布了《科学技术评价办法（试行）》。上述文件的发布标志着中国科技管理制度和科技评价体系改革开始启动。《科学技术评价办法（试行）》针对科学技术评价工作中存在的问题，明确提出了科学技术评价必须有利于鼓励原始性创新，有利于促进科学技术成果转化和产业化，有利于发现和培育优秀人才，有利于营造宽松的创新环境，有利于防止和惩治学术不端行为；明确界定了评价工作有关各方的职责，以保障评价工作的公平、公正；建立评价有关信息公示、公开制度，接受社会监督；规范了评价专家的遴选制度；积极推行科学技术评价国际化，在保障国家安全和国家利益的前提下，对于无保密要求的重大科学技术活动的评价，可邀请一定比例的境外专家参与；区别不同评价对象，确定相应的评价标准，实施分类评价；确定评价周期，减少评价数量，避免过重过繁的评价活动；建立健全评价机构和评价专家的违规和失误记录档案，建立科学技术评价监督委员会。按照此《办法》，科研项目分为战略性基础研究项目、自由探索性基础研究项目、应用研究项目、科学技术产业化项目、社会公益性研究项目和科学技术条件建设与支撑服务项目等六大类，每一类都有不同的评价标准和方法。对自由探索性基础研究项目，以保障科学研究自由，鼓励科学探索和原始性创新为导向，注重对科学价值和人才培养的评价。对应用研究项目则以技术推动和市场牵引为导向，按照自主知识产权的产出、潜在的经济效益等要素为评价要点。突出体现了鼓励学术民主，倡导创新文化，引导科技界克服浮躁，急功近利等短期行为的政策导向。

2004年，国家财政、科技、教育等部门联合发布实施了《中央级新购大型科学仪器设备联合评议工作管理办法（试行）》，建立跨部门的协调制度，着手解决科技界反映突出的科学仪器重复购置问题。

“十五”期间科技部先后发布和实施了《国家科技奖励条例实施细则》、《省、部级科学技术奖管理办法》、《社会力量设立科学技术奖管理办法》、《关于受理香港、澳门特别行政区推荐国家科学技术奖的规定》，规范了科技奖励工作，充分体现了党和国家尊重知识、尊重人才的方针。

为进一步做好国家科学技术奖励工作，保证国家科学技术奖的评审质量，确保国家最高科学荣誉在评审过程中的公开、公正和公平，2004年，科技部对《国家科学技术奖励条例实施细则》做了修改和调整。修改后的《实施细则》用较大篇幅对“监督及异议处理”做出具体规定。其中特别提到，国家科学技术奖励将实行评审信誉制度，科技部将对参加评审活动的专家学者建立信誉档案，信誉记录将作为提出评审委员会委员和评审组委员人选的重要依据。此外，对在评审活动中违反奖励条例及细则有关规定的专家学者，可以给予责令改正、记录不良信誉、警告、通报批评、解除聘任或者取消资格的处理。

修改后的《实施细则》明确提出，“任何单位和个人发现国家科学技术奖的评审和异议处理工作中存在问题的，可以向科学技术奖励监督委员会进行举报和投诉。有关方面收到举报或者投诉材料的，应当及时转交科学技术奖励监督委员会。”“有关人员应当对异议者的身份予以保密；确实需要公开的，应当事前征求异议者的意见。”对提出的异议，“涉及异议的任何一方应当积极配合，不得推诿和延误。”

第四节 加快科技立法

“十五”期间，国家加快了科技立法的步伐，颁布了《科学技术普及法》、《农业机械化促进法》等一些有关科技的重要法律，填补了中国科技立法在这些方面的空白。同时，在其他重要立法中也纳入了保障和促进科技进步与创新的相关制度，如在《公司法》修改中放宽了技术等无形资产在公司股本中所占比例的限制，拓宽了高科技产业发展的市场融资渠道；在《中小企业促进法》中设立了技术创新专章；在《政府采购法》中写入了促进科技产业发展的相关条款等。对“十五”之前的一些科技法律，根据科技发展变化的需要也做了重要的修订。

一、启动《科技进步法》修订

2003年国家立法机关对《科技进步法》的实施情况进行了第二次执法检查，重点检查企业技术创新能力建设、政府建设创新环境、科技体制改革和国家创新体系建设、科技进步对经济社会发展的贡献等情况，深入了解法律实施中出现的新情况、新问题，广泛听取各方面对于完善中国科技法律体系的意见和建议。为《科技进步法》的修订提供了重要依据。

根据十届全国人大常委会立法规划和国务院立法计划，从2004年开始，由科技部牵头，会同十几个部门和单位，共同开展了《科技进步法》修订起草工作。此次修订工作的一个鲜明特点，就是与国家“十一五”科技发展规划和中长期科技发展规划纲要的研究制定紧密结合，进一步突出法律的系统性和法律措施的操作性、针对性。

二、实施新《专利法》

第九届全国人民代表大会常务委员会第十七次会议于2000年8月25日通过了《全国人民代表大会常务委员会关于修改〈中华人民共和国专利法〉的决定》，修改后的新《专利法》于2001年7月1日开始实施，这是中国专利制度发展史上一个重要的里程碑。它一方面是中国实施科教兴国战略、参与国际竞争的一个非常重要的举措；另一方面充分体现了党中央、国务院对专利工作的高度重视，也为进一步做好专利工作，提高中国专利保护的能力和水平创造了一个非常有利的环境。新《专利法》更加明确了为科技进步与创新，为经济发展服务的立法宗旨。从内容上将原来的“促进科学技术的发展”改为“促进科学技术的进步与创新”；为鼓励发明创造，进一步调动科技人员的技术创新的积极性，修改了职务发明的判断标准；引入合同优先原则，允许科技人员和单位通过合同约定发明创造的归属；明确了单位对职务发明人应当给予奖励和报酬，并规定了奖励及报酬的支付办法等。

图4-3 加入世贸组织以来，我国进一步完善法律环境，认真加强对知识产权的保护，对著作权法、商标法、专利法等国内法律法规进行了修订。图为一位顾客在北京中关村一家软件店购买正版电脑软件

新华社记者李石磊摄（数码传真照片）

三、颁布《科普法》

2002年6月29日第九届全国人民代表大会常务委员会第二十八次会议通过了《科普法》，这是在中国几十年来，科学技术普及工作的政策实践基础上，针对中国国情制定的一部重要法律。《科普法》共有6章、34条，全文约3000字，分为总则、组织管理、社会责任、保障措施、法律责任、附则。

《科普法》从法律上明确了科普的内容是“普及科学技术知识，倡导科学方法，传播科学思想，弘扬科学精神”；从法律上明确了政府、政府的科技行政部门和科学技术协会在科普方面的职责，有利于发挥各自优势，各司其职，理顺关系，共同做好科普工作；从法律上明确了科普是全社会的共同任务，并详细规定了各方面的职责，有利于发挥社会各方面的积极性，更好地利用社会资源开展科普工作；从法律上明确了各级人民政府应当将科普经费列入同级财政预算，逐步提高科普投入水平；同时在科普的税收优惠、设立科普基金、加强场馆建设方面做出了明确规定，为科普工作的开展提供了物质的支撑条件。这部法律的出台，对于实施科教兴国和可持续发展战略，加强科学技术普及工作，提高全民的科学文化素质，推动经济发展和社会进步具有重大意义。

四、地方科技立法

“十五”期间，在国家立法推动下，地方科技立法更加活跃和多样化。全国大部分省、市、自治区以及有立法权的地区都结合本地方科技进步的需要，制定了各具特色的科技进步实施条例和其他地方性科技法规，不仅数量多，而且调整领域广，操作性强，调整范围包括科技进步、技术市场管理、科学技术普及、成果推广、高新技术产业开发区、民营科技企业等；一些地方还在技术秘密、科技投入、风险投资、科研机构、科技人员、科技条件建设等方面进行了立法探索和尝试，为国家立法积累了宝贵经验。如：上海市根据本地科技发展的要求，做好现行法规的清理工作，对不适应客观实际的法规及时修订或予以废止。2000年，上海市人大做出修改《上海市科学技术进步条例》的决定；福建省和四川省根据《中华人民共和国促进科技成果转化法》等有关法律的规定，结合本地实际，分别在2000年和2001年制定了《福建省促进科技成果转化条例》、《四川省促进科技成果转化条例》；黑龙江省在2001年、2002年先后制定了《黑龙江省高新技术企业认定条件和办法》、《黑龙江省农业科技计划首席专家制实施办法》、《省属科研机构体制改革专项资金管理暂行办法》、《黑龙江省科学技术奖励办法实施细则》、《加快科技企业孵化器建设与发展的若干意见》等规范性文件，初步完善了地方科技政策法规体系；北京市为了调动科技人员的积极性和创造性，2002年发布实施了《北京市科学技术奖励办法》，2004年，根据北京市知识产权资源非常丰富，保护知识产权工作十分重要的情况，发布实施了《北京市保护知识产权专项行动实施方案》。

地方立法作为国家立法的重要补充，已成为中国科技法制建设的一个重要组成部分。在依法行政方面，部分地方科技管理部门建立了包括行政执法责任制、考核评议制、过错责任追究制和依法赔偿制等科技行政执法责任制度体系。

第五章 科技资源建设

第一节 科技人力资源
一、总量和结构
二、培育与使用
三、海外科技人才

第二节 科技投入
一、投入总量
二、投入结构
三、投入方式
四、投入效果

第三节 科技金融
一、科技金融合作
二、创业投资
三、资本市场

第四节 科技条件
一、发展部署
二、科研设施与条件
三、基础条件平台

科技资源主要由科技人力资源、政府与非政府部门的资金投入以及科技条件平台等构成。改革开放以来，特别是科教兴国和人才强国战略实施以来，中国政府通过建立和完善一系列政策机制，不断加大科技资源建设力度，在科技人才培养与使用、政府引导多元科技投入体系形成、科研基础条件平台构建等方面取得了显著成效。

第一节
科技人力资源

中国政府高度重视科技人力资源开发，先后颁发了一系列重要文件。2003年全国人才工作会议做出了实施人才强国战略的重大决策，发布了《中共中央、国务院关于加强人才工作的决定》，为中国科技人力资源的发展指明了方向。"十五"期间，中国继续实施科教兴国战略和人才强国战略，大力发展教育，加强科技人才队伍建设，科技人力资源总量快速增长，结构不断优化，在人力资源的培养、使用和吸引海外科技人才为国服务方面取得了重要进展。

一、总量和结构

科技人力资源是指实际从事或有潜力从事系统性科技知识的生产、传播和应用活动的人力资源。"十五"期间，科技人力资源总量大幅度增长，2004年为4280万人，比2000年增加约1080万人。科技人力资源的

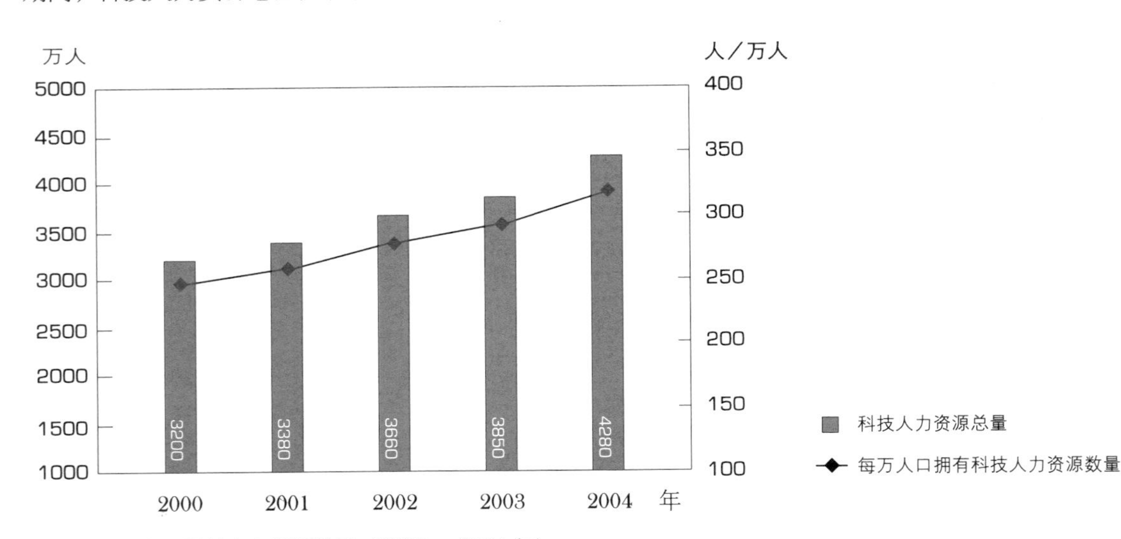

图 5-1　科技人力资源总量（2000 — 2004 年）

★ 数据来源：《中国科技统计年鉴》

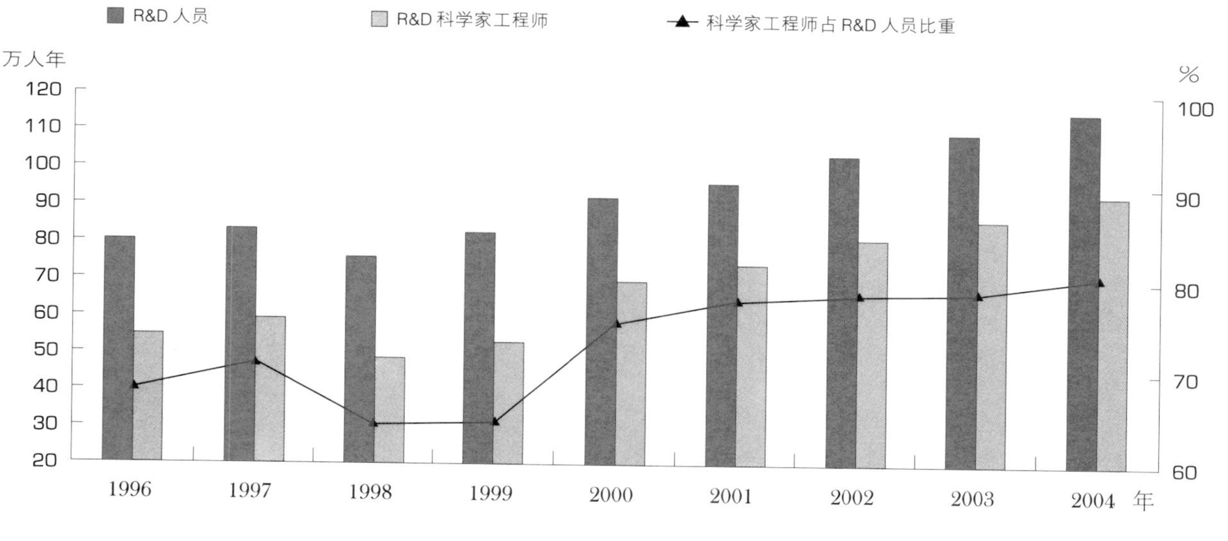

图 5-2　中国 R&D 人员总量（1996—2004）
★ 数据来源：《中国科技统计年鉴（2005）》

增加使中国人口和劳动力的科技素质有了较大提升，每万人拥有科技人力资源数量从2000年的253人增加到2004年的329人。在科技人力资源总量中，大学本科及以上学历（或学位）的人所占比例从2000年的32.9%提高到2004年的39.3%。

○ 从事科技活动的人员规模继续增长

2004年，全国科技活动人员总数达到348.2万人，比2000年增加25.8万人；R&D人员总量达到115.3万人年，比2000年增加23万人年；R&D科学家与工程师总量达到92.6万人年，比2000年增长33.3%，提前一年实现“十五”科技人才发展目标。目前，中国R&D人员总量居世界第二位。

○ 科技人才队伍中高层次人才的比例不断提高

2004年，R&D科学家工程师占R&D人员的比重为80.4%。承担重大国家科技计划的科技人员中，高级技术职称人员占44.3%；中级技术职称人员占27.5%。中科院实施知识创新工程后，科研队伍结构显著改善。截至2003年底，中科院20413个创新岗位中，科研人员占81.4%，具有硕士以上学位人员占53%，具有博士学位人员占31%。

○ 科技活动人员和R&D人员在企业、研究机构和高等学校中的分布趋于合理

企业科技活动人员数量明显增长，已成为中国科技人才队伍的主体。2004年，中国R&D人员总量中企业R&D人员为69.7万人年，占60.5%；研究机构R&D人员占17.6%；高等学校占18.4%，其他占3.5%。2004年与2000年相比，全国R&D人员增长25%，企业R&D人员增长51.2%。

○ 中青年成为科技队伍的主要力量

2004年，研究机构科技活动人员中，45岁以下的占70.3%；具有高级职称的科技活动人员中45岁以下的占52.9%；中级职称的科技活动人员中45岁以下的占73.4%。2004年承担国家科技计划项目的负责人中，

年龄在45岁以下的中青年科技人才的比例，863计划为64.2%，攻关计划为52.7%，973计划为41.5%。参与神舟六号研制的数十万科技工作者中，绝大多数为中青年科技人才，这批年轻的航天科技骨干队伍的崛起，奠定了中国进军世界航天高尖端领域的人才基石。

中国科学院实施知识创新工程试点工作7年来，创新队伍代际转移基本完成。科学院所级领导干部平均年龄47岁，45岁以下干部占全院所领导干部总数的44%。在中国科学院2万多创新岗位中，45岁以下人员占76%，研究员中45岁以下的占65%。

二、培育与使用

中国高等教育的高速发展提高了中国科技人力资源的供给能力。2004年，全国普通高校招生总数达到447.3万人，高等教育毛入学率上升到19%，全部高等教育在校生总数达到2071.9万人，中国开始步入高等教育大众化阶段。高等教育的发展促进了中国高学历人才的培养。2004年，全国研究生招生数达32.6万人，是1995年的5.3倍；研究生毕业人数由1995年的3.2万人，增加到15万人。2004年，全国自然科学与工程技术领域毕业的研究生9.5万人，占全部毕业研究生的48％。

国家通过增加重大科技计划和各种人才工程的投入，吸引和凝聚了大批国内外杰出科技人才，为科技人才的培育和他们的才能发挥提供了舞台。科技人才通过参加国家重大科技计划项目，为中国科技发展做出了杰出的贡献。2004年，参加国家863计划、攻关计划和973计划的博士和硕士共计34099人。

教育部“长江学者奖励计划”启动以来，聘任了727位长江学者，截至2004年，已有12位长江学者当

图5-3　中国高等教育的高速发展提高了中国科技人力资源的供给能力。图为中国某学院的毕业生们在学位授予仪式后的合影

选为“两院”院士，31位担任了973计划首席科学家，27位担任了“十五”863计划专家；33位长江学者及其科研集体受到了国家自然科学基金委员会“创新研究群体科学基金”的项目资助等。有18位长江学者取得了21项重大突破性科技成果，67位所主持的科研项目成果获得了国家科技三大奖，提高了中国在一些重点领域的自主创新能力。

截至2004年，“国家杰出青年科学基金”共资助了1174名青年科学家从事自然科学基础研究和应用基础研究。从1997年至2003年，有23名国家杰出青年科学基金获得者当选为中国科学院院士，7人当选为中国工程院院士。2001—2004年，有15位杰出青年科学基金资助者的成果获国家自然科学奖二等奖；在已批准实施的160个973计划项目中，有50个项目的58位首席科学家由获国家杰出青年科学基金资助者担任；在国家自然科学基金委员会支持的76个“创新研究群体”中，有67个群体的学术带头人是国家杰出青年科学基金获资助者。

“十五”期间，中科院“百人计划”共支持了595位科技人才，其中从国外引进的杰出人才422人，海外知名学者111人，国内优秀人才62人。入选者在执行期内共发表学术论文6153篇，发表国际会议报告1641篇，出版专著145部，获得专利427项。

目前，全国共设立2381个博士后科研流动站和工作站，累计招收博士后研究人员32000多人，在站博士后研究人员12000多人，造就了一批年轻、富有活力的博士后人才群体，出站的博士后绝大多数成为高校、科研院所和企事业单位的学术带头人和科研骨干。

三、海外科技人才

海外留学生是中国科技人力资源的重要组成部分。政府实行“支持留学，鼓励回国，来去自由”的方针，鼓励留学人员以不同方式为祖国服务。在一系列政策支持下，“十五”期间，回国人员增幅大于出国人

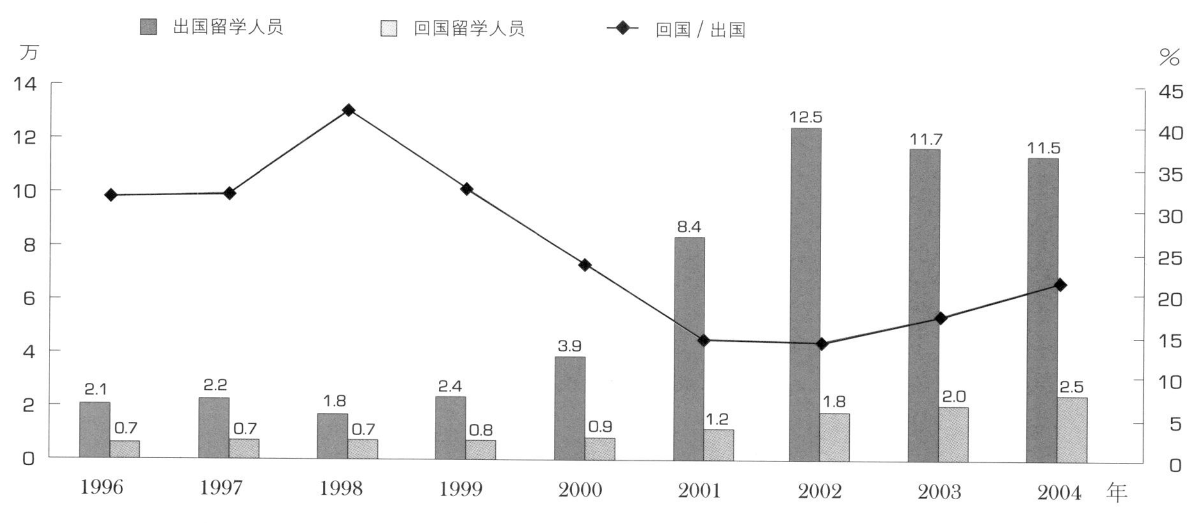

图5-4 “十五”期间回国留学人员数量继续增长
★ 数据来源：《中国教育统计年鉴》（2004）

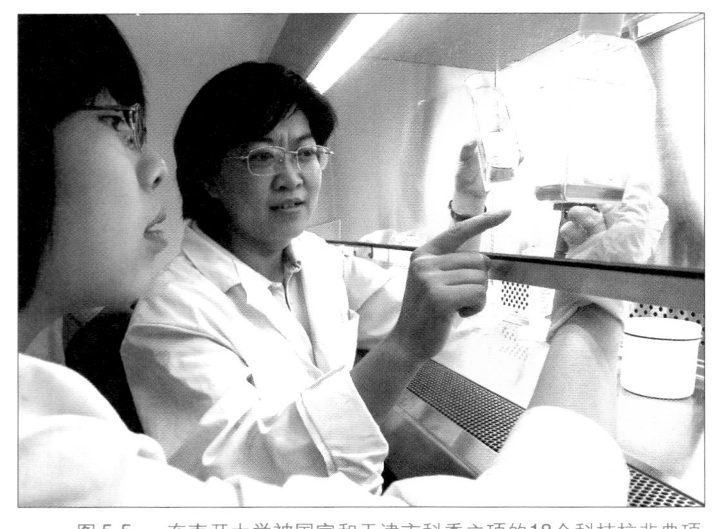

图 5-5　在南开大学被国家和天津市科委立项的18个科技抗非典项目中，“海归派”承担了大部分任务，表现出强烈的使命感与献身精神

员增幅。2004年度出国留学人员总数为11.47万人，比2003年减少2.2%；留学回国人员总数为2.47万人，比2003年增长22.7%。当年留学回国人员占出国留学人员的比例，从2001年的14.6%上升到2004年的21.6%。1978—2004年，各类出国留学人员总数达81.49万人，留学回国人员总数达19.75万人。1996—2005年，国家留学基金委员会累计派出留学人员22031人，按期回国率达到97.02%。

政府设立的吸引人才的各种基金计划，在吸引海外科技人才、培养和造就活跃在世界科学前沿的优秀学科带头人等方面发挥了重要作用。“长江学者奖励计划”实施以来，94%的长江学者具有在国外留学或工作的经历。根据国家外国专家局的统计，国外来华工作专家的国别已扩展到80多个国家，引进境外人才的总规模在45万人次以上。

第二节 科技投入

增加科技投入是提高国家科技水平、增强综合国力的战略性措施。“十五”期间，中国政府以财政拨款和政策激励等多种方式，积极引导企业增加对科技创新活动的投入，全社会科技投入持续增长，投入结构不断调整，投入方式不断完善，投入效果明显提高。

一、投入总量

○ 科技活动经费筹集额

2001—2004年，科技经费筹集额达到13315.36亿元，远高于“九五”期间的7322.15亿元，其中2004年为4328.3亿元。

○ 研究与开发经费

“十五”期间，中国R&D经费支出增长迅速，2004年为1966.3亿元，比2003年增长27.7%。2002年R&D经费占GDP的比例突破1%，2004年达到1.23%。这一比例高于印度、巴西等国家，位居发展中国家前列，但仍低于世界可统计国家平均1.6%的总体水平，远低于发达国家2.2%的平均水平。

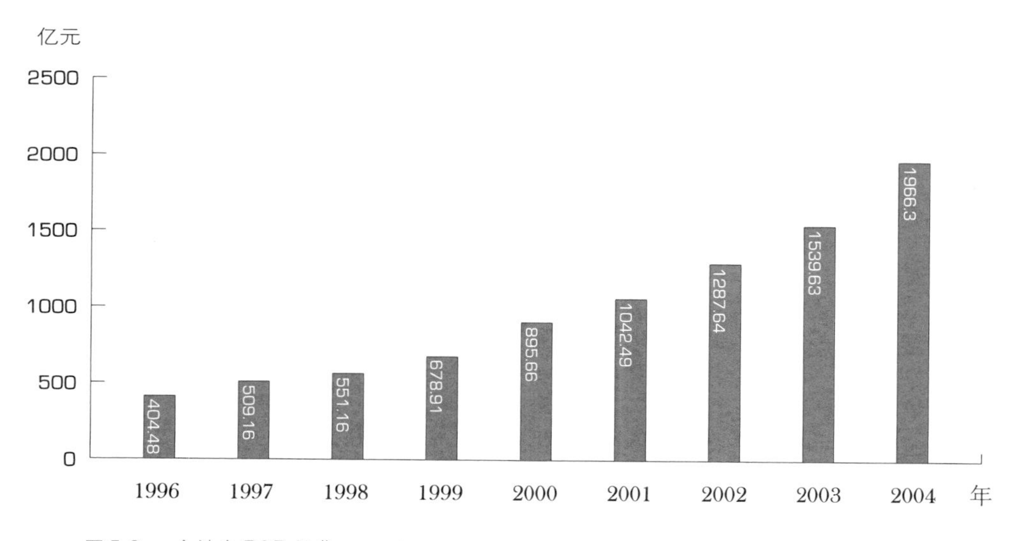

图 5-6　全社会 R&D 经费

★ 数据来源：《中国科技统计年鉴》

○ 财政科技投入

国家财政科技投入主要由科学事业费、科技三项费、科研基建费和其他经费四部分组成。2001 — 2004 年，国家财政科技拨款年均增速为 17.45%，比“九五”期间高出 3.7%，2004 年达到 1095.3 亿元。2004 年中央财政科技拨款为 692.4 亿元，地方财政拨款为 402.9 亿元，分别为 1996 年的 2.85 倍和 3.2 倍。

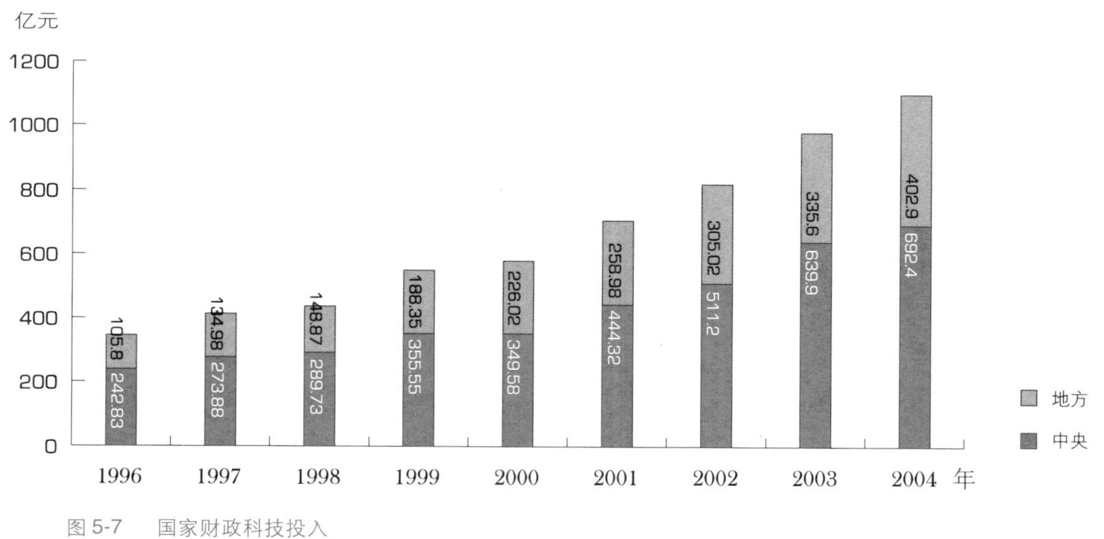

图 5-7　国家财政科技投入

★ 数据来源：《中国科技统计年鉴》

1999 — 2004 年期间国家财政科技拨款增长了 101.4%，财政科技拨款增长速度只有 2003 年同时高于财政收入和支出的增长速度。地方政府财政拨款增长快于中央政府，2004 年比 1999 年增长了 178%。

二、投入结构

○ 不同性质资金在科技活动经费中的比例

从1991—2004年全国科技活动经费筹集的变动情况来看，政府资金所占比重呈逐渐下降趋势，从1991年的29.60%下降至2004年的22.77%，同时企业资金和银行贷款等非政府资金所占比例由70.40%上升至77.23%。

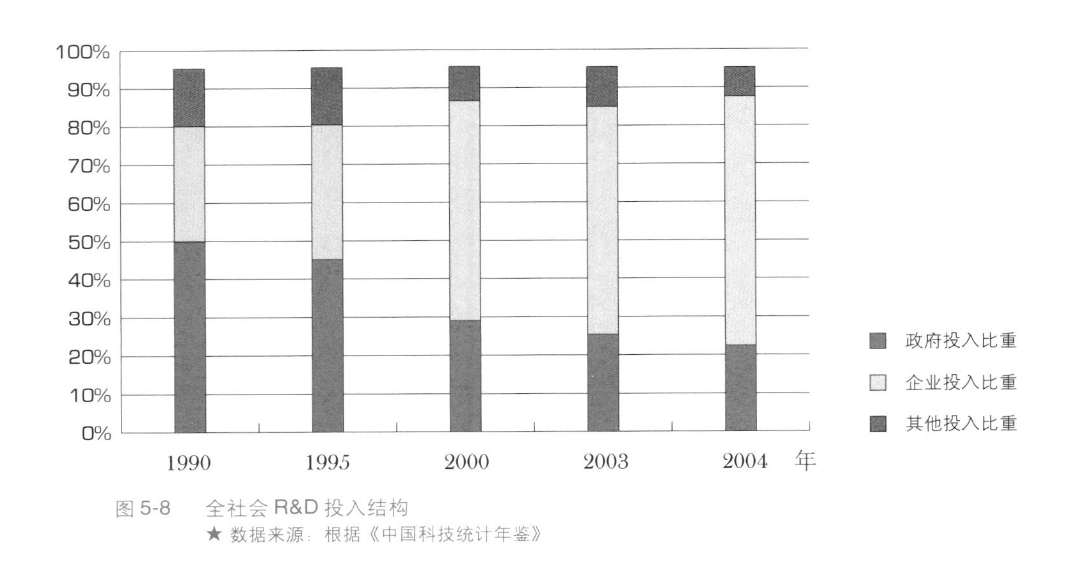

图 5-8　全社会 R&D 投入结构
★ 数据来源：根据《中国科技统计年鉴》

○ 各类主体 R&D 投入占全社会研发投入的比例

2000年，中国企业投入在全社会R&D投入中所占比例首次超过50%，达到57.6%，占据了全社会R&D投入的主体地位；政府R&D投入占全社会R&D投入降为33.4%。2004年，中国企业R&D投入占全社会的65.7%，而政府投入继续下降为26.6%。

○ 基础研究、应用研究与试验发展投入占全社会 R&D 经费比例

1996年以来，中国全社会R&D投入中基础研究、应用研究和试验发展投入结构变化不大，2001—2004年平均分别为5.68%、19.37%和74.95%。

三、投入方式

○ 改革科技经费管理制度

“十五”期间，科技部归口管理的各项科技计划全面推行课题制管理。课题制加强了对人、财、物的集成和管理过程的规范，对传统的科研活动组织管理体系进行了重大调整，研究制定了一系列科技计划和专项经费的管理办法，规范科技经费的使用方向、开支范围和支持对象，提高了科技经费的使用效益。

○ 重大科技专项实施新的投入机制

“十五”期间，累计重大专项项目投入的财政资金达63.68亿元，引导社会资金投入147.79亿元。从重

大专项启动开始，就注重探索新的投融资机制，以中央财政投入带动地方和社会资金投入，实行项目经理人和监理人制度，突出企业的技术创新主体地位，采用政府采购方式促进专项成果的市场推广。

○ 设立科技型中小企业技术创新基金

科技型中小企业创新基金是促进中小企业技术创新的一项重要科技投入工具。自1999年启动以来，截至2004年底，中央财政累计投入约40亿元，共受理申报项目25374项，立项6410项，调动30个省、市的地方政府配套资金达28亿元，吸引商业银行等金融机构的资金接近300亿元，基本形成了多层级的工作网络。利用创新基金这一平台，科技部有关单位还牵头实施了“科技型中小企业路线图计划”，旨在利用政府支持中小企业的资金，促使财政资金、资本市场、各类银行构成适应中小企业不同发展阶段资金需要的抚育体系。

四、投入效果

“十五”期间，随着科技投入的增加和投入方式的改革，中国自主创新能力不断增强，各领域取得重大技术突破，科技持续创新能力提高。研究与综合技术服务业新增固定资产由1991年的21.6亿元增加到2004年的119亿元，增加了4.4倍，年均增长14%；高技术产业发展迅速，对外技术依存度下降；技术合同成交金额由1991年的94.8亿元增加到2004年的1334亿元，增加了14.1倍，年均增长24%；SCI、EI、ISTP系统收录中国科技论文数国际排名位次大幅提升。SCI收录的论文数排名从1991年的第15位，上升为2004年的第5位；同期EI排名从第9位上升为第2位，ISTP的排名从第13位上升为第5位。

第三节
科技金融

“十五”期间，科技金融工作迈开了新步伐，建立了科技计划项目推荐制度，形成了开发性金融支持科技的新机制，创业投资、资本市场（中小企业板）已成为社会多元化科技投入体系的重要组成部分。

一、科技金融合作

“十五”期间，为了进一步加强金融对科技创新的支持，科技部与中国工商银行、中国农业银行、中国银行和中国建设银行等商业银行建立了科技项目推荐机制，与国家开发银行、中国进出口银行等政策性金融机构加大了合作力度，开创了科技金融的新局面。

○ 科技项目推荐机制运作良好

科技部向商业银行推荐具有较好产业化前景的国家科技计划项目，提高了银行对科技项目贷款的成功率。2003—2005年，中国工商银行、中国农业银行、中国建设银行、中国银行对科技计划项目贷款总额从

2003年的229.25亿元增加到2005年的381.54亿元。

○ 开发性金融成为支持科技的有力工具

科技部和国家开发银行于2002年11月签署了《开发性金融合作协议》，以探索建立有效的长期合作机制，促进科技创新与金融创新结合。科技部与国家开发银行联合建设了科技型中小企业融资平台，截至2005年底，已在全国22个省、直辖市，依托29个地方科技部门和高新区，搭建了科技型中小企业融资平台，累计发放26.9亿元贷款，支持了565家科技型中小企业。国家开发银行在2003年出台了《国家开发银行高科技创业贷款项目评审指导意见》，向北京、深圳、上海的17家科技创业投资机构投入了13亿元高科技创业投资贷款，再由科技创业投资机构以股权和债权方式支持科技型中小企业的发展。科技部、国家开发银行还共同推动了一批国家重大科技计划项目的研发和产业化。例如，国家开发银行利用知识产权质押的方式向大唐移动TD-SCDMA项目发放了2亿元的优惠利率技术援助贷款，向奇瑞汽车的研发和产业化项目给予了总额为24亿元人民币的免担保综合授信。

> **专栏5-1**
>
> **大唐移动案例**
>
> TD-SCDMA是大唐移动通信设备有限公司提出的具有自主知识产权的国际3G通信标准之一。与欧洲的WCDMA和美国的CDMA2000相比，TD-SCDMA具有自身独特的技术优势。在科技部的推荐下，国家开发银行于2004年6月一次性对TD-SCDMA项目发放了2亿元技术援助贷款，首次尝试利用知识产权抵押贷款方式支持国家重大科技计划项目，树立了科技与开发性金融合作的一个典范。

○ 中国进出口银行实施鼓励高新技术产品出口的信贷政策

中国进出口银行从1999年10月1日起正式开办高新技术产品出口信贷业务，不断探索出口买方信贷、外汇担保、境外投资贷款等新的融资支持方式。截至2005年10月底，高新技术产品出口贷款余额383亿元人民币，占同期进出口银行出口信贷余额的28.1%。

二、创业投资

截至2004年底，创业投资机构数达到了217家，创业资本总量达到了497.7亿元；创业投资机构总员工达到5016人，其中专业从事创业投资人员达到了1589人，高级专业人员为889人；政府性质的出资总额接近194亿元，占全社会创业投资资本总量的39%；创业投资累计投资项目为3172个，其中对高新技术投资项目数达到了1628个，占51%以上，投资额133.5亿元，占总投资额的60%左右，创业投资为营造中国创新与创业环境发挥了作用。创业投资支持的项目广泛分布在IT与通讯、环保、生物与医药保健、新材料、资源开发以及媒体和娱乐业等新兴产业领域；主要支持了一大批具有高成长性和创新性的中小企业，2004年投资额不足1000万元的项目占项目总数的70%以上，所投企业注册资本在1000万元以下的占44%，雇员人数为50人以下的占65%。

表 5-1　1995—2004 年中国创业投资发展：机构和资本

年份	1995	1996	1997	1998	1999	2000	2001	2002	2003	2004
创业投资机构总数(家)	21	24	38	60	96	206	266	296	233	217
机构增加数(家)	1	3	14	22	36	110	60	30	−63	−16
机构较上年增长(%)	5.00	14.29	58.33	57.89	60.00	114.58	29.13	11.28	−21.28	−6.87
创业投资管理资本量(亿元)	43.8	47.1	83.6	147.3	256.7	436.7	532	581.5	500.5	497.7
管理资本增加量(亿元)	na	3.3	36.5	63.7	109.4	180	95.3	49.5	−81	−2.8
管理资本较上年增长(%)	na	7.5	77.5	76.2	74.3	70.1	21.8	9.3	−13.9	−0.6

★ 数据来源：《中国创业投资业发展报告 2005》

三、资本市场

在金融监管部门与科技部门的大力推动下，中国资本市场围绕支持科技产业化和高新技术企业发展取得了一系列重要进展。

○ 发行国家高新区债券

2003 年，科技部按照“政府组织，统一冠名，捆绑发行，市场化运作”的原则，组织武汉、沈阳、大连、天津、洛阳、苏州、成都、中山、青岛、重庆、保定、鞍山等 12 个国家高新区发行了 8 亿元的建设债券，拓宽了高新区建设的融资渠道。

○ 建设与完善中小企业板

2005年在中小企业板上市的50家公司上半年平均实现主营业务收入3.77亿元，平均主营业务利润6865万元，平均净利润2026 万元，分别比 2003 年同期增长 34.9%、19.7% 和 9.12%。中小企业板已上市企业中，大约有 50% 承担过国家火炬计划等项目，充分显现了科技型中小企业群体与中小企业板的良性互动发展。

○ 进行高新技术企业股权流动试点

科技部会同中国证监会和北京市政府研究了利用证券机构股票转让代办系统为高新技术企业提供股权转让交易服务的政策，完成了相关制度设计，在北京中关村科技园区进行试点。

第四节
科技条件

科技条件是国家科技发展的物质基础，是决定一个国家创新能力的关键因素，具有基础性、公益性和战略性等特点。“十五”期间，国家对科技条件建设进行了一系列部署，开创了科技基础条件平台建设工作，加大了科技条件建设的投入力度，科研实验条件明显改善，科技基础条件平台逐步完善，在以人才、技术等为核心的国际竞争中发挥着越来越重要的作用。

一、发展部署

“十五”时期中国科技条件发展的基本思路是，围绕国家科技发展总体目标，以改革为动力，以资源共享为中心，优化科技条件布局，合理配置资源，营造公平竞争的科技发展环境，充分发挥科技条件的保障和支撑作用，更好地为科技、经济和社会发展服务。

建立比较完整的科技条件体系，营造有序的竞争环境和增强科技条件自身发展能力，是中国科技条件建设的主要目标。“十五”期间，重点建设了大型科技设施及仪器设备、科技文献及科学数据、技术标准、自然科技资源、网络科技环境等领域的科技条件支撑保障平台和科技成果产业化支撑体系；推动科技资源整合及优化配置，利用现代信息技术，实现科技条件资源共享；利用高新技术提升科学仪器产业技术水平，培育若干个科学仪器研究开发和产业化示范基地；通过对科研项目的连续支持，形成一支稳定的科技条件技术队伍，逐步增强自身发展和创新能力。

二、科研设施与条件

○ 科学研究实验与观测支撑能力

近年来，科学仪器设备、大型科学设施和研究实验基地有较快的发展。目前，已建成和在建的大型科学设施有20余项；地面野外观测台站网络体系初步形成,正在运行中的182个国家重点实验室和一批国家大型科学仪器中心、分析测试中心，都拥有一批比较先进的仪器设备，为支撑各科技领域开展研究活动奠定了一定基础。

○ 科学仪器设备开发共享

科技部推动了在北京、上海、广州、四川、武汉、陕西、吉林、沈阳等八个省市建立大型科学仪器设备协作共用网试点，较大幅度提高了现有仪器设备的利用率，为各类科学研究提供了有力支撑。

○ 自然科学和技术资源保存与服务

中国已初步掌握了自然科学和技术资源的种类、分布和丰度等基本情况；收集了37万份农作物种质资源、12万份林木种质资源、37000多株微生物种质资源等大量自然科技资源；抢救了一批珍稀、特有、濒危的自然科技资源；建设了一批保存自然科技资源的馆、库、园、圃。

图5-9　文献数据加工中心一瞥

○ 科技文献和数据等信息资源开发与利用

中国科技文献保障体系初步形成，行业部门公益性观测和调查数据持续积累；

国家各类科技计划的实施，使公益性、基础性科学数据资源量不断增长。

计量与检测条件手段

目前中国初步形成了比较完整的国家计量基准和检测体系，包括国家计量基准191项，国家一级标准物质1100多种，除保证国内量值的准确统一及量值溯源外，还参加了77项国际关键量比对。

技术标准

到2003年底，中国已发布了20906项国家标准以及相当数量的行业、地方和企业标准，覆盖了国民经济的各个领域，初步建立了国家技术标准体系。

三、基础条件平台

研究实验基地和大型科学仪器设备共享平台

初步建立了覆盖全国的大型科学仪器设备信息共享网络，采用共建共享模式建立的10余个国家大型科学仪器中心已顺利运转。例如，由科技部、国土资源部和中国科学院共建的北京二次离子探针中心，核心仪器运行效率居国际同类仪器领先水平。

图5-10　北京二次离子探针中心的实验室设备

自然科学和技术资源共享平台

重点推进了各类自然科技资源的信息化和标准化，开通了自然科技资源信息博物馆网站，为促进科学和技术资源全面共享奠定了基础。例如，由科技部、江苏省、南京大学、扬州大学等共建的国家遗传工程小鼠资源库，为生命科学、医药等领域诸多关键问题的解决提供了重要保障。

图5-11　小鼠资源库

科学数据共享平台

建成气象、测绘、地震、水文水资源、林业和农业、医药卫生、海洋、国土资源等12个科学数据共享中心（网），对大量濒临丢失的重要科学数据、历史资料进行抢救和数字化，完善并建设了各类专业数据库400多个，加工、整合的数据总量达到100TB以上，推进了各种数据的共享。

科技文献共享平台

初步形成了涵盖全国的科技信息资源与

服务网络，为全国科技工作者提供了便捷、个性化的科技文献信息服务。以国家科技图书文献中心为主体，按照“统一采购、规范加工、联合上网、资源共享”的原则，不断扩大科技期刊，图书，科技报告，会议论文，学位论文，声像资料等文献资源的收集和服务，网上对外服务的外文科技文献已近2万种，占全国总量的60%以上。

专栏5-2

科技基础条件平台建设

2004年7月，国务院办公厅转发科技部联合国家发改委、财政部、教育部共同制定的《2004—2010年国家科技基础条件平台建设纲要》，就科技基础条件平台建设提出了指导意见和支持政策，着力推动研究实验基地和大型科学仪器设备共享平台、自然科技资源共享平台、科学数据共享平台、科技文献共享平台、科技成果转化公共服务平台及网络科技环境平台等六大资源共享平台建设。2005年7月，科技部等4部委联合发布了《“十一五”国家科技基础条件平台建设实施意见》。目前，科技基础条件平台建设已被列为国家四大主体科技计划之一。

网络科技环境平台

在国家科技基础条件平台门户应用系统、网络高性能科学计算环境建设、网络协同工作环境建设、网络试验环境建设、国家科技基础条件平台信息标准规范体系建设等五个方面开展了工作，取得了阶段性进展。

科技成果转化公共服务平台

各地方政府结合本地区经济发展的需求，在软件、材料、医药、产品设计等共性技术领域建立了一批公共服务平台。例如，北京软件产业基地公共技术支撑体系已为近百家国产软件中小企业提供了软件测试，为软件产业的自主创新提供了有效支撑。

第六章

基础研究

基础研究包括以认识自然现象、解释客观规律为主要目的的探索性基础研究，以解决国民经济和社会发展以及科学自身发展中重大科学问题为目的的定向性基础研究，以及对基础科学数据、资料和相关信息进行考察、采集、鉴定、分析、综合等科学基础性工作。“十五”期间，国家通过加强基础研究宏观管理和指导，强化有利于原始创新的环境和制度建设，稳步推进基地和队伍建设，加大项目支持强度，扩大支持范围等一系列切实可行的政策与措施，促进基础研究发展，取得了显著成绩。

第一节 基础研究部署

“十五”期间，我国进一步明确了基础研究的发展思路，加大了基础研究投入，在研究计划、基地等方面进行了重点部署。

一、发展思路

国家“十五”科技规划对中国基础研究进行了全面部署，提出稳步推进基础科学的发展，加强数学、物理、化学、天文学、地学、生物学、力学等基础学科的前沿性、交叉性研究；紧密围绕国家战略需求和国际科学前沿，集中力量支持国民经济、社会发展和国家安全中重大科学问题的研究，重点支持农业、人口与健康、能源、资源环境、信息和材料等领域的创新性研究；积极营造求真探源的环境，鼓励科学家进行自由探索；不断培养高水平的人才队伍，进一步完善国家试验基地建设体系，增强中国基础研究的持续创新能力，努力攀登世界科学高峰。

二、科研投入

“十五”期间，中国用于基础研究的经费投入持续快速增长。2001 — 2004 年，中国基础研究经费总投入 334.3 亿元，年均增长 28.4%，2004 年达到 117.2 亿元，是 2000 年的 46.7 亿元的 2.5 倍。

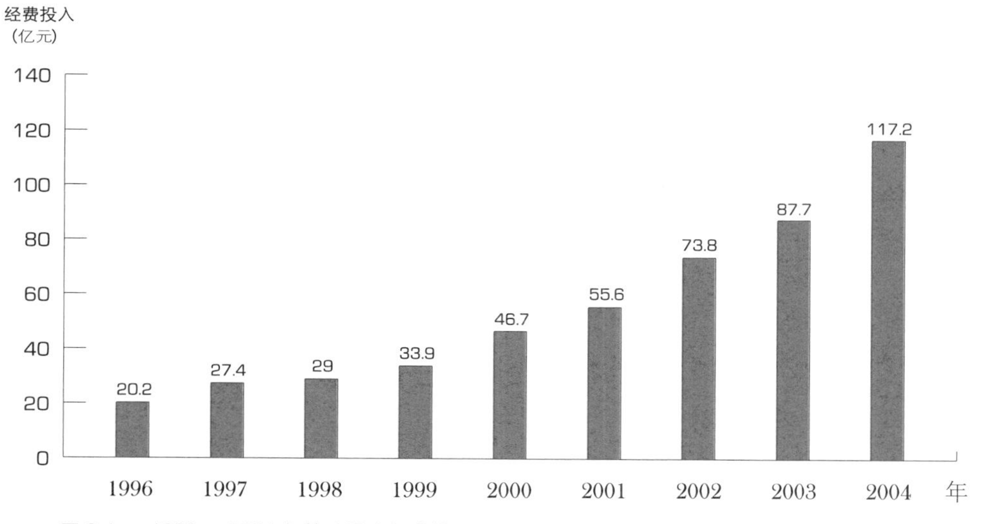

图 6-1　1996 — 2004 年基础研究经费投入

★ 数据来源:《中国科技统计年鉴》

三、战略重点

○ 国家重点基础研究发展计划（973 计划）

该计划是具有明确的国家目标，对国家发展和科技进步具有全局性和带动性，需要国家大力组织和开展的基础研究发展计划。2001 — 2005 年，973 计划共部署项目 143 项，其中农业领域 17 项，能源领域 15 项，信息领域 18 项，资源环境领域 19 项，人口与健康领域 29 项，材料领域 18 项，综合交叉与重要科学前沿领域27项。“十五”期间在研项目206项，国家财政投入经费 40 亿元。

专栏 6-1

973 计划

1997 年 6 月 4 日，国家科技领导小组第 3 次会议提出，“基础研究的部署按照‘大集中、小自由’的原则，自由探索的研究工作主要依靠国家自然科学基金支持；面向国民经济和社会发展重大问题的科学研究主要通过规划、计划的实施去推动。”随后，国家财政拨出专款，启动了国家重点基础研究发展计划（973 计划），支持开展面向国民经济和社会发展重大需求的基础研究。制定和实施 973 计划，是党中央、国务院为实施科教兴国和可持续发展战略而做出的重要决策。

○ 国家自然科学基金

“十五”期间，国家财政共拨款 104.6 亿元用于支持国家自然科学基金，其中，用于面上项目的经费共计 71.8 亿元，占国家自然科学基金总经费的 66.1%，为开展自由探索的基础研究提供了必要保障。2001 — 2005 年，国家自然科学基金共批准资助重点项目 1126 项、重大项目 43 项，资助总金额分别为 16.95 亿元和 3.18 亿元。对于学科交叉类重大项目，另拨出专门经费进行了资助。另外，2001 — 2005 年 12 个重大研究计划资助领域批准 962 项，资助总金额 4.96 亿元。

○ 知识创新工程

2001 — 2004 年，中国科学院知识创新工程部署重大项目 25 项，主要分布在信息、能源、资源与环境、农业、人口与健康、材料、综合交叉与重要科学前沿等领域，经费 6.21 亿元，平均每项支持强度 2485 万元；部署重要方向项目共 329 项，经费 11.56 亿元，平均每项支持强度 351 万元。

第二节
基础研究进展

“十五”期间，中国基础研究工作获得全面发展，取得了一批重要成果，国际学术地位得到提升；以国家重点实验室和大科学工程为标志的科研基地建设得到加强；国家相继出台了一系列支持原始创新的政策，创新环境得到进一步改善。

一、国际论文

近年来，中国基础研究领域发表的论文数量持续快速增长。根据SCI统计，1994年中国科技论文数居世界第15位，2001年升至第8位，2004年跃居第5位，数量达到了5.74万篇，占世界科技论文总数的比例从1994年的1.32%上升到5.43%。同时，高水平论文数量也逐步上升。2001 — 2004年，中国科研人员在《科学》(Science)、《自然》(Nature)上共发表论文197篇，2004年在160多种国际著名核心学术刊物上发表论文1443篇，比1996年的645篇有大幅度增加。

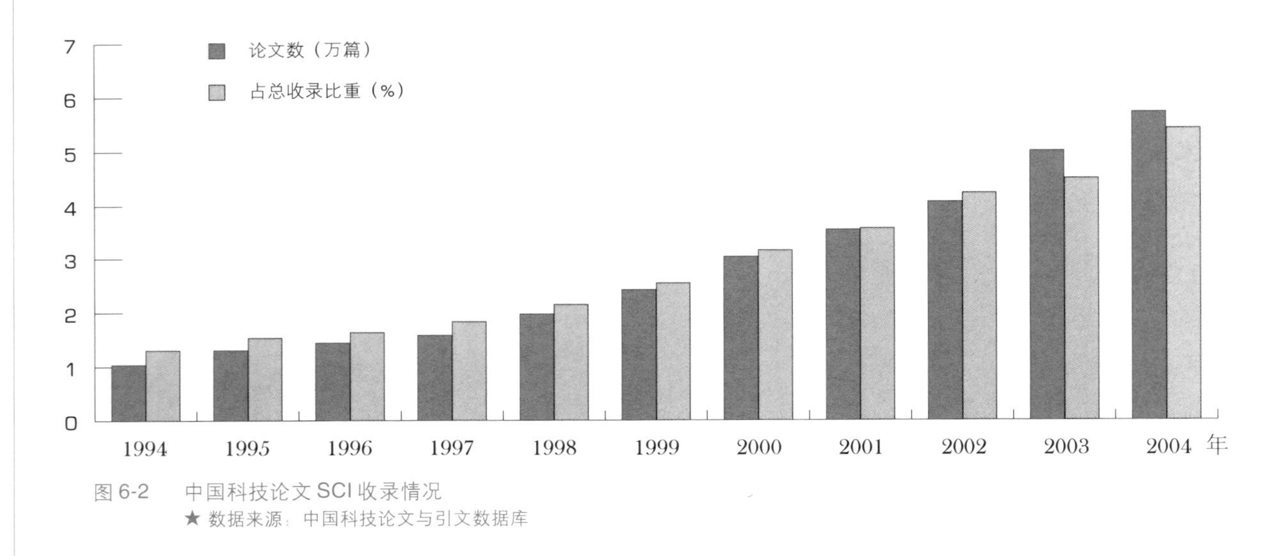

图 6-2　中国科技论文 SCI 收录情况
★ 数据来源：中国科技论文与引文数据库

二、基地建设

目前，中国已初步形成以国家重点实验室、国家实验室、省部共建国家重点实验室培育基地以及国家重大科学工程、国家野外科学观测研究站等组成的基地建设体系，基本覆盖了基础研究的主要学科和国家经济与社会发展的重点领域。

○ 国家重点实验室和国家实验室试点

“十五”期间，国家建立了“优胜劣汰”的竞争机制，通过规范的立项评审程序，在国家重大需求和新兴前沿交叉学科新建了44个国家重点实验室，并根据统一评估结果淘汰了13个运行较差的实验室。修订颁布了新的《国家重点实验室建设与管理暂行办法》和《国家重点实验室评估规则》，进一步规范国家重点实验室运行管理。截至2005年底，投入运行的国家重点实验室182个，固定研究人员8500余人，仪器设备总值70亿元，筹集科研课题经费30多亿元/年。“十五”期间，国家重点实验室承担并完成了大量国家科技任务，获得国家自然科学奖56项，占授奖总数的44%，在服务于国家重大战略目标和国家安全、科学研究前沿等方面做出了突出贡献。2004年，连续空缺6年后评选出的2项国家技术发明奖一等奖均由国家重点实验室获得。为顺应整合科技资源、促进学科交叉与合作的趋势，面向国家战略需求，科技部在现有国家重点实验室的基础上推动学科交叉、综合集成的国家实验室试点工作。目前，试点的6个国家实验室是沈阳材料科学国家（联合）实验室、北京凝聚态物理国家实验室（筹）、合肥微尺度物质科学国家实验室（筹）、武汉光电国家实验室（筹）、清华信息科学与技术国家实验室（筹）和北京分子科学国家实验室（筹）。为推动地方实验室工作，2002年科技部启动了省部共建国家重点实验室培育基地工作。2003—2005年，通过评审，共批准建设了38个培育基地。

> **专栏 6-2**
>
> **国家实验室试点**
>
> 为促进学科综合交叉，提升科技创新能力、吸引和聚集一流人才，经过与教育部、中国科学院等有关部门协商，科技部牵头并联合多部门推动了国家实验室试点工作。通过整合关联度高、学科互补的国家重点实验室和相关实验室资源，组织跨学科、跨领域的研究团队，建设学科交叉、综合集成、人才汇聚、机制创新的国家实验室。国家实验室以国家战略需求为导向，主要在具有明确国家目标的领域、新兴前沿交叉领域和具有中国特色和优势的领域布局建设，开展前瞻性、创新性、综合性研究，探索实行理事会领导下的主任负责制、全员聘任制、国际评估制等新型运行机制和管理模式。

○ 国家重大科学工程

国家重大科学工程作为推动中国科学事业发展和开展基础研究的重要手段之一，是国家科技发展水平尤其是基础研究发展水平的重要标志，也是一个国家综合国力的体现。目前，中国已建成和在建的重大科学工程共19项，如北京正负电子对撞机、兰州重离子加速器等。国家重大科学工程建设计划的实施，极大地改善了中国基础研究条件，在提高中国科技创新能力、发展高新技术，推动学科发展，培养优秀人才，维护国家安全，参与国际合作与竞争等方面发挥了重要作用。

○ 国家野外科学观测研究站

国家野外科学观测研究站是地球科学、生态与资源环境学、材料科学、农林科学、天文学等学科发展必须依赖的基本研究手段和重要实验研究基地。1999—2001年，科技部从各部门已有野外站中遴选了35个站作为国家重点野外科学观测站（试点站）给予了重点支持，试点工作取得了很好的成绩。2003年，科技部将野外站工作纳入国家科技基础条件平台建设工作。2004年，为规范管理和促进野外站建设和发展，科技部成立了国家生态环境野外科学观测研究站专家组和全国材料环境腐蚀网站专家组，研究制定了国家野外站2004—2010年发展规划，加强建设了由28个站和1个综合研究中心组成的全国材料环境腐蚀试验研究网络。2005年，科技部又启动了国家生态环境野外观测研究网络的建设工作，批准建设了36个国家生态环境野外科学观测研究站，为国家野外观测研究站体系的建设奠定了基础。

第三节
基础研究成果

“十五”期间，围绕科学前沿和国家需求，中国开展了大量卓有成效的基础研究工作，涌现出大批基础研究成果，其中一些在国际学术界产生了重要影响，在国民经济建设和社会发展中发挥了引领作用。

一、数学

数学机械化是中国学者开创的研究领域，在国际上产生了重要影响。近期，证明了某类代数系统全局优化的“有限核”定理，给出了这类系统完整的全局优化方法，为众多科学领域全局优化提供了新方法，并完成了数学机械化自动推理平台。数学机械化方法已广泛应用于并联机构的设计、精度分析、动力学分析等方面，为成功研制超大型集成电路制造装备关键子系统——微动工作台和用于大型叶轮加工的5轴联动数控机床提供了基础。

在世界数学难题研究方面，成功地解决了著名的“扩充未来光管猜想”。该猜想20世纪50年代末起源于量子场论，被国际权威的《数学百科全书》列为未解决问题，世界一流数学家和物理学家广泛尝试而未成功。

建立了利用正交张量Kronecker幂次性质来系统研究任意各向异性高阶张量结构的方法。利用这个首创方法，首次实现了对任意各向异性的张量表征及对任意高阶张量的各向异性进行完整的分类。这是张量函数表示理论乃至理性力学的一个重要突破，获得国际理性力学界广泛认可。在上述工作基础上，提出了建立各向异性一般张量函数完备不可约表示的第一个系统性方法，并用之获得了国际上首批具体表示结果。第一次针对所有种类各向异性给出了一般张量函数完备不可约表示；获得高阶张量函数表示的系统性结果；给出了高阶张量正交不可约分解的系统建立方法等。开拓了张量函数表示理论在现代力学多方面的应用。

二、物质科学

纳米材料和纳米结构研究取得系列创新成果，居于国际前列。制备出内径为0.5nm（理论极限为0.4nm）的碳纳米管，提出了实现碳纳米管结构可控生长的可能技术路线，发展出了选择性制取高纯单或双层碳纳米管的新方法，制备出高强度、大面积的单层碳纳米管无纺布结构，在单根或多根碳纳米管电子态结构和低温量子输运以及力学性能等问题上，做出了具有国际影响的研究成果。首次发现了纳米金属铜的室温超塑延展性，研制出了具有超高强度和高导电性的纳米孪晶纯铜，发展了利用表面机械变形处理实现金属材料表面纳米化的新概念和新

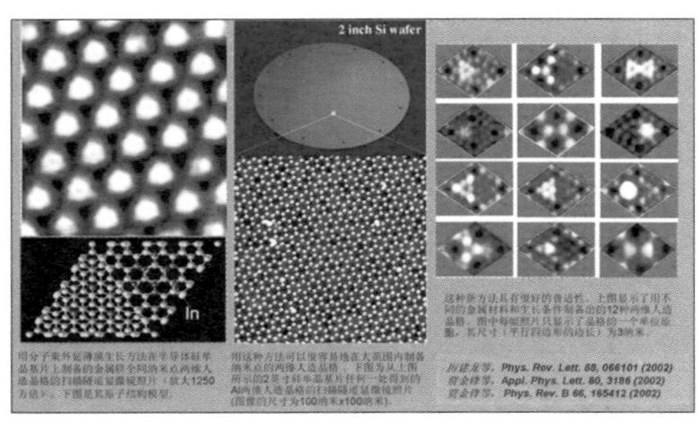

图6-3 不同的二维人造晶体

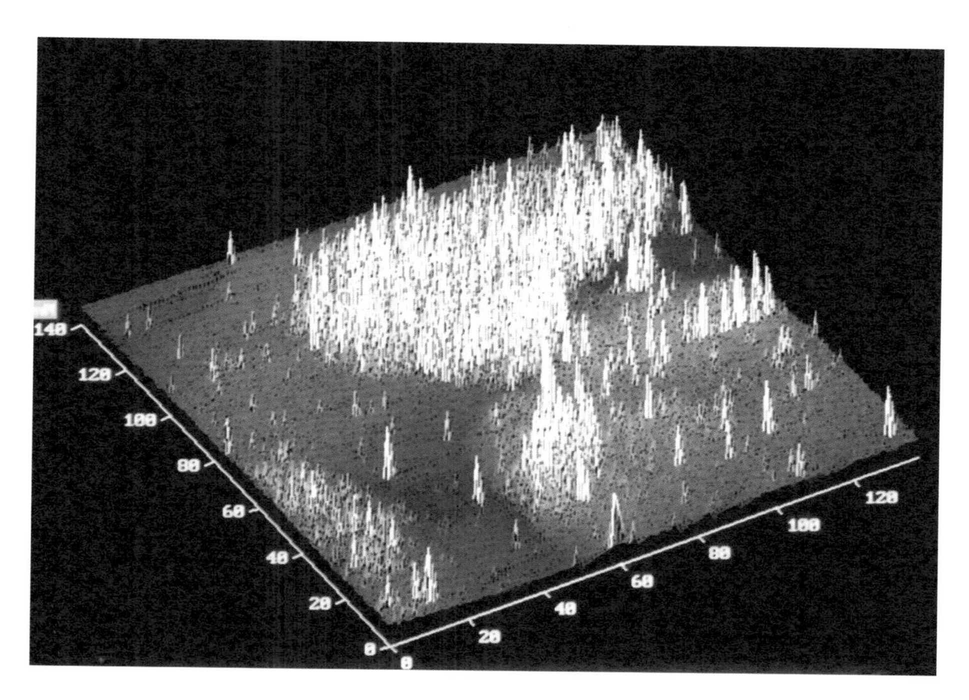

图 6-4 我国纳米技术研究获重大突破

技术，并利用此技术大幅度降低了铁的表面氮化温度。发明了一种“幻数稳定团簇 + 模板”的新方法，制备出了一系列不同的二维人造晶体，并阐明了其结构和形成机制，在下一代微电子学、超高密度磁性记录和纳米催化等领域有着诱人的应用前景。

新型富勒烯 $C_{50}Cl_{10}$ 的合成与表征研究工作进展情况发表在 2004 年的《Science》杂志上后，在国际学术界引起较大反响。《New Scientists》杂志、《Chemical & Engineering News》杂志及“Physics Web”等国际科技媒体都在第一时间分别报道和评述了这项重要成果。

在创造新物质的分子工程学方面，针对单分子体系、高表界面簇基结构体系、分子有序组合体系与特殊的多孔体系开展创新研究，取得了高水平的研究成果，在《Science》、《Nature》及《Account of Chemical Research》、《JACS》等化学领域国际权威杂志发表论文 40 多篇，在国际上产生了重要影响。

有机分子簇集和自由基化学的研究取得了一系列创新成果。提出了溶剂促簇能力、解簇集、静电稳定化簇集体等一系列重要的创新概念，这些概念对理解分子间的相互作用、有机合成反应的设计和有机分子在生命体内的作用等有重要的理论和指导作用。这一研究成果获得 2002 年国家自然科学奖一等奖。

具有巨大光学非线性的纳米金属团簇复合薄膜的研究取得了一些创造性成果。在制备的碳酸钡薄膜上嵌入直径 10 多纳米的金和银颗粒，得到了三阶非线性光学系数 χ（3）达到 8×10^{-6}esu 的复合薄膜。制备的材料的剪切强度可超过 130 千帕，研究成果居世界领先地位。

2003 年发现了在质子－反质子质量阈的显著的奇异增长结构，可能是一个新型多夸克态粒子，再次引起国际高能物理界的广泛关注，著名的理论物理学家在有关评述文章和国际会议报告中称这些新发现“令

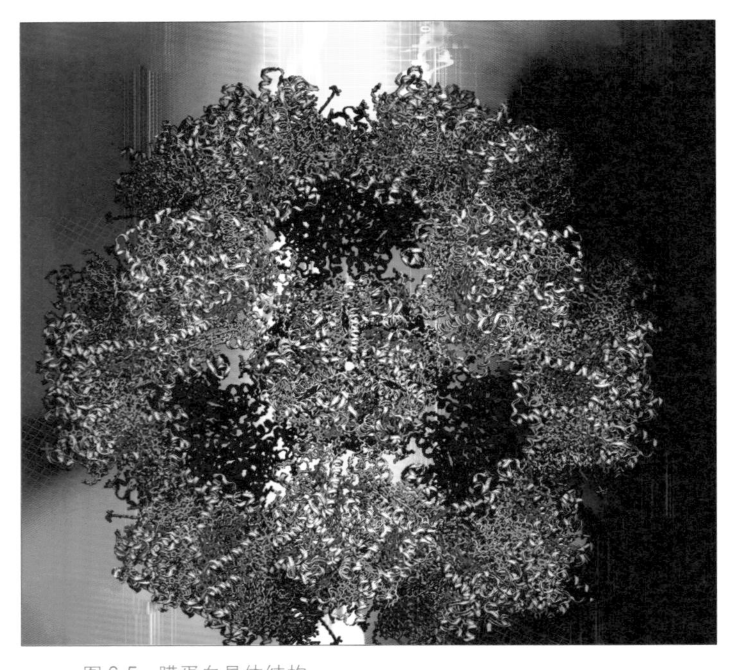

图 6-5　膜蛋白晶体结构

人惊异”，“对发展强相互作用理论有着重要意义”。

非线性光学晶体研究保持国际领先地位，在紫外和深紫外非线性光学晶体的设计、生长和原型激光器的研制等方面取得了创新成果。成功地生长出20mm × 10mm × 1.8mm全透明的KBBF单晶，突破了以往该晶体的厚度始终未能超过1mm的极限；在国际上首次提出KBBF棱镜耦合技术，实现了深紫外200～193nm的激光有效输出，从而跃过了实现深紫外倍频光输出的技术门槛，向第四代光源的实现迈出了重要的一步。

三、生命科学

蛋白质结构生物学研究取得系列突破。在菠菜主要捕光复合物（LHC－Ⅱ）分离提纯和膜蛋白晶体生长方面，中国有自己独到的技术和独创的思路，获得了分辨率为2.72　的LHC－Ⅱ晶体结构，使中国对该捕光色素蛋白复合物的三维结构研究达到了世界领先水平。LHC－Ⅱ晶体结构是中国测定的第一个膜蛋白晶体结构，也是国际上第一个用X射线方法测定的高等植物捕光复合物在原子水平上的三维结构。成功解析了由四种不同的蛋白质组成的细胞线粒体膜蛋白复合体Ⅱ的三维精细结构，填补了线粒体研究领域的空白，是一项具有里程碑意义的重大成果。线粒体复合物Ⅱ的结构解析为研究与该复合物相关的人类线粒体疾病提供了一个真实可用的模型。该研究成果发表在《Nature》。在国际上率先解析了SARS冠状病毒的主要蛋白酶（3CLpro）的三维结构，揭示了3CLpro与底物结合的精确模式，为研制有关SARS冠状病毒防治药物开辟了新途径。

脑科学研究取得重要突破。在大脑的认知、神经信号传导、神经生长等方向取得了一批创新成果，在《Science》、《Nature》、《Neuron》等国际著名刊物上发表了一批重要论文。在国际上开创了果蝇面对两难线索的抉择研究，发现果蝇可以学习视觉模式的多个线索来指导飞行定向行为，并证明果蝇脑的蘑菇体参与抉择过程，为理解脑的这一智能行为提供了更为简单的模型生物和新的抉择范式。在认知科学研究方面，提出了拓扑性质初期知觉理论，对半个世纪以来占统治地位的特征分析理论提出了挑战，进一步研究发现了支持该理论的磁共振成像的生物学证据。中国科学家突破了痛研究中对于P物质和阿片类物质两大痛觉调控系统的传统认识，揭示了P物质在调控阿片系统镇痛过程中的重要作用，验证了细胞生物学中有关膜蛋白与分泌蛋白间的相互作用，导致膜蛋白特异地分布于分泌泡的假设。研究成果为发展新型镇痛药物提供了新的理论基础，相关论文发表在国际著名学术期刊《Cell》上。

2005年中国科学家在《Cell》上发表文章，深入揭示了药物成瘾的分子神经学机制，首次证明β－arrestin 1扮演了GPCR信号从胞浆到细胞核的浆－核信使，同时阐明了GPCR信号从胞膜－胞浆－胞核的信号传递机制。这项具有中国自主知识产权的新发现为开发治疗各种复杂疾病的药物提供了新的策略和靶点。

中国科学家从飞蛾中发现了一种叫做PB的转座因子，建立了PB基因功能研究体系，大幅度提高了哺乳动物基因研究的效率，大规模缩短了人类“诠释”基因功能的周期，使人类基因功能研究发生了革命性变化。有关研究成果被《Cell》作为封面文章发表。

在世界上首次获得了克隆大鼠。采用“损伤切除术”，发明了能够精确控制大鼠卵细胞自发活化的专利技术。该项成果发表在2003年的《Science》上，这是中国科研机构和中国科学家在《Science》上发表的关于动物克隆领域的重要原始创新性成果。

以转MThGHF4代红鲤的囊胚细胞为供体，以金鱼去核卵为受体进行属间的核移植，成功获得转基因属间克隆鱼，首次从分子水平发现了细胞质影响克隆鱼发育的新证据。转基因属间克隆鱼的成功诞生，标志着中国在动物克隆基础研究领域取得新的突破。

免疫学研究取得新的重要突破，发现了一种具有特殊负向免疫调控功能的新型DC亚群，对传统免疫学中普遍认为的成熟DC不再增殖的传统理论提出了挑战，有助于深入认识免疫应答的机制以及多种疾病的发病机理。

四、地球科学

以中国丰富的古生物资料为基础的古生物研究取得重大进展，对后生动物、脊椎动物、鸟类等重要生物类群的起源，寒武纪生物大爆发，古生代、中生代和新生代的生物大辐射，古生代三次生物大灭绝及其后的复苏，生物和环境协同演变的基本规律等方面的探索和研究取得了一系列创新性成果和重大发现，以第一作者在《Science》和《Nature》上发表论文32篇，受到国际学术界的高度关注。其中“澄江动物群与寒武纪大爆发”研究获2003年国家自然科学奖一等奖；湖南花垣排碧剖面被确立为寒武系内部第一个全球界线层型剖面。

图6-6　大陆科学钻探工程

结合大陆钻探工程，在大陆深俯冲等方面取得多项突破性进展。大陆钻探工程成功深入地下5158m，建立了地下5000多米的深度系列剖面，揭示了板块会聚边界深部连续的物质组成、三维结构、壳幔物质交换及地球物理状态，证明了地质历史上曾发生板块携带了巨量物质深俯冲到100km以下地幔深处的重要地质事件，研究发现了榴辉岩矿物中结构水（OH）脱水而引起的不稳定性会诱发断裂，证实这种断裂可以引起高温地震，从而解释了地幔转化带中深源地震的成因。

针对印度大陆碰撞时限、过程和高原南北边缘碰撞模式等提出了新的看法；建立了高原不同地区高分辨率环境记录，揭示了2万年特别是近2000年以来气候环境的变化特征。首次全面系统地研究了喜马拉雅山、青藏高原的隆升与亚洲季风气候的关系。

创造性地提出了以牙形石H.parvus替代耳菊石作为三叠系底界的国际新标准，在煤山剖面建立了全球最完整的牙形石序列，准确地标定了H.parvus在煤山D剖面的首现点；建立了国际二叠系最高阶长兴阶，证实了灾变事件群导致了显生宙最大生物绝灭的事件。2001年3月5日国际地质科学联合会确认浙江长兴县煤山D剖面为全球二叠系－三叠系界线层型剖面和点（GSSP）。这一“金钉子”设在中国，标志着中国的地层研究水平，代表了国际地层学研究的最高荣誉和领先水平。

五、空间科学

在γ射线暴（简称γ暴）研究方面，突破标准模型的框架，通过对环境性质的研究来揭示γ暴的起源。发现了两种类型的介质：星风介质和致密介质。提出了γ暴的相变机制，避免了以往γ暴能源模型普遍存在的“重子污染”问题，而且用同一个相变机制解释了三类完全不同的高能现象。发现前人的标准模型完全不能描述晚期余辉，进而提出了一个动力学演化统一模型，可以完整地描述余辉从极端相对论到非相对论的整个演化过程。研究了中心脉冲星对余辉的重要作用，并利用项目组提出的统一模型系统地研究了喷

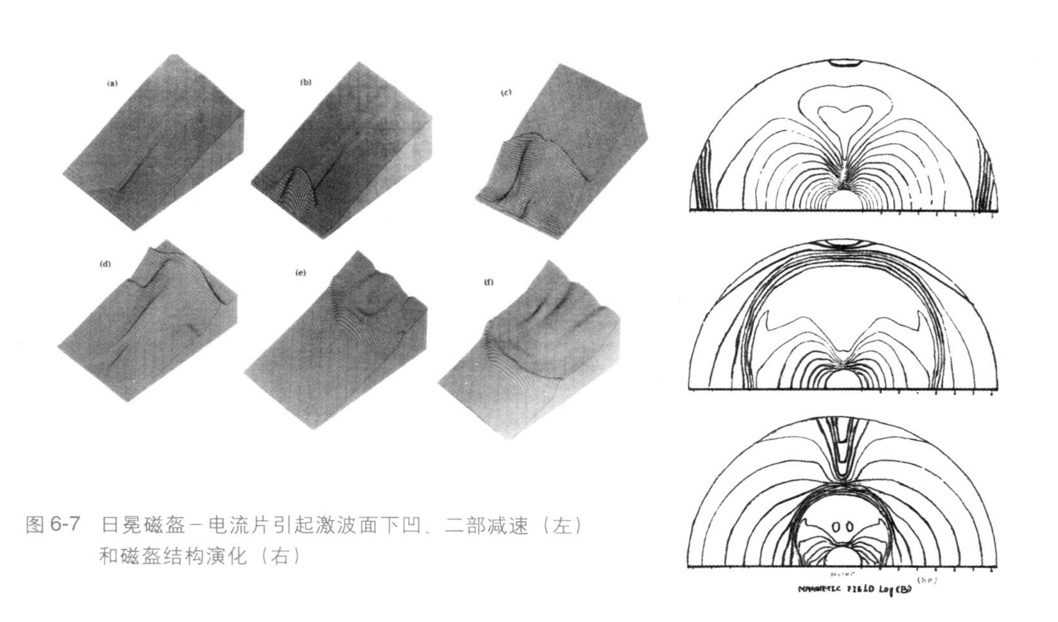

图6-7 日冕磁盔－电流片引起激波面下凹、二部减速（左）和磁盔结构演化（右）

流效应，解释了一些复杂的光变曲线。

在太阳风研究方面，发现由于行星际空间电流片的存在，太阳活动引起的太阳风暴在向地球传播过程中会向电流片方向偏转、会聚且跨越传播受阻碍；发现日冕区的电流片可引起风暴阵面下凹、二步减速，以及太阳源表面上等离子体输出受磁结构控制；建立了有限能量半空间太阳磁场新算法，提出了激波流形概念，提出了近似能量法、空间衰变法和从星际闪烁观测数据中提取磁场信息等新方法。

六、农业、人口与健康领域

在农业动植物功能基因组与分子改良基础研究方面，首次克隆了与水稻分蘖形成有关的重要基因MOC1，该成果是近年来在植物形态建成特别是侧枝形成领域中的最重要的发现之一，其在农业生产中的应用对提高水稻等禾本科作物产量具有重要意义。成功克隆了猪FSH－β基因，在国际上率先发现该基因是影响猪产仔数的主效基因或遗传标记，该成果的应用大大加速了优良猪种选育速度。

禽流感病毒研究领域取得重要成果。2005年，中国科学家对上半年在青海湖发生的候鸟感染H5N1高致病禽流感的病毒特性进行了基因组序列的分析与研究，结果表明，其血凝素裂解位点符合高致病性禽流感病毒的特征；病毒聚合酶蛋白基因的某一点的氨基酸发生了重要突变。

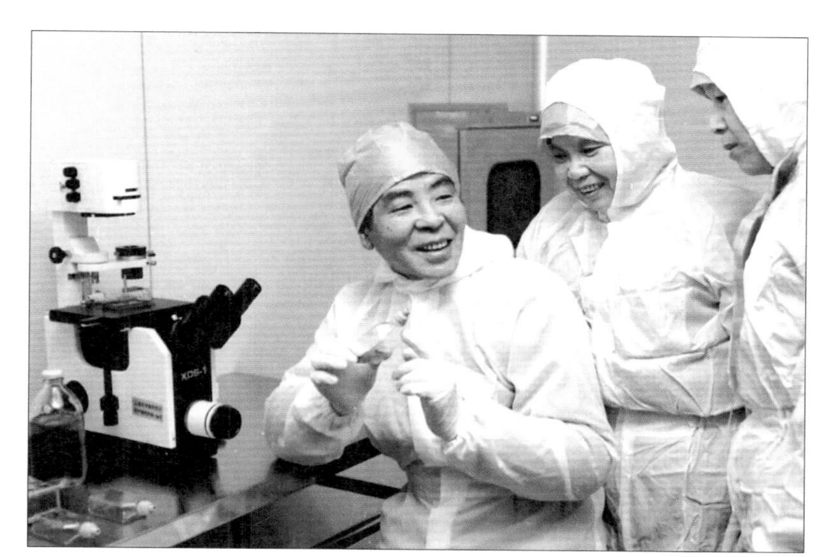

图 6-8 上海科研人员研制成功的“胸苷激酶基因工程化细胞制剂”正在进行临床试验，这表明我国在基因治疗恶性肿瘤方面达到国际先进水平

飞蝗散居、群居两型转变的基因调控机理研究方面取得了原创性的研究成果。通过比较散居、群居群体不同部位EST种类与表达丰度，发现了一些可能与飞蝗型变相关的基因，并获得了大量的EST，为进一步研究建立了基本平台。

在稻田甲烷释放机理方面，深入研究了水稻光合碳在地上－地下部的分配规律，发现水稻光合同化碳通过根系分泌作用快速向土壤微生物转移的现象，用现代分子生态技术和稳定同位素示踪技术相结合的手段研究了水稻根际碳循环的关键微生物种群和功能，用RNA稳定同位素探针技术在水稻根系发现了一组新古菌的产甲烷功能。这些发现对阐明稻田甲烷释放机理上有重要意义。

应用全反式维甲酸（ATRA）作为诱导分化剂治疗急性早幼粒细胞白血病（APL）获得重大突破。解释了伴t（15；17）和t（11；17）对ATRA治疗效果的明显差异，开辟了针对细胞转录调控机器治疗的新前景。建立了APL细胞中受ATRA调控的基因表达网络，提示此为细胞增殖和分化调控中受累的主要途径。证实了三氧化二砷在较高浓度时通过线粒体途径诱导凋亡，而较低浓度诱导分化。建立了可供白血病临床诊断、分型、微小残余病变检测的方法，大大提高了对白血病的诊治和预后判断水平。APL的诱导分化/凋亡疗法已被国内外广泛采用。

肿瘤治疗研究取得显著进展。利用主动免疫治疗抗肿瘤血管生成，在小鼠体内可诱导针对肿瘤新生血管的自身免疫反应，表现出抗肿瘤活性，为肿瘤疫苗研制及肿瘤治疗提供了新思路。对于雌激素和三苯氧胺诱发子宫内膜癌的分子机理研究取得了突破性进展，研究证明三苯氧胺不仅影响雌激素相关靶基因的表达，而且调控一系列独特的基因表达，进而发现PAX2基因在介导雌激素和三苯氧胺刺激的子宫内膜细胞的增殖和癌变过程中起着关键性作用。还发现PAX2在子宫内膜癌细胞和在正常的子宫内膜上皮细胞中表达的差异是由于PAX2基因启动子低甲基化造成的。这一研究为子宫内膜癌的治疗和预防提供了新的思路和药物靶点。

发现肿瘤中病理性B细胞克隆的存在和皮肤黏膜自身免疫现象有直接关系，据此提出了副肿瘤性天疱疮的发病可能与肿瘤细胞所产生的抗体相关。证实了Castleman瘤分泌的抗体与表皮内连接细胞的主要结构——桥粒蛋白反应，是副肿瘤性天疱疮发病的基本原因，这一新理论，明确了本病的主要发病机理。

生殖健康方面，首次克隆到生殖系统第一个天然抗菌肽基因Bin1b，研究发现该基因能启动附睾头部精子的运动，从而揭示了精子由不活动状态到活动状态的重要起因，为男性避孕药的设计和男性不育的诊疗提供了线索。

在创新药物研究方面，在国际上首先发现CD146分子选择性地在肿瘤血管内皮细胞高表达，为新型抗肿瘤药物的筛选提供了一个新的靶分子。治疗早老性痴呆症药物希普林（ZT-1）、抗肿瘤药物沙尔威辛（Salvicine）和力达霉素（Lidamycine）等3种新药已进入临床研究，其中希普林已在欧洲30多家医院完成了Ⅱ期临床试验，有可能成为中国走向世界并产生显著经济和社会效益的新药。

生物医用材料骨诱导理论得到国际认可，阐明了生物材料可诱导成骨，从材料学及生物学两方面证实了诱发材料骨诱导作用的重要条件，建立了比较完整的原创性骨诱导理论。基于该理论研制的新一代骨诱导人工骨，获国家食品药品监督管理局生产注册证，400余例临床试验效果良好。

七、能源、资源与环境领域

天然气、煤层气优化利用的催化基础研究，在国际上首创紫外拉曼光谱在催化原位、动态表征中的应用理论和技术，得到了国内外同行的广泛认可；提出了一种甲烷无氧活化的理论，开辟了由天然气制备化工原料和氢气的新途径。

在石油勘探开发和利用方面，建立了碳酸盐岩油、气源岩分级评价方法和指标体系，提出了中国叠合盆地海相烃源岩的四种分布预测模式和两种非烃源岩的发育模式，确定了碳酸盐岩烃源岩有机质丰度下限值，并被用作新一轮国家油气资源评价的标准，对中国未来油气勘探具有长期指导意义。从分子尺度上掌握了驱油用表面活性剂结构与性能关系，首次提出了驱油用表面活性剂分子设计的准则，设计并生产出具有自主知识产权的廉价、高效、无污染的驱油用烷基苯磺酸盐表面活性剂产品，大庆油田现场试验表明，采收率得到显著提高。针对国家急需解决的汽油产品烯烃含量过高问题，研究了烯烃的反应网络，提出了催化裂化过程双反应区的新概念，开发了具有中国自主知识产权的多产异构烷烃的催化裂化新工艺，实现了大规模的工业应用。

图6-9　中国大陆科学钻探工程“科钻一井”在江苏省东海县毛北村成功深入地下5158米，并在此基础上取得了一系列科研成果，标志着我国“入地”计划获得重大突破

在生态环境方面，针对北方干旱和半干旱地区，系统分析了亚洲季风长期演变与北方干旱化关系和相关证据，建立了区域环境系统集成模式，为干旱化预测和“有序人类活动”虚拟试验提供了有效工具。干旱化发展趋势预测报告得到中国政府有关部门的重视。在西部干旱区生态环境演变与调控方面，提出了天山北部山地－绿洲－荒漠系统的生态建设与可持续农业范式及西北干旱区生态区划，形成了沙漠地区重大工程防护体系建设的技术集成，为塔里木沙漠公路及新疆北水南调工程沙漠段防护提供了支撑。

在重大灾害形成机理与预测方面，揭示了中国大陆强震活动受控于活动地块运动而集中分布于活动地块边界的基本事实，对大陆强震孕育发生的过程获得了初步的认识，发展了中长期强震预测的方法，并给出了未来10年中国大陆地区强震危险区预测。

在海洋科学研究方面，建立了中国近海生态系统动力学理论体系框架，首次从生态系统水平上建立了以鱼为例的配额捕捞评估与管理模型，发现了中华哲水蚤在温带陆架浅海度夏策略，这被认为是国际全球海洋生态系统动力学（GLOBEC）计划实行以来有代表性的研究成果之一。在近海环流的形成机理和变异方面，揭示了东海黑潮“多核结构”的形成机理；发现了东海南部外陆架环流的存在，模拟出“流－涡结构”的分布和变异形态；阐述了南海环流“多涡结构”演化规律；发展了风－浪－潮－流耦合数值模式。

八、信息科学与材料领域

量子信息和通信研究取得了一批有国际影响的重要创新成果。在多粒子纠缠态的制备与操纵研究方面，在国际上首次实现了五粒子纠缠态的制备与操纵，并利用五光子纠缠源在实验上演示了“终端开放”的量子态隐形传输，被美国物理学会和欧洲物理学会同时评选为2004年度国际物理学十大进展之一。在量子密钥分配方面，设计了一种具有良好单向传输稳定性的量子密钥分配实验方案，实现了150km的室内量子密钥分配实验；利用实际通信光缆，实现了从北京经河北香河到天津长达125km的量子密钥分配。

在量子级联激光器和探测器研究方面，研制成功镓砷/铝镓砷量子级联激光器和世界上第一个短腔长单模应变补偿铟镓砷/铟铝砷量子级联激光器，研制出国际上第一只镓铟氮砷／镓砷多量子阱谐振腔增强探测器，标志着中国砷化镓基近红外波段光电子材料与器件的研究水平已进入世界先进行列。

通过对钢铁凝固和结晶控制等基础理论研究，发现冶金过程晶粒细化调控可大大提高钢材强度，系统集成高洁净钢生产技术、高均质凝固组织技术和形变诱导相变组织细化技术发展的新一代钢铁材料，以高洁净度、高均质和超细组织为特征，其强度约为目前普通钢材的2倍；所取得的成果已应用于汽车、建筑等行业，被国内冶金界认为是推动钢铁行业结构调整、产品更新换代和提高钢铁行业技术水平的一次“革命”。

第七章
战略高技术

第一节　信息技术
一、计算机软硬件技术
二、通信技术
三、信息获取与处理技术
四、信息安全技术

第二节　生物与现代农业技术
一、功能基因组与生物芯片
二、蛋白质组
三、农作物育种和农作物节水
四、生物反应器

第三节　新材料技术
一、微电子和光电子材料及器件
二、新型功能材料
三、高性能结构材料
四、纳米材料和技术

第四节　先进制造与自动化技术
一、超大规模集成电路制造装备
二、现代集成制造系统
三、机器人技术
四、微机电系统（MEMS）

第五节　资源环境技术
一、环境污染防治
二、水污染控制
三、海洋资源开发
四、海洋生物
五、海洋监测

第六节　能源技术
一、先进核能技术
二、燃气轮机
三、电动汽车

战略高技术是对增强综合国力最具有重要的战略意义。"十五"期间，国家加大了对战略高技术研究的投入，力求解决一批具有战略性、前沿性和前瞻性的高技术问题，在信息技术、生物与现代农业技术、新材料技术、先进制造与自动化技术、资源环境技术和能源技术等方面进行了重点部署，突破了一系列关键技术，取得了一大批具有自有知识产权的发明专利，提高了中国高技术的国际竞争力，为高技术产业化奠定了发展基础。

第一节 信息技术

为加速中国国民经济和社会信息化进程，以信息化带动工业化，"十五"期间，国家重点在计算机软硬件技术、通信技术、信息获取与处理技术和信息安全技术等方面进行了部署，取得了一批重要成果，提高了中国信息技术的水平。

一、计算机软硬件技术

○ 芯片技术

龙芯、众志、C-Core 等一系列 CPU 脱颖而出，结束了中国信息产品"无芯"的历史。大唐微电子的

图 7-1　龙芯芯片

COMIP系统芯片已申请17项发明专利，获得100万只的订单，成为中国首枚大批量生产的无线通信终端基带核心芯片。“华夏网芯”是国内首枚具有自主知识产权的高性能路由交换核心芯片，已申请10项发明专利和2项软件版权登记，实现批量应用。“星光”系列数字多媒体芯片，突破了7大核心技术，申请专利400余项，在国际市场的销售量已突破1000万枚，成功占领了计算机图像输入芯片40%以上的市场份额，位居世界第一。

○ 软件技术

中国基础软件从无到有，研制出中科红旗Linux等操作系统、永中Office等办公软件产品、Hopen等嵌入式操作系统，初步形成了自主基础软件体系，降低了中国信息化建设的成本。2004年省级政府采购国产操作系统4.5万套，占操作系统采购量的39.2%。2004年省级政府采购国产办公软件28万多套，占办公软件采购量的68.4%。随着国产基础软件市场份额的不断提升，打破了跨国公司垄断的格局。

专栏7-1

12个重大科技专项："超大规模集成电路和软件"专项

该专项的目标是：在集成电路方面，重点突破高性能、嵌入式CPU设计开发的核心技术，掌握以自主CPU为核心的系统芯片开发平台技术；建设好一批国家级集成电路设计产业化基地，开发一批具有标志性的信息安全、网络通信和信息家电核心芯片。在软件开发方面，主要研制包括操作系统、数据库管理系统、中间件平台和重大应用共性软件在内的中国自主网络软件核心平台，并通过示范项目，提高网络软件核心平台的产品化、商品化程度，基本形成从系统软件、中间件到应用软件的产品系列，解决中国软件关键技术和产品的自主创新问题。

○ 中国国家网格

中国国家网格是一个计算资源共享、数据共享以及协同工作的环境，在网格资源集成和共享、网格服务技术等方面有重大突破，它将多种分布异构的高性能计算资源、存储资源和软件资源集成起来，形成一个统一的、易于使用的共享资源空间，目前已经开发了资源环境、科学研究、服务业和制造业4个领域的11个应用网格。

○ 高性能计算机

研制成功联想深腾6800计算机，实现峰值5.3万亿次、Linpack值4.1万亿次的性能，是2003年国内公布的最高性能的计算机系统。列2003年11月世界TOP500的第14位。研制成功曙光4000A高性能计算机，实现峰值11.2万亿次、Linpack值8.06万亿次的性能，是2004年国内公布的最高性能的计算机系统，使中国成为继美国、日本之后第3个能制造和应用10万亿次商用高性能计算机的国家。

二、通信技术

中国自主创新的第三代移动通信标准（TD-SCDMA）成为国际电联批准的三大标准之一，实用化关键核心技术取得实效；新一代宽带移动通信（B3G）等移动通信技术取得突破性进展；世界最大的下一代互联网（CNGI）已成功开通，新一代高性能宽带信息网已启动运行。这些重大技术突破和科技成果，对提高中国核心技术竞争力和促进通信产业的可持续发展做出了贡献。

○ 未来移动通信

中国启动了未来通用无线环境研究开发计划，在B3G/4G移动通信基础性技术方面取得重要突破；建成了国际上首个基于分布无线电技术的蜂窝试验系统，在移动环境下支持100Mbps数据峰值速率的无线传输；研制成功适用于B3G/4G的多天线OFDM/GMC多载波无线传输技术，频谱利用率可提高5～10倍；在分布式网络、多载波、环境自适应、迭代接收等方面获得近百项发明专利。

○ 高性能宽带信息网

自主研制成功T比特级光传输系统、自动交换传送网络和双协议栈路由器等核心节点设备及相应的网络应用支撑环境，在中国长三角地区建立了一个实用化的广域高性能宽带信息示范网，构成目前全球最大的互动网络电视试验网，成功地开展了面向DTV/HDTV宽带流媒体业务的应用示范，取得了显著的示范效果。探索出一条新一代宽带信息网络在中国发展的道路，使中国拥有了较大规模的新一代高性能宽带信息网试验验证平台。

○ 高性能IPv6路由器

中国研制成功多种具有自主知识产权和国际先进水平的高性能IPv6路由器，并在中国下一代互联网示范工程（CNGI）和军用下一代网络试验网（MNGI）中得到应用，使中国在下一代互联网关键技术研究及设备开发方面跨入了世界先进行列，成为继美国之后能研制此类设备的第二个国家。高性能IPv6路由器容量可扩展到T比特（万亿比特），已申请发明专利数十项。

三、信息获取与处理技术

围绕信息获取与处理技术领域中带有全局性的重大关键技术，在传感、处理、应用三个层面取得了明显成效，形成了四大数据获取系统、三大关键技术与软件平台和三大应用框架（简称“433”框架）。四大数据获取系统是：0.5米机载实用先进SAR系统，机载干涉SAR系统，机载高空间分辨力、高光谱分辨力多维集成遥感系统，大面阵彩色CCD相机与集成应用系统。三大技术与软件平台是SIG技术验证平台、大型网络GIS和遥感数据处理平台。三大应用为城市空间信息应用服务、基于SIG的地矿资源环境空间信息共享与应用服务和行业遥感业务化运行。

四、信息安全技术

信息安全技术取得重大进展，如：PKI/KMI关键技术取得重要突破，这一成果标志着中国自主研发的公钥基础设施达到实用化水平；提出了一套国

> **专栏 7-2**
>
> **12个重大科技专项：“信息安全、电子政务及电子金融”专项**
>
> 该专项的目标是：信息安全项目要通过对信息安全关键技术的研究开发，为国家信息化建设提供安全保障，为构建统一的安全电子政务和电子金融平台等国家信息基础设施提供信息安全技术支撑。电子政务项目针对中国的电子政务建设，探索应用模式，提供借鉴和经验；建立严密、有效的政府管理和监管系统，进行跨行业、跨地区的应用系统规范试点和示范。电子金融项目的目标是开发出针对中国金融业务的技术产品，促进中国信息产业的发展；强化中国的金融竞争实力；推进国内各银行间的电子系统的互联互通。

家密码标准草案，开发出了密码算法验证与测试平台，使商用密码算法的标准化迈上了一个新台阶；开发完成了国家信息关防安全监控平台；开发完成了网络安全积极防御平台；建设完成了国家电网调度中心安全防护示范工程；建设完成了铁道部客票网络安全管理系统。

○ 计算机数据快速恢复产品

突破了传统数据备份恢复技术，可为各行业计算机提供实时数据保护与快速恢复。该产品基于BIOS平台，不依赖于操作系统，可使因病毒、误操作或人为破坏等因素损坏的计算机硬盘数据几秒钟内快速恢复，确保计算机处于健康状态。该系列产品已成为海尔、神舟、TCL、浪潮、清华紫光等计算机厂商的标准配置，并已大量出口到美国、日本、德国等多个国家。

○ 中国特色的反垃圾邮件系统

该系统在内容过滤、语义理解、行为识别等关键技术上取得了突破。已研发出具有多项创新的TAP多特征智能反垃圾系统，建成了中国电子邮件服务行业反垃圾验证体系——邮件发送者信誉度数据中心（SRC），实现了“源头”防范和“门户”封堵双管齐下，推动了和谐网络社会的构建。

第二节 生物与现代农业技术

为大幅提高生物技术与现代农业技术领域整体研究水平和开发能力，“十五”期间，国家在生物工程技术、基因操作技术、生物信息技术和现代农业技术等方面进行了重点部署，在功能基因组与生物芯片、蛋白质组、现代节水农业技术和新产品、生物反应器等方面掌握了一批核心技术。

一、功能基因组与生物芯片

○ 人类功能基因组研究

已完成克隆人类重要生物功能与疾病相关新基因1200个，其中功能明确并具有潜在开发前景的功能基因达67个，可用于新产品研制与开发的新基因24个。定位了25个遗传病致病基因位点，鉴定了遗传性儿童白内障、遗传性毛发上皮瘤等17个致病基因。筛选得到了15个有相互作用的肿瘤先导化合物；筛选和确证了4个肿瘤靶标基因；发现了肝癌诊断新致基因MXR-7，并开发了ELISA检测试剂盒；首创应用全反式维甲酸和三氧化二砷治疗急性早幼粒细胞白血病20例，使急性早幼粒细胞白血病成为世界上第一个可治愈的成人白血病，使白血

> **专栏7-3**
>
> **12个重大科技专项：“功能基因组和生物芯片”专项**
>
> 专项的目标是：获得一批具有自主知识产权的功能基因和生物芯片产品，在功能基因、生物芯片及相关领域的研究与开发方面形成中国优势和特色；为形成以基因自主知识产权为基础的中国“基因产业”和生物芯片新兴产业奠定基础，为进一步提高中国生物技术研究开发及产业的国际竞争能力提供源头技术和创新产品。

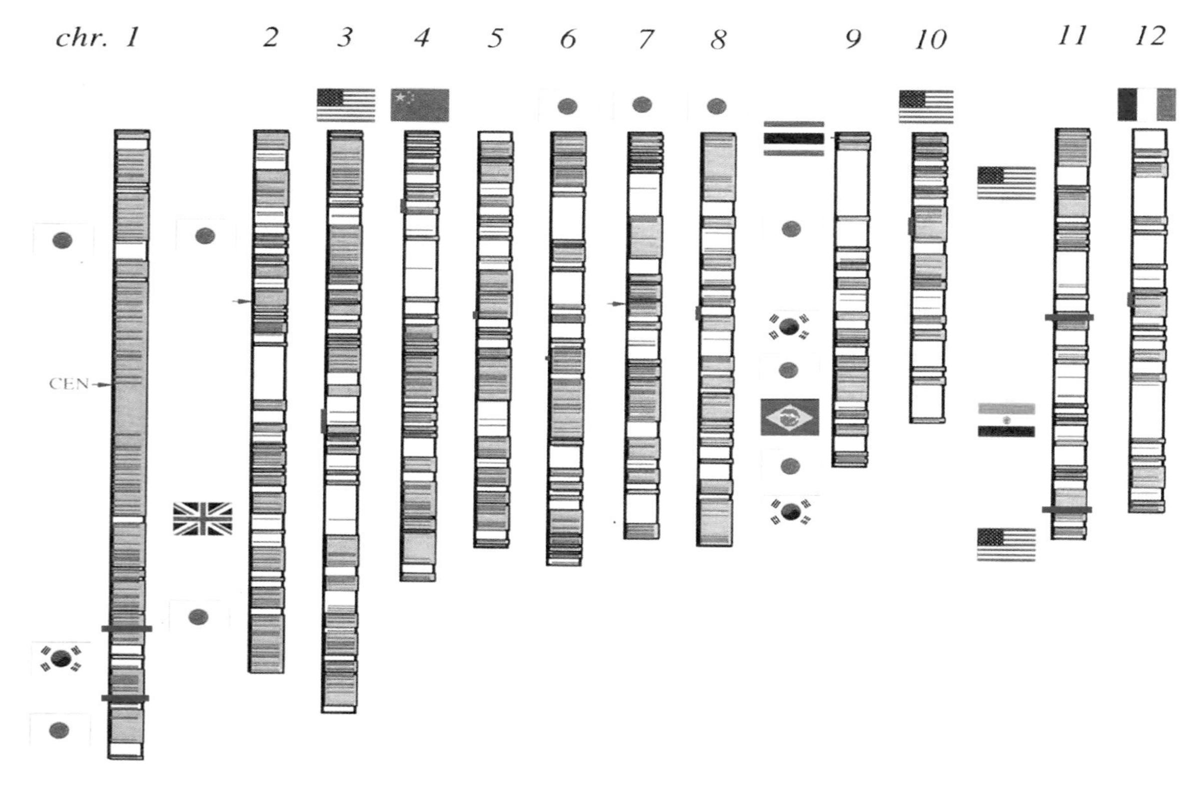

图 7-2　图为水稻基因组基础序列图

病 5 年的生存率提高到 60% ~ 70%。发现并克隆了导致该短指（趾）症的 IHH 基因，最终找到了这一畸形症的致病基因。

○ 水稻功能基因研究

继独立完成籼稻 9311 全基因组和粳稻第 4 号染色体基因组测序后，逐步完善了水稻功能基因研究的水稻基因组芯片、水稻突变体库构建和 cDNA 文库构建等技术平台，克隆鉴定了水稻脆秆等 18 个有潜在应用前景的重要农艺性状基因。

○ 微生物功能基因研究

华北制药集团克隆青霉素生物合成相关新基因 110 条，建立了青霉菌的理性筛选模型用于菌种选育，提高了筛选效率，高产菌种已应用于生产。

○ 家蚕功能基因组研究

获得一批重要的具有经济价值的相关基因，培育出 4 个应用前景广阔的家蚕品种，2 个家蚕育种素材和胚胎细胞系。

○ 血吸虫功能基因组

建成世界上最大的触手担轮类（原口动物）和第四大非脊椎动物的表达顺序标签（EST）公共数据库，克隆了与诊断和疫苗靶点相关的功能基因 20 个，对认识血吸虫生物学特点、宿主和寄生虫相互关系、分子寄生虫学和分子进化方面做出了重要贡献。

○ 生物芯片技术和产品研发

中国是世界上最早批准生物芯片进入临床的国家，迄今为止已累计研制成功200多种生物芯片产品。申请国内专利217项，申请国际专利26项。6个芯片及相关设备获得了新药证书或医疗器械证书。在建立和完善327047株独立T-DNA插入水稻再生株突变体库的基础上，研制了国际上第一套也是目前惟一的一套水稻全基因组芯片。

二、蛋白质组

建立和完善了具有国际先进水平的高通量、高准确度和高灵敏度的蛋白质组分析技术平台，达到平均每天1000个蛋白质的鉴定通量，其整体技术指标和分析能力达到国际先进水平。鉴定人胎肝蛋白质5000余个，非冗余蛋白质2495个；鉴定中国人肝蛋白质3万余个，非冗余蛋白质8000余个；鉴定法国人肝蛋白质2万余个，非冗余蛋白质5000余个，鉴定未曾记载的人类新蛋白质238种，构建了国际上最大的人类肝脏蛋白质组数据库。系统地测定了86个与人类重大疾病或重要生理功能相关的蛋白质及其复合物、突变体的晶体结构。

克隆表达了5个人类肝脏相关的基因，解析出108个独立的蛋白质的三维结构，包括复合物共有136个结构，发现了3种全新蛋白质折叠类型，发现了涉及新型抗生素，治疗寄生虫病、免疫治疗药物、性激素类药物、治疗神经系统疾病等潜在的药物作用靶标和潜在的药物先导化合物。建立了国际上最大规模的400余种抗人体肝脏蛋白的单克隆抗体库。

三、农作物育种和农作物节水

开创了地面模拟航天环境诱变作物进行遗传改良的新途径。构建了主要农作物杂种优势利用技术体系。超级稻育种理论与技术不断完善，研究成果保持国际领先。提出了超高产水稻生理模式，并组装成一套以精确施肥，定量控苗，干湿灌溉，综合防治为核心的超高产生产技术。成功选育出2308AS、2310AS和X07AS等一批新型水稻不育系。首次培育出可有效用于杂交棉生产和育种的抗草甘膦除草剂的陆地棉种质系——R1098。玉米杂种优势群研究奠定了中国玉米高效育种的理论基础。分子标记辅助育种技术大规模用于农作物种质创新和新品种选育，发掘出32种抗病、抗逆、优质等重要性状基因的紧密连锁分子标记或功能标记110个。成功创育出“黄玉A”、“川恢934”、“宜恢19号”、“宜恢10号”等一大批优异育种新材料。

农作物节水关键技术创新取得突破性进展，部分领域已跻身国际先进水平。建立了抗旱节水型作物鉴定评价技术。筛选出52份抗旱节水种质材料和抗旱节水新品种13个，其中8个品种通过国家品种审定委员会审（认）定，参加国家或省级区域试验的新品系约60个。申请新品种保护权4项，作物抗旱节水新品种13个。筛选品种的产量在中等干旱条件下较对照产量提高10%，作物水分利用效率（WUE）提高20%～

40%，严重干旱条件下较对照产量提高15%，这些品种已在生产中应用推广4000多万亩。研制的环保型集雨新材料水泥土强度高68%，集流效率达85%～91%。建立了微咸水、咸水灌溉及农业高效持续利用技术，使微咸水灌溉安全指标由传统的0.3%提高到0.5%，首次在国际上建立了微灌产品快速开发平台。

四、生物反应器

首次在国际上成功克隆了水牛，对水牛的高效繁殖和转基因产业化有巨大的影响。转基因体细胞克隆牛技术达到国际先进水平。建立了转基因体细胞克隆牛生产的技术平台，总体效率完全达到国际前沿水平。利用双标记筛选外源转基因的成功率达到100%（国际水平为70%）；转基因克隆胚胎的移植受体牛妊娠率达到33.3%（国际水平为30.7%）；转基因克隆胚的移植受体牛产犊率达到37.5%（国际水平为11.5%）。中国是继美国之后第二个拥有高效转基因克隆牛技术的国家。2004年，共获得转基因克隆牛15头。获得了一批具有自主知识产权的生物反应器调控元件，获得和建立了CMV外壳蛋白N端14肽（NP14）和泛素（UBQ）双融合蛋白表达元件。

第三节 新材料技术

为满足国家安全及经济发展对新材料的重大需求，"十五"期间，国家重点部署了光电子材料与器件技术、特种功能材料技术和高性能结构材料技术、纳米材料及技术等方面的研究，攻克了一批技术难题，取得了丰硕的成果。

一、微电子和光电子材料及器件

○ 超大规模集成电路配套材料

攻克了直径12英寸硅单晶抛光片成套制备、大直径SOI材料制备、大直径SiGe/Si外延材料制备、直径6英寸半绝缘砷化镓单晶制备、先进封装COF配套材料制备、超净高纯化学试剂制备、ULSI电路封装用聚酰亚胺和液体环氧底填料制备等一系列关键技术；一批配套材料实现了产业化，月产10000片12英寸硅抛光片中试生产线的建设工作正在按计划进行，4～6英寸SOI圆片年生产规模已达30000片，5～6英寸SiGe/Si外延材料月产达到100片，一条年产5000片的6英寸半绝缘砷化镓单晶抛光片生产线已初步建成。

○ 密集波分复用系统用关键光电子器件

全面掌握了大尺寸光纤预制棒制作工艺技术，研制了G.655的三个系列的通信光纤产品，建立了完整生产线并投入批量生产；成功开发出达到国际先进水平的40通道阵列波导光栅（AWG）复用/解复用器芯片和平面光波导器件自动化耦合封装系统，建成国内第一条完整的平面集成光波导器件工艺线；分布式拉曼光纤放大器和色散补偿光纤在国内实际干线工程中得到成功推广和应用；10Gbit/s速率的直接调制多量子阱DFB激光器、PIN-TIA芯片和组件以及系列光电模块相继研制成功，已经开始批量生产和推广应用；在国内首次实现了InP基速率2.5Gbit/s，波长1.55μm的单片OEIC光接收机。

○ 光纤光栅传感技术

攻克了传感光纤光栅、光纤光栅温度和应变传感器、光纤光栅系列解调器等关键器件规模化生产的成套技术与装备，为中国大型工程（包括大坝、桥梁、隧道、建筑等）和石化、电力、军工等行业领域提供了新一代的安全监测技术，这些技术已在国内近十个行业的上百项工程中得到了应用。

○ 人工晶体和全固态激光器

在国际上首次制备了新型深紫外非线性光学晶体材料和全固态激光器，研制成功了超高分辨率光电子谱仪。成功开发出国际上最大功率的红、绿、蓝全固态激光器，完成了全固态激光全色显示和60英寸激光家庭影院原理性演示，获得了色彩艳丽的DVD动态图像。首次用单块微结构晶体材料研制出总输出功率为500mW的红、绿、蓝合成白光激光器，在国际上受到高度重视。这些创新性成果使中国人工晶体和全固态激光器领域处于国际领先地位。

○ 半导体照明材料与器件

攻克半导体照明光源产业化一系列关键技术，GaN外延片、白光LED器件、蓝光激光器以及GaN基础材料与装备方面取得了显著进展，氮化物蓝光LED产业化关键技术，大功率、高效率LED芯片、白光LED封装技术和荧光粉技术等成果实现了转化和产业化，在上海、北京、厦门等地吸引了数亿元的社会资金，创建了一批高新技术企业，初步形成了半导体白光照明产业的产业链。

○ 高清晰度平板显示

成功研制出具有自主知识产权的34英寸的荫罩式等离子体（SM-PDP）显示技术，在技术路线上有重大创新和突破，具有低成本、高清晰、全彩色等特点，为中国在发展PDP的国际竞争中提供了一个赶超的机会。

二、新型功能材料

○ 高温超导材料及应用

突破了高温超导带材产业化的关键技术，建成了年产能力300公里的铋系线材生产线，产品性能达到国际先进水平，并拥有多项核心技术，为中国超导应用技术发展提供了材料基础。目前国产超导线材已用于超导输电电缆、舰船用电机、机车用变压器等项目中，产品已销往韩、美、欧等国。利用高温超导带材，完成的三相交流33.5米35kV/2kA高温超导电缆系统，已在云南昆明普吉变电站正式挂网运行成功，目前运行稳定，这是继丹麦和美国之后的全球第三组并网运行的超导电缆系统，综合性能优于前两组。开发完成了适合中国移动通信系统的超导滤波器子系统，在中国联通唐山分公司的CDMA移动通信基站上得到成功应用，实测通话距离是常规的1.7倍，系统运行稳定，各项关键技术指标达到国际先进水平。中国成为继美国之后第二个拥有此类实用核心技术的国家。中国首台高温超导限流器在通过了并网前的各种测试后，顺利投入湖南省娄底市电业局高溪变电站试验运行，其主要技术性能指标均达到国际先进水平，成为继瑞士、德国、美国之后世界上第4台并入实际电网试验运行的高温超导限流装置。

图7-3　投入运行的高温超导电缆

○ 稀土永磁材料

开发出了具有国际先进水平的稀土永磁材料系列，最大磁能积达到N52并实现了产业化；高档烧结钕铁硼磁体N50系列实现了产业化，增加产能5500吨，产值约11亿元。“十五”期间，中国稀土永磁材料的产能占世界的比例由初期的45%上升到70%，产值由20%升至40%。中国已成为全球最大的稀土永磁材料产业基地。

○ 金属催化剂

开发出原创性的新型结构可控性烯烃聚合催化剂，该产品与国际先进水平同步，有望在国际上成为最早实现工业化的茂金属催化剂之一。首次将超分子结构的概念引入层状及层柱材料领域，提出并逐步完善了超分子插层组装理论，实现了7类层柱型无机功能材料的结构创新，占据了国际相关领域研究的学术制高点。

○ 核反应堆用材料

开发了核反应堆用碳化硼芯块，碳化硼控制材料和屏蔽材料实现国产化，产品已在国家3个核反应堆工程中获得成功应用。高温气冷堆、试验快堆和模拟试验堆三个核反应堆均是目前世界上技术最先进的反应堆型。

○ 全氟离子膜材料

已经在50吨/年规模的中试装置上生产出了与国际同类产品相当的全氟磺酸树脂，填补了国内空白。用该树脂制备的薄膜材料已成功地用在国产质子膜燃料电池上。制备的全氟离子复合膜，已经在离子膜法烧碱的小型工业化电解槽中经过了3000多小时的电解试验考核，电流效率一直保持在95%～96%。

三、高性能结构材料

○ 高性能碳素钢先进工业化制造技术

中国钢铁行业利用高新技术，针对碳素钢采用成分设计和工艺优化得到了细晶组织，将200MPa级普碳钢提高到400～500MPa碳素结构钢，批量工业生产获得成功，2004 — 2005年6月累计生产超级钢超过200万吨，产值超过60亿元。

○ 高性能铝合金

突破并掌握了高强高韧铝合金大型预拉伸板的关键制造技术，为航空航天业、大型塑料模具制造业等创造产值近4亿元，利税近8000万元。对利用该材料制造的陀螺仪支架产品已开始了实际飞行考核实验。

○ 高性能陶瓷部件

解决了耐高温、高强度，耐磨损、腐蚀陶瓷部件的关键制备技术，制备的陶瓷部件已在钢铁工业、精密机械、煤炭、电力和环境保护等领域得到应用。研发出了具有优异的耐冲蚀磨损性能的煤矿重质选煤机用旋流器陶瓷内衬和潜水渣浆泵用耐磨陶瓷内衬，这两种产品已在黄河治理工程中得到批量应用。

四、纳米材料和技术

纳电子材料与器件、纳米生物医学、纳米新能源领域取得了一系列创新型成果，在国际上首次设计并制备出具有新型结构的纳米复合负极材料，可使负极材料同时具备高容量（600mAh/g）、高寿命、低成本（30元/公斤）的特性，综合性能指标已超国际先进水平；固态纳米染料太阳能电池的转化效率已达到5.48%，达到世界最高水平；超高密度存储的密度达到104 Gbit/cm²，是传统存储密度的105倍；毒品快速检测仪检测毒品海洛因的灵敏度达到0.5μg/L，比传统的化学传感器要提高两个数量级；基于纳米晶生物探针的免疫层析检测技术为乙肝、艾滋病等重大传染性疾病的临床快速检验提供了一种安全、可靠、低成本的方法。

第四节 先进制造与自动化技术

为掌握能够提高产业竞争力的先进制造与自动化技术，“十五”期间，国家在超大规模集成电路制造设备、现代集成制造系统技术、机器人技术、微机电系统技术等方面进行了重点部署，一批关键共性技术取得了突破性进展，先进制造与自动化技术水平得到了显著提高。

一、超大规模集成电路制造装备

针对0.1μm生产工艺的光刻机、刻蚀机、注入机等超大规模集成电路核心制造装备的研制取得了重大突破，自主开发的超大规模集成电路刻蚀机、注入机装备已投入到生产线试用。同时支持全自动划片机和全自动键合机等集成电路封装设备，全自动键合机焊线速度达14线／秒，每秒可完成200多个微米级精度的高速三维运动；全自动划片机划切片径达8英寸。全自动划片机和键合机已在国内多家集成电路生产企业中得到应用。

二、现代集成制造系统

○ 数字化系统集成与管理

“航天重大型号供应管理系统”以确保航天产品质量可靠性为核心，以航天供应链管理流程信息化为主线，以“神舟”六号为主要载体，通过对航天供应链上下游千家企业的联网和先进成熟技术的集成，建立了航天供应链管理基础平台，达到了规范管理，过程受控，集中采购，信息共享，信息交换及时且安全可靠，提高效率，降低成本的目的；在国内汽车企业集成应用了数字化设计技术与工具，包括PDM、CAE、CAPP、MES及汽车轻量化技术，有效提升了国产品牌轿车与SUV车的性能与质量。

○ 以太网的现场总线控制系统与装备

原创性地提出了EPA网络通信技术，解决了工业以太网实时通信、总线供电、网络安全、网络生存性、远距离传输、可靠性、抗干扰等多项关键技术难题，研制成功了基于EPA的网络控制系统原型，在工业现场得到稳定持续应用，这是国际上首次将以太网用于工业现场控制的案例。EPA标准成为中国工业自动化领域第一个被国际认可和接受的标准，现已开发出系列EPA智能化仪表。

○ 三维数字化设计

围绕企业应用的需求，在现有国内外CAD技术或系统的基础上，采用可兼容、可替换的组件组织模式，集成当前国内外优秀的产品组件及单元技术，构建了面向行业典型产品的新一代具有自主知识产权的三维数字化设计系统及核心构件。另一方面，加大力度，研究开发了自主知识产权的三维CAD核心系统。目前这些技术在除飞机主机以外的所有行业都得到了应用。

○ ERP产业

研发了多个面向流程型、离散性企业的新一代ERP产品，形成了11个品牌14种产品，实现了技术、方法、理论的突破和跨越式发展。目前国产ERP软件的国内市场占有率已超过70%。

三、机器人技术

○ 仿人机器人与智能仿生机器人系统

通过对系统集成、机构与传感、驱动与控制、智能与协调控制、实验与演示等关键技术的研究，提高了仿人机器人技术的系统集成能力和控制水平，扩大了中国在国际机器人研究领域的影响。在机构仿生和功能仿生方面进行了探索，研制出具有环境适应能力的蛇形机器人，采用了GPS定位方法用于该机器人的室外定位，具有模块化、可重构的特点，实现了蜿蜒、伸缩、上坡、跨障碍、侧行、翻滚等运动，并进行了车底探察、钻洞探察、室内探察等应用研究。

◎ **水陆空反恐机器人装备**

开发了一批能够在反恐工作中发挥重要作用的水陆空机器人装备，主要包括：排爆机器人、机器蛇、机器壁虎等陆地机器人，机器鱼、遥控潜器等水下机器人，微小型固定翼和旋翼无人机等空中机器人。目前，一批国产反恐机器人装备已进入反恐、防暴领域应用。例如，反恐排爆作业机器人通过有线或无线控制，能自由上下楼梯、爬坡、钻洞，能手臂灵活地抓取和搬运超过15kg的危险品模拟物。

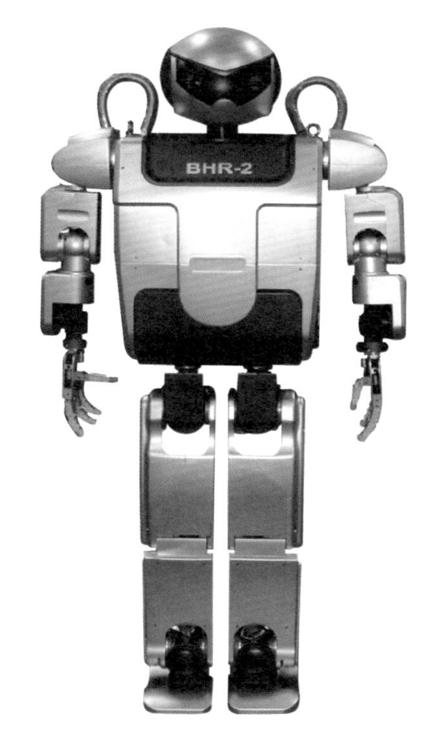

图 7-4 仿人机器人

四、微机电系统（MEMS）

◎ **MEMS 设计**

开展了IP库与MEMS表面加工模型模拟、ICP加工模型模拟、热键合技术模型模拟和静电技术模型模拟等方面的研究与开发，形成了具有自主版权的MEMS设计方法和仿真库，并在商用软件中得到了应用和验证。将国际商用软件与IP库进行了集成，形成了MEMS CAD设计工具，增强了系统集成能力。

◎ **MEMS 制造**

建立了5个MEMS加工平台；解决了表面微机械加工技术、体硅（湿法、干法）微机械加工技术、键合技术；解决了气密MEMS封装的关键技术；解决了微流控芯片通道成形技术及其装备、LIGA与UV-LIGA加工关键技术；研制出微装配设备、动态测试设备。

◎ **MEMS 器件**

特种高温压力传感器已投入使用，进入产业化阶段。可用于≥ 200 ℃环境中，也解决了瞬时高温（≥ 1000℃）冲击问题。硅杯结构耐高温压力传感器可用于≥ 200℃环境下的压力测量，具有体积小、量程低和精度高等特点，适用于汽车工业、石油化工等高温环境下的压力测量。

◎ **MEMS 系统**

完成了人体消化道内窥镜微系统产品质量检测和临床试验，该系统用于人体小肠病灶检测方面具有独特的优势，已获得产品生产许可证；为消化道疾病的辅助诊断提供全新方法和手段的人体消化道生理参数检测微系统，可用于胃肠道的动力功能研究、动力性药物疗效测定和效果评定等方面，已完成人体临床试验工作；人体消化道施药微系统完成了临床试验样机研制和注册产品标准制定，解决了定点施药微系统实用化、磁定位跟踪系统实用化等关键技术；研制出血糖、血乳酸、血总胆固醇和血酮体便携仪和基于MEMS技术的新型试条的便携式全血分析微系统，已获得医疗器械产品注册证书和生产许可证书。微型生化分析微系统是用于血液和尿液多种成分检测和分析的系统，完成了临床试验。面向国家航天工程和民用，研制出便携式气象检测仪，可用于野外作业、单兵作战等；研制出气象探空传感器系统，为火箭、航天器发射提供保障。

第五节 资源环境技术

为满足国家资源有效利用和环境污染高效治理的需要，“十五”期间，国家在环境污染防治、水污染控制、海洋资源开发、海洋生物和海洋监测技术等方面进行了重点研究，取得了一系列重要的科研成果。

一、环境污染防治

○ 环境监测与分析

完成了城市空气质量监测子站各分系统系统设计和调试，研制的多道大气痕量气体探测系统在北京环保监测中心的招标中中标。解决了道边机动车尾气监测和城市空气质量监测系统产业化中的工艺改进、系统性能提高和参数优化问题，使中国城市大气质量自动监测技术水平得到显著提升。在细粒子有机物萃取、持久性有机污染物分析测试、内分泌干扰物快速筛选等环境分析关键技术上取得了突破。其中，痕量二恶英类分析的准确性在参加比对实验的100多个国际二恶英实验室中名列前茅；研制开发了一些具有国际领先水平的环境样品采样和制样设备，如支载液膜连续流动萃取器、生物膜采样器等，具有良好的市场前景。

○ 大气污染控制技术

研发成功可使摩托车排放满足欧II、欧III标准的新型金属载体催化剂；研制出用于净化稀燃汽油机氮氧化物的新型催化剂，催化活性明显提高；对控制柴油车排气污染的多项关键技术进行了集成和组合，在捕集器材料及其生产工艺、反吹清灰再生和气态污染物催化转化等方面申请和获得了多项专利。开发了脉冲放电等离子体烟气脱硫脱硝技术与设备；突破了工业锅炉烟气脱硫多项关键技术，部分示范工程通过了验收测试。完成了大型燃煤电厂二氧化硫和微细粒子控制技术和设备的大型化示范工程。

○ 固体废弃物处理处置

研制了用于处理焚烧飞灰的添加剂和熔融炉，提出了超声波辅助酸液浸泡阴极射线管锥屏分离、镍镉电池的火法冶金等处理废旧电器的技术方法。开展了适合中国国情的城市生活垃圾处理处置与资源化利用成套技术研究。

○ 重点行业清洁生产技术

在发酵行业，成功研究开发出自絮凝颗粒酵母酒精连续发酵新工艺，使废糟液COD指标降低幅度达到50%～70%；在造纸行业，研制成功非木材纸浆高效高白度清洁漂白技术与装备，废水排放量减少70%，污染负荷减少50%；在铬盐生产行业，围绕具有完全自主知识产权的铬化工清洁生产技术，构建了以循环经济为模式的生态工业园。在制革、磷肥、印染等行业的清洁生产技术也取得了一系列重要成果。

二、水污染控制

○ 城市水环境质量改善技术和示范工程研究

开发出将水质改善和景观建设相融合的人工湿地技术。系统研究了华南、华东、华北、东北等地区土著植物的生物学特点和净化功能，探索出具有吸收、过滤、降解等功能的组合系统，并与城市水环境景观建设相融合，形成了系统的人工湿地技术，正在武汉、镇江、深圳、北京、大连、桂林等城市建立示范工程。

○ 城市面源污染控制技术系统

已获得大量城市地面径流监测数据，初步探明了监测区内城市面源污染类型及各类污染负荷，根据城市降雨径流和污染负荷特征，开发出了突发性大水量暴雨污染径流储存与处理、景观生态湿地净化、岸边养分截留和污染径流就地促渗等关键技术。

○ 饮用水安全保障研究

突破了水源水地水质改善的关键技术，在对代表性饮用水源水质进行全面分析和评价的基础上，开发出了水源水质预警系统主模块，完成了在线检测仪器的水力学指标、污染指标及数据分析与传递模块的初步设计；开发了用于活性区水质净化的滤料改性技术和无泡曝气技术。

○ 二次污染处理

建立了利用臭氧、过氧化氢等氧化剂进行高级化学氧化去除水中微量有机污染物和防止二次污染的方法。特别是发现了有效的臭氧投加点和投加方法，减少了二次污染和消毒副产物。第一次将水中的溴酸盐产生及影响作为饮用水安全的一个重要指标，证明适当的臭氧使用方法可以减少水中溴酸盐的产生量，提高水质。

三、海洋资源开发

○ 用于深水油气地球物理勘探的三分量高频数字海底地震仪（OBS）

以OBS为关键设备的长排列大容量震源地震采集技术已成功应用于中国海域油气新区调查、南海地震勘测、白云凹陷二维地震调查、琼东南盆地地球物理勘探等项目，总公里数超过10000km，勘探效果有明显突破，中深层地震反射信息清晰可靠。

○ 天然气水合物综合探测技术

天然气水合物地球物理、地球化学探测技术与深水深孔保温保压取心钻具等研究取得较好进展，初步形成了海底天然气水合物综合探测技术，运用该技术在南海北部神狐工区发现了天然气水合物存在的明显地震、地球化学标志，为国家水合物专项的实施提供了技术支撑。

○ 渤海大油田勘探开发关键技术

开发了滩浅海高精度地震勘探技术，在所有滩浅海工区进行了二次定位技术的推广应用，改进了二次定位技术的不足，大大改善了成像质量；开发了海上时移地震油藏监测技术，完成了拖缆用GX05－Ⅰ型光纤检波器研制，完成了海底管道内爬行器及其检测技术工程样机的总体设计，对智能控制系统、实时定位系统进行了优化，建立了管道缺陷评估系统。

四、海洋生物

○ 海水养殖病害控制技术

在海水养殖病害控制方面取得了部分关键技术突破，海水养殖鱼类疫苗和虾贝类免疫增强剂研制以及疾病综合控制等研发工作取得了重要进展。

○ 设施养殖与工程化技术

开发了工厂化养殖设施工程优化技术、深海抗风浪网箱的开发技术、活性先导化合物的发现和优化技术等，研制了一批技术含量高的海水养殖专用设备，建成一批从育苗到工厂化养殖和网箱养殖的鱼、虾、贝高技术养殖示范点。

○ 海洋生物资源的高值化利用技术

海洋水产品的高值化加工、海洋生物材料和海洋生物酶等方面的关键技术开发取得重要进展，并进行了示范和推广。开发的产品包括海洋寡糖抗植物病毒生物新农药、人工骨支架、海洋生物酶等。

○ 名特鱼类、对虾和贝类大规模育苗技术

在对石斑鱼、军曹鱼、半滑舌鳎、鲽类等亲鱼（虾、蟹、贝）和种苗的培育技术以及贝类工厂化育苗设施进行系统研究的基础上，又选择有经济价值的杂食性鱼类、鞍带石斑鱼、西施舌和鲍鱼新种类进行了研究，并取得了一些关键技术的突破。在中国对虾、扇贝、鲍鱼、坛紫菜、大黄鱼、马氏珠母贝、大型经济海藻等海洋动植物遗传育种技术，特别是遗传育种材料（如纯系）的筛选、建立和利用及分子标记技术的应用等方面，都取得了重要进展。

五、海洋监测

○ 船载海洋生态环境现场监测集成示范系统

突破了多项海洋生态环境要素现场快速监测关键技术，研制了海水化学耗氧量分析仪、营养盐自动分析仪、有机物光学综合测量系统、海水重金属元素现场自动分析仪等25项先进的船载海洋生态环境在线监测仪器，实现了对生态环境参数的高精度连续监测；发展了船载海洋生态环境现场监测集成示范系统等6项国家急需的多功能海洋动力、生态环境及信息综合应用技术系统，已在国家海洋环境监测以及沿海地区社会发展保障工作中发挥作用。

○ 渤海生态环境海空立体准实时综合监测示范系统

集成了水下无人自动监测站、生态浮标系统、船载快速监测系统、航空（包括无人机）遥感应用系统、卫星遥感应用系统以及国家现有的海洋监测网和业务系统，实现了快速采集海洋化学、生物学信息和信息传输、信息综合分析与处理。

○ 海洋监测成果标准化工程

重点进行了技术成果的标准化定型设计、检验检测标准建设、规范化实验和应用方法研究、海洋监测数据标准及质量控制等工作。目前已开展了ADCP、CTD等16项监测仪器的标准化定型工作，基本完成了定型生产大纲的编制，形成了中国自主的海洋监测高技术检测标准和质量评价体系框架，使中国初步具备了对生态环境监测仪器及ADCP、CTD等重点海洋动力环境监测仪器的检验能力。

第六节
能源技术

为实施能源多元化发展战略，改善能源生产和消费结构，缓解日益严重的能源紧缺问题，“十五”期间，通过对先进核能技术、燃气轮机和电动汽车等方面重点研究，能源技术领域取得了较大的进展。

一、先进核能技术

○ 高温气冷堆

中国对模块化高温气冷堆的研究与建造达到了世界先进水平，已进入商业化阶段。高温气冷堆氦气透平发电系统是世界上第一个将高温堆与气体透平直接循环结合的试验装置，使中国成为国际上高温气冷堆研究的主要领先基地之一。高温气冷堆实现了临界，完成72小时满功率发电运行；完成了核心部件“氦气透平压气机组”的技术特性研究和连续运行供热及发电考验，成功进行了高温堆固有安全性堆上试验，进一步证明了高温堆的先进性及安全性。

图7-5 高温气冷堆核电示范工程

○ 快中子实验堆

“十五”期间，中国实验快堆（CEFR）在研究、设计、建造技术方面不断取得进展。自主完成了CEFR的施工设计，确立了钠冷快堆设计瞬态工况体系，自主完成了快堆堆芯理论设计以及堆容器、堆内构件和旋塞设计等方面的工作，整体的快堆设计研究技术水平得到了大幅度提高。在安全技术研究和设计方面，非能动的事故余热排出系统和超压保护系统得到了验证和应用，应用虹吸破坏原理防止了一回路钠净化管道破裂导致的泄漏，完成了完整的CEFR安全评价。

> 专栏 7-4
>
> **快中子堆**
>
> 中国实验快堆的建设旨在探索核能新型利用途径。快中子堆是由快中子引起原子核裂变链式反应的核反应堆。快中子堆在消耗核燃料的同时，又产生多于消耗的核燃料，实现核燃料的增殖，所以又称快中子增殖反应堆。快中子增殖堆可以使铀资源的利用率提高50～60倍，接替性能良好。如与压水堆匹配发展，并将封闭的核燃料循环利用，核能就有可能成为一种大规模发展的可持续能源。

二、燃气轮机

R0110重型燃气轮机110MW级已完成燃气轮机本体的设计，基本形成了国内自主研发平台。在材料研制和工艺上取得突破，正在进行关键部件的制造加工。作为能源领域的重大核心装备，重型燃气轮机的设计研制将推进中国动力机械制造装备业的升级发展。100kW级微型燃气轮机已完成总体方案设计，关键部件设计、制造及试验，验证机设计、制造及组装。完成了机组集成及试验台架、动平衡系统的设计研制。

三、电动汽车

在纯电动汽车、混合动力汽车和燃料电池汽车方面，已研发出具有中国自主产权的实用化样车。混合动力汽车、纯电动汽车已按照国家标准完成了道路试验和可靠性工况试验，正在开展试验示范运行，性能指标不断提高，节油效果显著。正逐步建立起中国新一代的新能源汽车动力系统技术平台，并通过整车集成配套技术的研发实现与传统汽车的技术对接，逐步向产业化延伸。在电动汽车用动力蓄电池、驱动电机、燃料电池发动机等关键零部件技术、电子控制技术和系统集成技术上取得了较大进展，初步形成了电动汽车产业链，促进了汽车零部件工业产业升级。“十五”期间，国家颁布实施了24项新的电动汽车技术标准，累计申请520项国内外专利。开展了包括美、日、法、德等国家在内的广泛的国际科技合作与交流。

> 专栏 7-5
>
> **12个重大科技专项：“电动汽车”专项**
>
> 专项的目标是：选择新一代电动汽车技术作为汽车科技创新的主攻方向，以电动汽车的产业化技术平台为工作重点，力争在电动汽车关键单元技术、系统集成技术及整车技术上取得重大突破；集中有限资源抢占新一代电动汽车制高点，促进汽车工业实现跨越式发展。

第八章
农业科技创新与农村小康建设

充分依靠科学技术，大力推进“科技兴农”工作，既是国家“科教兴国”战略的重要组成部分，也是发展现代农业、全面建设农村小康社会的重大举措。党中央、国务院历来高度重视农业和农村科技工作。胡锦涛总书记在2003年中央农村工作会议上明确指出：“为了实现十六大提出的全面建设小康社会的宏伟目标，必须统筹城乡经济社会发展，更多地关注农村、关心农民，支持农业，把解决好农业、农村和农民问题作为全党工作的重中之重。”温家宝总理在十届全国人大二次会议上再次强调：“要把三农问题作为全部工作的重中之重。”2004年4月胡锦涛总书记在陕西杨凌考察时进一步指出：“解决农业的出路既要靠政策，靠改革，靠调动农民的积极性，又要靠科学技术。从长远和根本上说，开辟我国农业发展的广阔前景，关键在于农业科技进步。”国务院颁布的《农业科技发展纲要》(2001—2010)以推进新的农业科技革命为主题，以为农业、农村、农民服务为方向，以科技体制改革和创新为动力，以有力的政策措施为保障，实现技术跨越，加速推进农业现代化。

第一节 农村科技重大行动与部署

按照党中央、国务院对农村工作的战略部署，“十五”期间，围绕促进粮食丰产和农民增收、增强农业综合生产能力、保障生态安全等重点任务，着力提高农业科技创新能力，整体部署农业和农村科技工作。在国家863计划中专门设立了现代农业主题，安排了若干重大科技专项，进一步加大了农业科技投入，以动植物保护新品种选育、粮食丰产科技工程等为代表的重大科技项目取得了突破进展，有力地推动了我国农业科技的快速发展；加强农业科技攻关和成果转化，突出了农业科技的集成创新和示范应用，取得了一批重大成果；高举星火旗帜，进一步推进星火富民科技工程，充分发挥了科技在解决“三农”问题中的重要作用，有力地支撑了农村小康建设。

一、坚持把“科技兴农”摆在突出位置

“十五”期间，农业科技投入大幅度增加，用于农业科研的经费比“九五”同期增加了3倍。在加强农业科技成果转化的同时，重点加强了农业科技创新与能力建设，深化了科技体制改革，并取得了显著成效，对推动农业结构调整、提高农业整体效益、推进农业产业化、增加农民收入、促进农村繁荣和农村经济社会的全面发展做出了重要贡献。

二、围绕关键性、方向性问题组织科技攻关

通过组织实施863、国家科技攻关等一系列农业科技计划，在动植物新品种、农产品加工、农业高技术等方面取得了突破性进展和重大成果，为我国农业发展提供了强有力的科技支撑。

三、加大先进适用技术转化和应用

在注重科技创新的同时，强化了农业科技成果转化和应用工作。以农业科技成果转化资金、星火计划、农业科技园区等计划为载体，支持了一批与农业结构调整和农民增收关系密切、有较大应用前景的农业科技成果的转化，加快了农业科技成果向现实生产力的转化进程。

四、加强科技基础设施和平台建设

为改善农业科技基础设施和科研条件，通过农业工程技术中心、国家重点实验室、科研院所科技基础性工作专项和社会公益性研究专项等计划的实施，加大了对农业科技平台建设的支持力度，改善了农业科研条件，为增强农业科技创新能力提供了可靠的物质保障。

第二节
现代农业技术进展

“十五”期间，国家组织了奶业专项、节水农业专项、农产品加工业专项以及粮食丰产科技工程、高致病性禽流感防控等重大项目，在动植物新品种选育、动物健康养殖、农畜产品加工等农业生产各环节以及农业生态环境建设、农业装备与设施配备等方面都取得了突破性进展。

一、动植物新品种选育

○ 高技术育种

利用生物技术成功构建了新基因发掘技术和分子标记辅助育种技术平台；首次在普通小麦基因组中建立了筛选新型MITE序列Tripper的方法；在水稻中发现3个基因与抗旱性密切相关；发掘出小麦高分子量亚基、抗条锈病、抗白粉病等基因的分子标记；建立了大规模开发第三代新型功能基因分子标记的技术和方法体

系；同时，利用分子标记辅助育种与常规育种技术结合，显著提高了目的基因转移和优质高产抗病基因聚合效果；综合回交转育和分子标记技术，建立了滚动回交与标记相融合的水稻、小麦、大豆聚合育种技术体系。

○ 农作物新品种选育

2004年申报植物新品种国家发明专利57项，获得国家专利授权15项，培育了已通过审定并在国内外市场具有较大竞争力的新品种206个，申请国家植物新品种保护权56个，获得新品种保护权20个，新品种累计推广面积超过2.7亿亩，取得了十分显著的经济和社会效益。

图8-1 超级稻新品种

在超级稻新品种方面，中国已选育出如“淮两优527”、“国稻6号”等一系列超级稻新品种，百亩连续种植产量均超过12000千克/公顷，在普通杂交水稻单产的基础上又提高了20%～30%。

在转基因抗虫棉方面，成功培育并推广了国产双价转基因抗虫棉“中棉所41”和“中棉所45”，使国产转基因抗虫棉的市场份额由1995年的5%提高到2004年的62%，推广面积由原来的18%提高到62%；胞质不育三系选配制种技术获得新突破，三系抗虫杂交种GKZ8于2005年通过国家审定，其制种成本比人工制种降低50%左右。

图8-2 转基因抗虫棉

在小麦新种质与优质高产专用小麦新品种方面，率先获得了具有部分自交可育性的小麦与冰草间杂种，并创造了一批携带冰草优异基因的新种质，培育出优质、高产、抗病、抗逆小麦新品种（系）10个；采用遗传标记等多项技术，育成了优质、强筋、早熟、多抗、高产、广适性小麦新品种郑麦9023；育成了高产优质杂交小麦新品种京麦6号，配套建立了完整的二系杂交小麦高效制种技术；高产优质面条小麦济麦19通过了国家农作物品种审定委员会的审定。

在优良玉米新品种方面，先后育成了鲁单981、农大95、高油玉米116、丹玉39号等一批优质高产新品种，其产量、抗性和品质等农艺性状表现优良，目前已在全国大面积推广。对豫玉22品种的雄性不育化制种技术进行了研究，并成功运用到生产上，解决了玉米雄性不育利用过程中存在的技术难题。创造性地提出了普通玉米高油化三利用生产模式，目前已将该模式运用于生产上并初见成效。

○ 畜禽水产新品种选育

利用常规手段与生物技术相结合，初步建立了动物高效育种和快繁技术体系，选育了一批优良动物新品种，特别是在牛、羊、猪新品种选育方面取得较大进展。在此基础上，逐步开发和完善了基于功能基因组的分子辅助聚合育种、胚胎工程、体细胞克隆和干细胞技术等动物分子育种前沿技术，初步建立并完善了高效规模化体细胞克隆和胚胎工程技术体系。

在淡水鱼类新品种选育方面，初步选育出1个快速生长的鲢鱼群体，建立了2个鲢鱼雌核发育群体和3个鳙鱼雌核发育群体，发现了1个耐低氧的鳙鱼群体。在海水鱼类新品种选育方面，初步筛选出栉孔扇贝快速生长家系和抗病家系；完成了团头鲂浦江1号的繁育；繁育了罗非鱼、团头鲂、史氏鲟等良种。

二、农作物高产高效种植

○ 粮食丰产工程

通过实施“粮食丰产科技工程”，有效促进了粮食增产，农民增收。该工程立足东北、华北和长江中下游三大平原，以水稻、小麦、玉米三大粮食作物为主攻方向，涵盖中国12个粮食主产区，坚持技术集成、技术创新与示范应用三条路线并举，大力开展大面积集成研究与示范、丰产共性关键技术研究、产后减损增效技术研究及粮食安全预测预警研究，突破了一系列关键技术。工程在11个示范省226个县（市）积极开展核心区、示范区、辐射区建设，“三区”共计种植面积1.1877亿亩。2004年项目区共增产粮食51.58亿千克，平均亩增产43.43千克，增加经济效益66.71亿元。

○ 数字农业关键技术

研究开发了一批低成本、高性能的数字农业产品，初步实现了玉米、水稻实株型结构数字化设计，为超高产育种、资源高效利用提供了先进的高新技术手段；建立了小麦、水稻、玉米、棉花四大作物的气候－土壤－作物综合系统模型。初步构建了软件和硬件一体化的精准农业生产技术平台，从信息采集、信息处理到精准实施等主要环节实现了业务化运转。

图8-3　深水网箱养殖基地

三、动物健康养殖及疫病防护

○ 畜禽水产健康养殖技术

“十五”期间，中国在水产健康养殖特别是海洋农业发展中取得了十分显著的进展。初步形成了畜禽数字化养殖技术平台，为现代养殖业发展提供了高技术支撑。大菱鲆和牙鲆单位水体产量达到 29.9kg /m²，成活率达 95.4%；高产池产量达到 35.0kg /m²，成活率达 93.4%，比“九五”末期有大幅度提高。针对不同海区的特点，结合养殖品种、养殖方式和沿海渔民的经济条件，成功地设计制造出 4 种类型的抗风浪网箱，建立了 4 条网箱生产线，并实现了工厂化生产，现已在广东、浙江两省推广应用 800 多只抗风浪网箱，形成了 160 多万立方米的养殖水体，养殖产量超过 13kg/m³。

○ 防控高致病性禽流感

2004 年初，东南亚部分国家及中国部分地区发生高致病性禽流感疫情后，科技部紧急启动了“高致病性禽流感防控专项”。通过该专项的实施，有效提高了中国防控高致病性禽流感等重大动物疫病的能力。在禽用疫苗研究方面，已成功研制了 H5N1 亚型禽流感基因工程灭活疫苗和 H5 亚型禽流感重组鸡痘病毒基因

图 8-4　防疫人员对散养的水禽强制注射禽流感疫苗

工程疫苗，两种新型疫苗均已获得了转基因安全评价证书和新兽药证书。在禽流感病毒病原学及跨种(属)传播的分子机理研究方面，收集了 126 株禽流感病毒 RNA，完成了 114 株禽流感毒株基因组测序及分析。在防治禽流感药物的工艺设计和中试生产方面，已完成防治禽流感药物原料药和制剂的中试和临床研究，并具备了每批次 2 万剂胶囊的生产能力。

四、农畜产品加工

○ 农产品加工专项

“十五”期间，实施了农产品深加工技术与设备研究开发重大专项，加大了对大豆、玉米、苹果、蔬菜、

肉制品、双低油菜加工关键技术与设备以及农产品加工全程质量控制、农产品快速检测技术与设备研究与开发的科技投入，在实现重点推进、全面发展的同时，攻克了一批农产品深加工关键技术难题；开发了一批在国内外市场具有较大潜力和较高市场占有率的名牌产品；储备了一批具有发展潜力和市场前景的技术。到2004年底，企业新增产值325.07亿元，利税44.11亿元，出口创汇3.21亿美元。该项目的实施，对促进地方农产品加工业及其相关产业的发展和增加农民收入均起到重要作用，带动农民增收达33.28亿元。

专栏 8-1

12个重大科技专项：
“农产品深加工技术与设备研究开发”专项

专项的目标是：通过对农产品深加工重大关键技术的研究、集成与产业化开发，突破一批制约中国农产品加工产业发展的关键技术问题，初步构建国家农产品加工科技创新体系，全面提高农产品加工企业的科技创新能力，为实现中国农产品加工业的跨越式发展提供强有力的科技支撑。

专栏 8-2

12个重大科技专项：
“奶业重大关键技术研究与产业化技术集成示范”专项

专项的目标是：通过奶业重大关键技术的研究攻关与产业化技术集成示范，突破制约中国奶业发展的关键技术瓶颈，构建中国奶业科技创新体系与现代奶业产业化生产模式，大幅度提升中国奶业科技创新能力，推动中国奶业优质、高效发展，增强奶产品国际竞争力，促进奶业成为新时期中国农业及农村经济发展新的增长点及支柱产业。

○ 奶业专项

“十五”期间，组织实施了奶业重大关键技术研究与产业化技术集成示范重大专项，重点组装集成和示范了现代化奶业生产技术。使示范区奶牛单产水平由2002年的5000kg提高到目前的6500kg,年增长率达到了15%，比全国平均水平高10个百分点；采用和推广机械化挤奶技术，显著改善了原料奶的质量，使其细菌总数由2002年以前的100万降低到20万以下，优质原料奶比率从30%提高到60%以上；直接扶持奶业科技示范户10万多户，辐射养殖户达到80多万户，先进技术的应用使农牧民每饲养一头奶牛增加收入1000元以上。

五、农林生态环境建设

○ 农林生态环境建设

在生态农业、防沙治沙等方面新成果、新技术的应用，有效缓解了资源短缺和环境恶化的双重压力。采用节水灌溉新技术、新产品、新工艺和新材料，使灌溉水利用率提高到45%左右，作物增产20%～30%。农业面源污染与防治技术的应用，对减轻农业面源污染和保护农业生态环境发挥了重要作用。林业生态建设紧扣天然林资源保护、退耕还林还草、野生动植物保护及自然保护区建设这三大重点林业工程建设的科技需求，在退耕还林工程区水土保持、水源涵养、困难立地造林等研究方面取得较大进展，明显促进了森林生物多样性和生态系统的稳定性，改善了区域森林资源的质量和生态环境，减少了水土流失和自然灾害损失，保障了农业可持续发展。

○ 现代节水农业

专栏 8-3

12个重大科技专项：“现代节水农业技术体系及新产品研究与开发”专项

专项的目标是：通过对节水农业关键技术、设备和产品的研究、集成与示范，突破制约中国节水农业发展的瓶颈，初步构建具有中国特色的现代节水农业技术体系，促进农业节水技术水平的提升，实现节水农业产业的跨越式发展，为提高中国农业的可持续发展能力提供强有力的支撑。

通过现代节水农业技术体系及新产品研究与开发重大专项的实施，在喷微灌设备与新产品、渠道管网高效输配水设备与新产品、农田保水节水抗旱机具与成套设备、农业节水保水制剂与新材料等领域形成了74个高新技术产品，获44项专利，初步形成了有中国特色且具有独立知识产权的农业节水系列产品及成套设备；带动了国内一批节水龙头企业的快速发展，形成了具有国际竞争力的节水农业产业化基地。通过专项的实施，已研制开发出现代节水农业新技术、新产品131项，建立中试产业化示范基地82个；建立节水农业综合技术示范区15个，面积13.5万亩，技术辐射168万亩；审定抗旱节水型与水分高效利用型新品种13个，获得专利授权100项，其中发明专利13项；制定技术标准、技术操作/实施规程48项，其中批准实施8项。

六、农业机械与装备

○ 农作物收割播种机械

杂交水稻插秧机完成了第一、二次设计改进和试制；水稻机插育秧播种机已完成振动式、手摇式、手推式样机的研制；杂交水稻直播机完成了第一代样机；完成了玉米主产区收获技术方案的调查和机器系统

图 8-5　牧草种子收获与产后处理配套机具

的研究；配置了自走式、背负式穗茎兼收型玉米联合收获机模块，对关键工作部件进行了考核试验；研制完成了玉米收获机试验台；完成了2代驱动圆盘式免耕覆盖施肥播种机的样机试制；完成了3代秸秆捡拾粉碎小麦免耕覆盖施肥播种机的样机试制；已完成第一轮马铃薯播种施肥联合作业机具的设计、试制和试验；完成了3台套多功能油菜联合收获机及油菜籽干燥设备的方案确定和样机试制；自主研制了基于无线数字抗干扰遥控技术和CPLD集成芯片技术的遥控装置，并申报了国家专利。通过相关项目的实施，共完成20种新机具的样机试制，目前正进行更深入的生产试验及改进设计。申请并被受理的专利达27项（其中发明专利2项），已获得国家实用新型专利9项。

第三节 农村科技服务体系建设

“十五”期间，在农村科技工作中不断提高强化科技成果转化，以信息化带动农业发展与农村建设，加强农民专业技能培训，在注重科技创新能力建设的同时，深化农村科技成果转化推广模式，加强农业技术产业化、农村服务社会化、农村科技信息化以及提高农民素质等方面的工作，科技在社会主义新农村建设中正发挥着日益重要的作用。

一、科技产业化

○ 星火富民科技工程

2004年11月，科技部、农业部、劳动和社会保障部、统战部、共青团中央联合启动了“星火富民科技工程”。该工程立足于建立健全农民增收的长效机制，大力推进实施农村科技服务、农民科技培训和农村科普、重大农业科技成果转化、乡镇企业技术创新、区域特色优势产业培育、农村信息化促进、科技扶贫、星火国际化等专项行动，取得了良好效果。

○ 农业科技成果转化资金

从2001年开始，由科技部、财政部会同农业部、水利部、国家林业局等相关部门共同组织实施了“农业科技成果转化资金”。2001—2005年期间，国家财政共安排了农业科技成果转化资金专项经费13.5亿元，累计支持了2328个项目，加速了一批沉积多年的成果的转化。通过这些项目的带动作用，促使一大批新品种、新技术、新材料、新工艺、新产品得到了应用，共转化2300多个动植物新品种，推动了全国范围农作物品种的更新换代。通过转化资金项目的实施，建立中试生产线1387条，培育了一批新的区域经济增长点，加速了产业技术的升级；吸引和凝聚了科技人员，培养了农民科技骨干；农业科技成果转化资金有效吸纳了地方和企业投入配套资金39.1亿元，由地方和企业投入的转化资金额是国家投资的3.2倍。已有北京、浙江、江西、河南、黑龙江、厦门、宁波等10多个省市先后建立了农业科技成果转化资金或为国家转化资金配套的专项资金。

○ 国家农业科技园区建设

到2004年底，国家已批准建设的36个农业科技园区试点，共自主开发项目975项，引进项目1286项，新技术1606项，新品种7959个，新设施3626套，推广新技术2232项，新品种2775个。园区通过引进和培育农业产业化龙头企业，运用“公司+农户”、“龙头企业+基地+农户”等模式，有效组织农民按照区域特色从事农业生产活动，促进了产业的集聚。从2002年到2004年，园区累计实现总产值581亿元，销售收入达477亿元；入园企业总数已达2245家，其中龙头企业总数达到483家，占入驻企业总数的21.5%，使周边地区850余万人，人均年收入增加200～500元，创造社会效益5000亿元以上。组织科普讲座和培训6400多次，开展各类技术培训和举办培训班1万余次，参加人员超过185万人次。

○ 农村科技成果产业化示范

星火计划是国家实现农村科技成果产业化的重大举措。“十五”期间实施国家级星火计划项目7420项，重点支持了农产品加工、农村优势资源开发和特色产业发展等项目，以提升区域优势特色产业的整体优势为重点，安排了43个重大产业化项目，认定科技创新型星火龙头企业56家，星火外向型企业37家。促进乡镇企业的集群化发展，鼓励其与科研单位联合开展技术创新，推动产业技术升级。在星火技术密集区和产业带建设方面，2002年科技部共批准134个星火技术密集区为国家级星火技术密集区，批复了关中星火

图8-6 “农户+国际市场”走出农业产业化新路。图为湖南省湘潭某公司职工在向产品订户展示和介绍出口的冰鲜肉产品

新华社记者汪永基摄

产业带、福建泉州湾－武夷山沿线星火产业带总体规划方案，并将关中产业带、泉州湾－武夷山沿线星火产业带新列为国家级星火产业带。

二、科技信息化

○ 星火农村信息化

以中国星火计划网为平台，2001年先期启动了北京、浙江、湖北、山东等8个省（直辖市、自治区）星火农村信息化建设示范，到2003年共有23个省（直辖市、自治区）开展了农村信息化建设示范，国家支持了125个农村信息化基地的建设，并实现了地方星火网站与中国星火计划网的整合。通过星火农村信息化科技行动的实施，使农村信息化网络覆盖了全国大多数区域。

○ 实施远程教育

农村信息化工作开发了服务"三农"的专家系统和大量的课件资源，为实施远程教育奠定了良好基础，推进了农民知识化进程。利用多媒体手段，通过"星火科技30分"千县联播、《华夏星火》等，把先进实用技术传播到农村千家万户。积极配合中组部农村党员干部远程教育试点工作，完成了上百套农村实用技术课件制作。

三、服务社会化

○ 农村科技服务中介组织

加强龙头企业技术创新中心、农村专业技术协会、农村区域科技成果转化中心、农村信息化基地的培育和建设，逐步形成了覆盖全国每个县（市）的农村科技服务网络。按照《农村科技服务体系建设管理细则（试行）》的要求，2004年，国家引导支持了900个农村科技服务中介机构的发育和发展，带动各地发展中介机构近7400个，其中，龙头企业技术创新中心914个，农村专业技术协会4633个，农村区域科技成果转化中心636个。各类农村科技服务中介活跃在农村生产一线，为农民、企业等农村经济主体提供技术、资金和人才等全方位的服务。

○ 科技特派员制度

1999年，福建省南平市委、市政府在充分调查研究的基础上，采取有力措施，从农民群众最需要的科技服务入手，将大批科技素质较高的人才下派到农村生产第一线，与农民群众结成利益共同体，为农民提供包括示范、培训、咨询在内的科技服务，在生产实践中逐步形成了一个以高等院校和科研院所为依托，以科技特派员和产业带头人为主体，以大量乡土人才和广大农民群众为基础，适应市场经济要求的"宝塔型"的新型科技服务网络。2002年科技部在南平市召开了有西北五省（区）科技厅领导参加的现场会，组织开展了科技特派员的试点工作。2002—2005年，全国21个省的577个县开展了科技特派员制度试点工作，覆盖了全国约1/5的县市。2004年，全国试点地区共选派科技特派员13991人次，人均下乡时间180天，培训农民41万人，实施科技项目4502个，引进新品种7123个，推广新品种、新技术5311项。

○ 农业专家大院模式

农业专家大院模式是以大学和科研院所为依托的农村科技服务机制创新，采取了“专家+企业+农户”的机制，动员专家深入农村一线。农业专家大院配有起居室、办公室、实验室、培训室、图书资料室和科技咨询室，旁边有实验田或农业科技示范园。专家进门能进行科学研究和技术培训，出门可以进行现场指导和大田示范，使科技成果进村入户、先进适用技术到田间地头成为现实。农业专家大院2000年由陕西省宝鸡市创建。科技部在深入调研和总结的基础上，有计划地开展了试点推广工作。目前，示范推广工作已扩大到20余个省份，呈现出良好的发展态势。已重点在中西部地区培育了600余个专家大院模式示范单位。同时，还选择陕西省杨凌（依托西北农大）、四川省德阳和雅安（依托四川农科院和四川农大），开展以大学和院所为依托的新型农技推广体系建设综合示范，取得了良好效果。

○ 农业科技服务110模式

农业科技服务110是以电话科技服务热线为主要纽带，为农民提供科技信息咨询、实地技术指导和生产资料配送服务的一种农村科技服务模式。1998年11月，浙江省衢州市开创了农业科技服务110模式，在科技部的大力支持下，科技服务110模式在全国得到了大力推广。目前，全国已有20个省市建成了188个各级农技110服务中心。2005年，又启动实施全国星火110科技信息共享和服务平台建设工作，以整合农村科技信息资源为基础，首批选择10多个省（区、市）开展了农业科技服务110试点工作。

四、培训多元化

○ 完善培训体系建设

在原有5000多个各级星火培训基地的基础上，认定了50个国家级星火培训基地，重点开展师资、管理和远程培训。按照《星火学校建设方案》的要求，各省、区、市认定了629所星火学校，重点面向农民开展实用技术和非农就业技能培训。通过建立健全农民科技培训体系，累计培训农民上亿人次。通过组织开展“百万农民科技培训工程”，提升了地方科技培训能力。“十五”期间共有山东、河北、四川等15个省（自治区、直辖市）组织开展农民科技培训，自2003年以来，每年培训农民超过1000万人次。

○ 探索多种培训模式

“十五”期间，科技部与农业部共同开展了乡镇企业培训，与劳动和社会保障部共同开展了农村远程职业技能培训，与共青团中央共同开展了青年星火带头人培训，与中华全国供销合作总社共同开展了星火农村经纪人培训。在实践中各地涌现出了许多新的培训模式，如浙江、四川等省的“培训券模式”，安徽、湖北等省的“订单培训模式”，河北省的“一村一名大学生培训模式”和广东省农民职业技能培训的“一条龙模式”等。通过强化“星火科技培训协作网”的功能，促进各省（区、市）之间跨区的星火科技培训和交流。

第四节 科技促进农村区域协调发展

“十五”期间，为配合国家西部大开发战略，实施了星火西进等一系列科技专项行动，为促进西部农村经济发展提供了稳定的技术保障。科技扶贫开发工作促进了贫困地区的农业产业化经营，培育和扶持了一批科技服务中介组织和农村科技服务新模式，加快了贫困地区农村信息化建设步伐，对缩小区域差距发挥了积极作用。

一、星火西进

“十五”期间，星火计划进一步加强了星火西进工作。通过加强宏观指导和项目引进，推广了一大批先进适用技术，为西部欠发达地区引进了技术、信息、资金、设备和先进的管理经验，引导形成了若干科技含量高、市场前景好的特色产品和特色产业，促进了西部农村经济的协调发展。

“十五”期间，在项目的评审中加大了对西部省份的支持，到2005年，西部地区星火计划重点项目比重超过35%；先后批复了9个星火西进示范县，支持发展县域特色经济，通过这些特色经济的开发，有效地发挥了示范带动作用；通过搭建东西部合作平台，鼓励和引导东部优势资源向西部流动，特别是通过吸引东部地区人才到西部地区服务，促进了东西部的合作与交流。

2002年以来，科技部先后启动了全国“青年星火西进计划”和“星火西进示范县”建设。“青年星火西进计划”以提高西部地区农村青年科技素质为重点，旨在提升西部农村的科技支撑能力，促进西部农业和农村经济结构的调整。“星火西进示范县”的建设，加快了西部地区农村科技成果的转化，提高了西部农村劳动力的科技文化素质，为经济发展和农民增收做出了重要贡献。

二、科技扶贫

“十五”期间，按照国家的统一部署，科技部与各有关部门、各地方政府、各民主党派和社会各界紧密配合，以大别山、井冈山、陕北地区的贫困县以及部分少数民族地区为重点，开展科技扶贫工作。科技扶贫提高了老区人民学科学、用科技的热情，提高了农民应用科技脱贫致富的能力，增强了革命老区农业综合生产能力，粮食产量和农民收入都得到了提高，起到了依靠科技缩小区域差距的效果。

科技部积极组织并协助安徽、河南、湖北、湖南、江西和陕西等6个省制定了“十五”科技扶贫规划。在5年的时间里共向定点扶贫地区选派了五届扶贫团，选派德才兼备的年轻干部到定点县挂职扶贫锻炼；2002年科技部与中央统战部联合推动了黔西南州科技扶贫工作，得到了中央和社会各界的高度评价；1997年科技部和共青团中央共同组织实施了科技志愿服务，目前这项服务已经成为青年科技人员服务“三农”和了解国情的品牌活动。

图 8-7　在宁夏“千村扶贫开发　科技服务行动”中，三位农牧专家在出征仪式上交流科技服务经验

新华社记者李紫恒摄

采取多种手段帮助贫困地区发展地方特色经济，是科技扶贫的重要内容。科技部在陕北引进和推广苹果高光效树形改造技术、山羊舍饲技术，在湖北大别山区实施了科技致富示范工程，在江西井冈山区建立了组培中心和种苗基地等，取得了良好的效果。目前，大别山区的蚕桑、茶叶、板栗、中药材，井冈山区的笋竹、水禽、优质水果，陕北地区的枣、杏、果、菜，已成为当地支柱产业，成为地方经济发展的增长点，成为农民增收的主要来源。此外，科技部与联合国开发计划署共同实施的信息扶贫项目已在5个县取得了成功。2002年又向井冈山、大别山、陕北和重庆市的200个县（市）赠送了200台网络服务器和部分终端机，支持地方开展农村信息化建设。

第九章
产业技术进步与创新

"十五"期间，中国大力推动产业技术进步，提高了产业技术创新能力。高技术产业快速增长，促进了产业结构的优化升级，进一步提高了产业的国际竞争力，高新技术产品进出口首次实现贸易顺差。制造业、能源交通领域的科技创新取得一批重大成果，研制了一批具有自主知识产权的重大装备。国家高新技术产业开发区进入"二次创业"阶段，初步形成了各具特色的主导产业和产业集群。

第一节 制造业技术创新

"十五"期间，中国实施了"用信息化带动制造业现代化，用高新技术改造制造业，以实现制造业跨越发展"的战略，推动了中国制造业快速发展。2004年制造业工业增加值达到44689亿元，是2000年的2.3倍；企业科技活动日趋活跃，2004年R&D经费内部支出达892.5亿元，是2000年的2.8倍；R&D活动人员折合全时当量为38.65万人年，是2000年的1.3倍。制造业信息化水平明显提高，信息及通信产业、装备制造业、化工工业、钢铁工业、工程机械制造业和轻纺工业等产业部门的自主创新能力进一步增强，2004年拥有发明专利数达17101件，是2000年的2.8倍。

一、制造业信息化

"十五"期间，国家有关部委组织实施了制造业信息化工程。制造业信息化工程的战略目标是：突破一批重大关键技术，形成一批有自主知识产权和市场竞争力的新产品；建立一批应用示范企业和示范区域，并通过辐射和扩散效应，提升整个制造业的核心竞争力；结合实施制造业信息化工程，培育若干相关的软硬件产业和咨询服务业；培养锻炼一批人才，形成一支推进制造业信息化的基本队伍。实施制造业信息化工程的核心任务是：通过集成创新，努力形成一批设计数字化，制造装备数字化，生产过程数字化，管理数字化的企业。

○ 企业信息化技术应用示范

以企业为主体，国家在全国100家企业、行业或区域实施信息化典型示范，在近5000家企业推广应用，在航空、航天、船舶、汽车等10个重点行业开展信息化集成应用。

○ 基础软件、嵌入式软件应用

“十五”期间，国产基础软件在政府、金融、电力、铁路、教育、公安、国防等国家信息化建设领域得到了广泛应用。863手机嵌入式软件联盟MOSA，围绕手机嵌入式软件产业链，共同制定了手机嵌入式软件的参考模型与规范接口API，共同研制了手机嵌入式软件平台，推进了手机嵌入式软件产业化进程。以国产一汽卡车、长安微车以及奇瑞轿车为产业背景，863软件专项部署研制了符合OSEK标准的车用实时操作系统和面向汽车导航的车载嵌入式软件平台。

○ 网络化制造ASP平台

面向产业链的网络化制造ASP平台，实现了汽车整车制造厂与零部件供应商、经销商和维修服务商等协作企业间信息与业务的集成，形成了产业链上多对多的社会化协作和企业业务流程的重组。ASP为中小企业提供了有力的公共服务支持，提升了企业群的活力。

二、信息及通信产业

“十五”期间，中国信息及通信产业发展迅速。通信网络规模和电话用户数跃居世界第一位，全国固定和移动电话用户总数5年分别增长了1.5倍和3.6倍，电子信息产品制造业规模跃居世界第二位。信息技术的发明专利申请超过16万件，比“九五”期间增长了1倍。涌现出中文激光排版系统、CPU芯片、数字视频处理芯片、高性能计算机系统及TD-SCDMA第三代移动通信等一批具有自主知识产权的重大成果，自主制定了无线局域网安全（WAPI）标准。在集成电路和软件技术、网络和通信技术、计算机技术、以数字电视为代表的数字音视频技术等领域取得了丰硕的研发成果。

○ 信息安全芯片

2005年，中国研制出第一款安全芯片“恒智”，可为个人计算机提供从软件到硬件级的全方位的单机安全保护。“恒智”安全芯片的研制成功，标志着中国拥有了自主研发的高安全、高可靠的安全芯片，是中国在可信计算领域的一次重大技术突破。

○ “星光中国芯”数字多媒体芯片

中国成功研制出“星光中国芯”数字多媒体芯片。突破了多媒体数据驱动平行计算、可重构CPU架构、深亚微米超大规模芯片设计、超低功耗低振幅电路、CMOS模数混合电路、高品质图像处理及动态无损压缩算法、单晶成像嵌入系统等7大核心等；形成了一套完整的数字多媒体SoC芯片技术体系，申请了500多项国内和国际专利；“星光中国芯”系列数字多媒体芯片在全球市场已累计销售5000多万枚，成功占领了计算机图像输入芯片60%以上的市场份额。

○ 中文Linux软件

已经建立起较为完备的Linux产品体系，包括从企业级的应用产品，到桌面级产品；从嵌入式Linux软件到支持Linux的硬件产品和开发工具，初步形成了一批聚集在Linux产业链各环节的软件企业。在部分

Linux软件产品领域的自主研发实现了突破，自主开发了红旗Linux、中软Linux等操作系统和跨平台的永中Office办公软件等产品。在服务器操作系统、桌面中文Linux和办公软件方面，取得了一系列核心技术的突破；在嵌入式软件平台方面，建立了面向通信、仪器控制和信息电器行业的嵌入式软件平台，支持了一批重点龙头企业牵头的项目，初步形成了目标产品厂家和嵌入式软件厂家的联合态势。Linux在服务器、嵌入式系统、互联网和信息安全等领域得到应用，智能手机、机顶盒、商用服务器、医疗器械等领域的软件开发已形成一定规模。国家有关部门组织实施的“基于国产软硬件公共信息平台研究开发和示范应用”项目，将操作系统技术与微处理器技术紧密结合，通过基于国产Linux和CPU的配合、优化以及服务器/桌面端应用和系统平台的关键技术开发，建立了以政务信息化为核心的公共信息平台，提高了国产软硬件的技术水平和产业化能力。

○ TD-SCDMA 第三代移动通信系统

为积极推动第三代移动通信TD-SCDMA技术标准的技术研究开发和产业化，信息产业部、国家发改委和国家科技部，组织实施了TD-SCDMA研究开发和产业化项目。到2005年，TD-SCDMA研发和产业化取得了突破性进展，初步形成了TD-SCDMA核心网、基站、终端以及各种芯片的配套产品体系，在系统、芯片、终端、仪表、软件等方面构建了一条完整的产业链，形成了产业群体，为TD-SCDMA技术的后续发展奠定了坚实的基础。已拥有数百项具有重要商业价值的TD-SCDMA核心专利，构成了TD-SCDMA专利群，部分已取得美国、日本等多个国家和地区的专利保护。通过专利和标准的结合，进一步巩固了中国在TD-SCDMA领域的专利优势。TD-SCDMA是中国第一次自主开发并提出的能推动通信产业发展的国际标准，是中国在通信标准领域的一次重大突破，为今后移动通信后续标准与技术的演进奠定了自主发展的基础。

○ 40Gb/s SDH(STM-256)光纤通信设备与系统

中国已攻克了当前世界上最高速率大容量光通信的技术难题，研制成功了世界上第一个符合ITU-T标准的STM-256帧结构的40Gb/s SDH设备，实现了在常用G.652和G.655光纤上的560公里远距离传输。40Gb/s SDH光纤通信可以将单通道通信容量提高到目前最高商用系统10Gb/s SDH系统的4倍，在一对光纤上单个通道可以实现近50万路电话业务，大大提高了单根光纤的传输能力，实现了光通信的大容量、高速率、宽带化、长距离传输，该技术的突破使中国在光通信技术研究领域达到了国际领先水平。

○ 国产数字集群系统

2002年，研究起草了《我国800MHz数字集群业务的总体发展思路》。自主开发了基于CDMA技术的GOTA数字集群系统，以及基于GSM-R技术的GT800数字集群系统，其关键技术和技术创新点已通过信息产业部组织的技术鉴定，对国产数字集群系统技术发展和市场推广起到了积极的推动作用。GOTA数字集群系统已在第十届全国运动会的指挥调度通信中得到应用，其成功充分表明了国产数字集群系统的技术优势和应用能力。

◎ SCDMA 无线接入系统

SCDMA技术是中国自主研发的具有自主知识产权的无线接入技术，到目前已开发出1800MHz的综合无线接入系统、400MHz 的农村无线接入系统等，发展并完善了拥有全部核心技术和完整知识产权的SCDMA技术标准，实现了大规模商用。截至2005年11月底，1800MHz SCDMA无线接入系统在全国21个省市自治区116个城市得到规模应用，网络建设规模超过1000万线，在网用户数量超过300万，并且在斯里兰卡、蒙古等国家建网应用；400MHz SCDMA农村无线接入系统已在全国18个省市自治区建设了近50万线的网络，在网用户数量超过10万。

三、装备制造业

“十五”时期，中国装备制造业的目标是发展重大关键成套装备、高技术装备和高技术产业所需装备，掌握核心技术，提高可靠性，大幅度增强自主创新能力和成套能力。发展重点是着力解决设计、制造与可靠性技术关键及系统成套技术和自动控制技术。“十五”以来，中国装备制造业突破了一些重大装备在设计、制造、自动控制等方面的关键技术，成功研制并生产出一批具有自主知识产权的重大装备，提升了中国装备制造业的国产化水平。

◎ 发电装备

“十五”期间，已累计制造了270套30万千瓦及20余套60万千瓦火力发电机组；成功地制造出了目前世界上单机容量最大的三峡工程70万千瓦超大型混流水轮发电机组；自行设计研制了秦山一期30万千瓦压水堆核电站成套设备，国产化率达到95%，60万千瓦压水堆核电站设备实现了设计自主化和70%设备国产化，为广东岭澳百万千瓦核电站提供了核岛堆内构件及部分设备，基本具备了生产百万千瓦级压水堆核电站成套设备的能力。

◎ 数控系统与装备

研制出10几种国家重点工程专用的“高、精、尖”数控机床，中档数控机床国产化率达到50%，在国产数控机床中国产数控系统配套率达到50%。掌握了多（五）坐标联动的关键技术，五轴联动编程技术和应用技术取得突破；新型龙门式五轴联动混联机床研制成功，实现三维立体曲面的五轴联动高速切削加工；研制出大型叶片五轴联动加工中心，填补了国内空白，总体性能达到同类进口机床水平；研制开发的SPHERE200超精密球面镜加工机床，主要技术指标达到了国际先进水平。

图 9-1　五轴联动龙门加工中心

○ 化工技术装备

载重子午胎成套设备及工程子午胎关键设备项目，已获得国内外专利20余项；自行研制了30台套新规格关键设备，使中国载重子午胎设备的国产化率超过了90%，整体技术达到国际先进水平。自主开发研制的大化肥核心技术与成套设备已建成投产，实现了首套以煤为原料的大化肥装置国产化，成套装置的国产化率达到94%，与进口设备相比节约投资10多亿元。建成了30万吨合成氨装置、30万吨湿法磷酸制造装置、60万吨磷酸二铵制造装置、80万吨硫磺制酸装置、10万吨低压法甲醇制造装置、4万吨PVC树脂制造装置、4万吨丙烯腈制造装置、铁钼法甲醛制造装置等10多套具有国际先进水平的大型化工国产化成套装置和关键设备。

○ 汽车生产关键装备

一批先进制造技术和工艺装备已用于生产，国产机器人在汽车自动生产线得到应用，白车身三维激光视觉检测系统、轿车发动机缸体缸盖加工自动线、自动浇注计算机控制系统、薄壁管件精密成型及制造技术等先进的单机或成套设备开始装备汽车工业，汽车工业生产装备全部依赖进口的局面有所改变。

○ 工程机械制造业

“十五”期间，国家在应用基础技术研究、关键技术攻关以及产品原型样机开发、智能化工程机械集群作业等几个层次开展工作，选择了若干有重大市场需求与行业带动性的传统工程机械产品，突破了一批相关领域的关键技术，成功研制出具有自主知识产权的样机，部分样机实现了产业化。

图9-2　具有我国自主知识产权的盾构机投入实际工程应用

研发成功了新一代装载机、挖掘机及公路维修用冷铣刨机和热铣刨机、桥梁建设用950吨运梁车、高楼建设用智能化拖泵等智能化工程机械，带动了工程机械行业发展。机群智能化工程机械以及高等级公路路面施工机群智能化工程机械即将推向市场。单机的智能化控制样品机平台、通用控制器硬件和GPS定位系统，已在高速公路施工中进行了成功的示范应用。

研制成功了具有自主知识产权的城市地铁工程用6.3米土压平衡盾构机，实现了在刀盘刀具设计制造技术、电液控制系统技术、盾构测控系统技术以及盾构模拟试验技术和模拟试验台等方面关键技术的突破，各项施工性能和主要技术指标均达到当前土压盾构的世界先进水平。

研制成功了三峡工程1200/125吨桥式起重机。它是当今世界上单钩起重量最大（1200吨）、水电站桥机中跨度最大（33.6米）、扬程最高（主钩34米）的桥式起重机。该设备安全可靠，运行稳定，定位准确，外型尺寸小、重量轻，主要用来吊装三峡发电机组的超重型转子、定子等大型关键部件，完全满足三峡工程高标准的技术要求。

四、化工行业

“十五”期间，中国化工工业成功开发与应用推广了一批新技术，支撑和促进了化学工业持续快速健康发展。化工产品结构不断优化，2004年与“九五”末相比，中国高浓度磷复肥在磷肥中的比例从30%提高到54%，离子膜烧碱的比例从26%提高到34%，子午线轮胎的比例从35%提高到57%，重质纯碱的比例从20%提高到35%，精细化工率从35%提高到40%。

图9-3　石化成套装置

○ 关键技术取得突破

在化工领域，成功开发了MDI（二苯基甲烷二异氰酸酯）制造技术，改变了中国聚氨酯原料基本依赖进口的局面；成功开发了1500吨呋喃酚生产技术，使中国在该领域跨入了世界先进行列；成功研究出甲醇低压羰基合成醋酸新催化技术，为自主建设国内第一套20万吨醋酸新工艺生产装置提供了技术支撑；研发及推广应用了高精度自动物料输送称量配料系统，解决了橡胶、油墨生产物料称量、环保要求高的难题；攻克了全氟离子交换树脂和工业离子膜核心技术，打破了被国外垄断的局面；在国际上首创了脂肪酶催化法合成棕榈酸异辛酯技术；微生物酶拆分制备技术综合指标达到国际先进水平。在新材料领域，自主开发的"超重力法合成纳米碳酸钙粉体技术"成为国际首创的先进技术；聚醚醚酮（PEEK）制备技术也处于国际领先水平。在化肥及煤化工领域，新型粉煤气化、灰熔聚流化床粉煤气化和多元料浆加压气化等技术的成功开发，使中国煤气化技术进入国际先进行列；煤间接、直接液化催化技术的成功开发，为煤化工的发展开辟了广阔的空间。

○ 新工艺和新产品开发

在新工艺方面，开发了先进的磷酸烯酸综合料浆浓缩法磷肥生产新工艺，并在大型装置中得到了应用，实现了粒状磷酸二铵与粉状磷酸一铵联产；开发了聚四氟乙烯和甲基氯硅烷新工艺，全面提升了中国氟树脂和有机硅单体的生产技术水平；成功开发了合成气醇烃化精制新工艺，显著地提高了氮肥产量，降低了能耗；开发出了万吨级炭黑生产新工艺，形成了符合中国材料资源特点的工艺路线；建成了6000吨子午线轮胎专用有机硅烷偶联剂生产装置；成功开发出了5万吨级氯化聚乙烯（CPE）成套生产技术，带动了橡胶加工及下游产业的发展；开发出JW低压均温甲醇合成塔技术；开发出以玉米为原料的一步法生产柠檬酸的新技术，具有世界领先水平。在新产品方面，开发出一批高效、超高效农药新品种，其中杀菌剂"氟吗啉"是中国第一个具有自主知识产权并实现了工业化的原创农药新品种，获得了中国和美国的发明专利；实现了非木材纤维造纸用变性淀粉技术产业化并生产出新的系列产品，促进了非木材纤维和再生纤维造纸业的发展。

五、钢铁工业

"十五"期间，钢铁工业以结构调整为重点，按照"高起点、专业化、大批量、高效益"的改造方针，积极采用先进技术，优化工艺流程和技术装备结构，跟踪并加大对熔融还原、薄带坯连铸连轧、洁净钢生产等重大前沿工艺技术和装备的研究开发，形成了有效的创新机制，发展了具有自主知识产权的专有技术，促进了钢材品种的更新换代，带动了冶金工业整体技术水平的提高。

钢铁工业技术创新和技术进步取得了丰硕的技术成果。成功开发出400～500MPa级的碳素结构钢；开发了钢铁材料连铸－热轧过程组织性能预报及监测系统，该系统的完备程度和预报精度达到了国际先进水平，在宝钢2050热轧线、鞍钢1780热连轧线、广州珠钢薄板热轧线、首钢3500mm宽厚板轧机、济钢中厚板等生产线上实现了该系统的离线和在线应用，系统预报精度在±（20～25）MPa范围内。“低碳铁素体/珠光体钢的超细晶强韧化与控制技术”、“宝钢高等汽车板品种、生产及使用技术的研究”等项目获得了国家科技进步一等奖。

六、轻工纺织业

“十五”期间，轻工业和纺织工业进一步发展，一大批科技创新成果的开发利用，提高了轻纺行业的国际竞争力。轻工业加大了科技投入和科技创新能力建设，在主要行业的大中企业建立了40家国家级技术中心，2004年，轻工主要行业大中型工业企业共申请专利2990项，其中发明专利597项。2001—2004年，纺织业申请专利3214项，是“九五”的2.3倍。轻工纺织业取得了一批具有代表性的成果。

○ 轻工业

海参自溶酶技术成果获发明专利6项，实现了产业化，截至2004年底，已累计创造产值近2亿元。硫醇、硫醚、二硫醚类香料生产关键技术实现了突破，建立了对称二硫醚类化合物等四类香料制备的通用技术平台，已应用于7种重要含硫食用香料的生产，增强了中国香料的市场竞争力。新型鞋靴材料与模压工艺设备研制成功，已组织18家企业使用新技术进行批量生产，累计生产各种鞋靴3000余万双。

○ 纺织业

开发了数码喷射印花新技术，提高了印染产品质量档次，附加值增加10%以上；新型喷头的智能化多喷孔喷头控制方式和控制电路，大幅提高了印花的速度，位居国际同类产品第三位。开发了圆网、平网喷蜡制网机，制网精度达1560dpi，制网速度达6分钟/平方米，重复精度达±20微米，主要性能指标已超过国际同类产品。自主研发的年产20万吨聚酯技术，实现了国产化聚酯装置的大型化、系列化及柔性化；2004年中国聚酯产能比2000年增加12840万吨，其中70%左右为国产化装置实现的。开发出国际上单套生产能力最大的粘胶短纤维生产线。开发了全自动电脑调浆系统，实现了高速智能调浆及残浆残液回用，显著提高了调浆精度、生产效率和产品质量。

第二节
能源、交通领域技术创新

“十五”期间，中国在煤、油气等传统能源领域加快技术创新，重点研究开发煤液化、煤气化等关键技术与核能、生物质能、风能、地热能等新能源技术，实施煤气化联产系统工程化等一大批示范项目，加速大型超临界发电机组的产业化。公路交通领域重点开展电动汽车、代用燃料汽车研究，实施清洁汽车示范工程。铁路行业加强运输信息化研究与建设，提高行业整体运输效能，开展高速磁悬浮技术国产化工作。船舶行业大力提高导航设备和大型发动机的制造能力，重点发展高技术、高附加值船舶的设计、开发、建造能力。上述各领域在科技创新方面都取得了重大进展。

一、传统能源开发利用

2001—2004年，煤炭行业科技投入持续增加，年均增长率达到42.7%，煤炭开采和洗选业科技活动经费筹集总额近140亿元。据对43家原国有重点煤炭企业的统计，2004年科技投入49.7亿元，是2000年科技投入的5.2倍；科技投入占销售收入的比例由1.7%上升到2.4%。2001—2004年煤炭行业获得专利1428项，其中煤炭开采和洗选业规模以上工业企业获得发明专利122项，获得国家级科技进步奖24项（1999—2004年）。洁净煤生产技术趋于成熟，煤炭气化、煤化工等技术进步显著，煤液化的核心技术攻关取得实质性进展。

图9-4　华能玉环电厂鸟瞰图

图9-5　神华中试装置

图9-6　兖矿中试装置

○ 洁净煤发电技术

通过2×1000MW超超临界机组的工程建设，中国首次提出了发展超超临界火电机组的技术选型方案，第一台机组计划于2007年投产。开发完成了135MWe循环流化床锅炉本体研制、工程实施、热态测试和电站仿真机。

○ 煤气化技术

对自主开发的新型水煤浆气化技术进行了放大，并在兖州煤矿建成了1150吨/天新型水煤浆气化炉工业示范装置。在干煤粉加压气化技术方面，建成了36吨/天中试装置，与国际水平的差距大大缩小。

○ 煤气化联产系统工程化

建立了燃气轮机合成气燃烧室中压全尺寸试验台，发展了一套完整的合成气燃烧室设计与改造系统，并将全三维燃烧室数值模拟紧密地融入到设计体系；建立了煤炭联产系统优化集成设计平台，基本形成了具有自主知识产权的煤炭联产设计技术，已直接应用于兖州煤矿示范工程。

○ 煤粉发电污染控制技术

开发了采用气体燃料分级的低NOx燃煤锅炉燃烧技术，排放达到发达国家NOx排放标准。适用于直吹式制粉系统的超细化煤粉再燃技术取得较大进展，利用等离子体氧化与氨吸收净化效应的流光放电半湿法烟气脱硫脱硝技术，在污染控制方面具有较好的效果。

○ 煤液化技术

间接液化方面完成了煤炭间接液化技术5000吨级中试和千吨级中试，开发了可工程化应用的催化剂系列产品，突破了制约煤炭间接液化技术成本高的瓶颈，已具备进行百万吨级工业化示范的能力。在直接液化方面开发了“中国神华煤直接液化工艺及催化剂”，并在上海建设了6吨/天煤直接液化工艺中试装置，开发的工艺和催化剂将直接应用于神华第一条百万吨级煤直接液化生产线。建设了百万吨级/年以上的煤炭直接液化制油示范工程，形成了适合于中国煤炭资源特点和国情的煤炭液化技术。

2001—2004年，中国油气勘探开发领域科技成果增长明显。油气田开发技术取得突破，形成了国际领先的提高采收率配套技术系列；炼油化工领域取得了12个方面的重大技术突破，研制成功33000千瓦特大功率烟气轮机，使中国成为继美国之后拥有设计、制造特大烟气轮机能力的第二个国家。油气加工利用技术方面，催化裂化家族技术、全大庆减压渣油催化裂化技术和S-RHT固定床渣油加氢处理技术及配套催化剂技术，均达到国际领先水平。

2001—2004年期间，中国加大水电技术开发力度，一批大型水电站投产或开工建设。通过对三峡工程左岸机组引进技术的消化吸收，掌握了水轮机模型转轮的设计和转轮制造技术等一系列大型水电站建设核心技术，促进了发电设备的制造能力和装备技术水平的提升。针对重大电网工程技术问题开展技术创新，组织实施了特高压关键技术研究、西北750千伏输变电工程、直流输电技术国产化、可控串补国产化示范工程、东北电网大扰动试验、三峡工程用500千伏大容量输电线路技术研究等重大项目。三峡至常州±500千伏直流工程建设标志着中国直流输电技术处于世界前列，西北750千伏电网示范工程的顺利投产，为更高电压等级的电网建设奠定了基础。

二、新能源与可再生能源

○ 核能

中国已全面掌握了30万千瓦、60万千瓦、70万千瓦、100万千瓦各个系列装机容量的设计制造技术，包括压水堆、重水堆等核电站堆型建造关键技术。

图9-7　新疆达坂城风场

◦ **风能**

中国完成了600千瓦和750千瓦风电机组研制及产业化，为兆瓦级风电机组的研制与产业化奠定了良好基础。2005年，变速驱动和直接驱动两种大型兆瓦级风电机组首次并网发电，为中国风力发电机组产业化和在2010年实现风力发电装机达500万千瓦提供了主力机型。

◦ **生物质能**

2005年10月，装机容量6兆瓦的生物质气化及余热利用联合发电系统投入运行。完成了具有国际先进水平的年产200吨的酶法生物柴油中试生产装置，建成了年产5000吨的利用甜高粱秸秆固态发酵乙醇工业化中试生产示范工程。在纤维素废弃物制取乙醇技术方面，国内率先开发出用生物质废弃物制乙醇（600吨/年）的完整工艺路线。

◦ **太阳能**

晶硅太阳电池产业已进入国际先进行列。到2004年，已建成了10个太阳能电池专业生产厂，最大单厂产能挺进世界六强。新型薄膜太阳电池转换效率接近世界领先水平。大型并网太阳能光伏示范电站进入系统试运行阶段。

◦ **氢能与燃料电池技术**

开发出有机废水发酵法生物制氢技术，成功研制出两种高容量钛系合金材料，一种高性能镁基复合材料，大大提高了有效储氢量。中国已具备研制数十千瓦级熔融碳酸盐燃料电池、数千瓦级固体氧化物燃料电池发电系统的能力，成功研制出100千瓦级燃料电池发动机系统，并装车示范运行。2005年底开始燃料电池汽车示范，2007年将完成全部建设工程。

三、交通运输与管理

2001—2004年，交通运输设备制造业科技活动经费筹集总额达到787亿元，这是历史上交通科技投入最多的时期。2004年R&D经费近137亿元，是2001年的2.3倍。专利拥有量也显著增长，2004年发明专利数748项，为2001年的3.6倍。“十五”期间，在交通领域取得了一批重大科技成果。

图9-8 智能车路协调系统

图9-9 GPS车载信息装置

专栏 9-1

12个重大科技专项："高速磁浮交通技术研究"专项

专项的目标是：在上海磁浮示范线与德国合作的基础上，研究常导高速磁浮系统在中国长大干线的适用性，并开展关键技术的国产化与创新研究。专项的研究分为两个阶段，第一阶段的任务是开展磁浮交通长大干线适用性研究和高速磁浮交通系统技术国产化与创新研究；第二阶段的任务是全面开展整个系统的国产化研究。

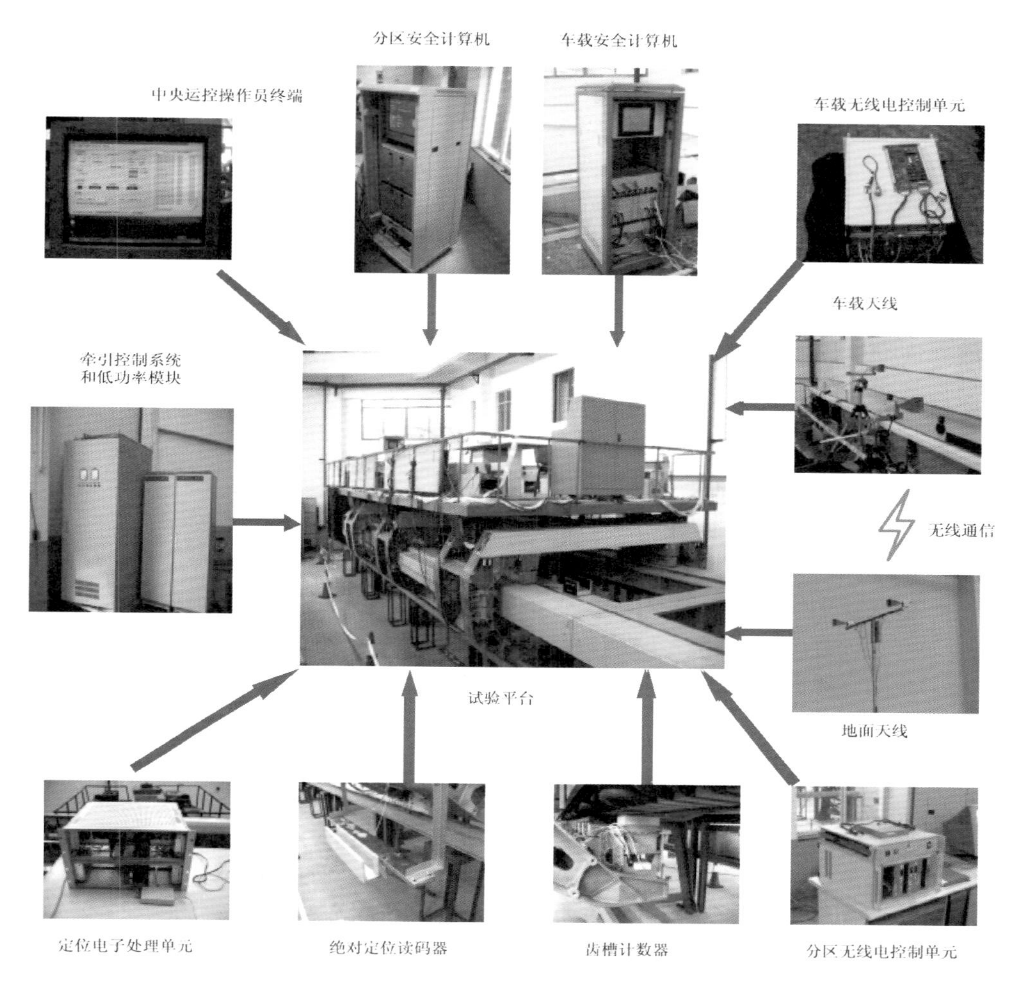

图 9-10　中国自主研发设备组建的磁浮原型系统

○ 智能交通技术

基本掌握了交通智能控制、信息集成服务、专用短程通信、车载安全装置等智能交通关键技术。北京、上海、天津、重庆、广州等10个典型城市开展了智能交通系统的示范工程建设，提高了城市交通管理与服务水平，为中国综合智能交通系统的开发、应用及产业化奠定了基础。

○ 高速磁浮交通系统技术

通过上海示范线建设，掌握了磁浮线路轨道的设计、制造技术，初步具备了磁浮交通系统设计和集成能力，上海磁浮快速列车示范线于2002年12月投入试运行。

○ 高新船舶技术

中国已进入世界造船尖端产品领域。成功自主设计建造了30万吨超大型原油船，完全掌握了关键技术；滚装船形成了从几百箱到近万箱船的系列，突破了30万吨海上浮式生产储油船核心技术，首制船预计2007年底交付使用。超大型油船主机，低速机曲轨技术取得新突破。

图9-11 中国自主设计建造的30万吨超大型原油船

第三节 高新技术产业发展

高技术产业包括航天航空器制造业、电子及通信设备制造业、电子计算机及办公设备制造业、医药制造业和医疗设备及仪器仪表制造业等行业。“十五”期间，高技术产业发展迅速，逐步形成了高技术产业的群体优势。国家高新区坚持“强化创新能力，发挥两个积极性，抓好示范引导，实现渐次推进”的战略方针，在以“二次创业”为标志的新阶段中取得了重大进展，已成为带动区域经济发展的重要支撑力量。

一、高技术产业

中国高技术产业规模不断扩大，有力地拉动了国民经济增长。2004年，高技术产业工业总产值增至27769亿元，是2000年的2.7倍，高于同期制造业工业总产值增长速度；工业增加值增至6341亿元，是2000年的2.3倍，占2004年全国GDP的4.6%，其中电子及通信设备制造业占高技术产业工业增加值的比例保持在50%以上；工业增加值占制造业增加值的比例由2000年的9.3%上升到13.9%。2004年，高技术产业完成产品销售收入27846亿元，实现利税1294亿元；高技术产业的出口交货值达14831亿元，是2000年的4.4倍。

高技术产业R&D经费支出稳步增加，2000年为111.04亿元，2004年上升到292.13亿元，年均增长率达到27.7%。2004年，R&D经费支出占工业增加值的比例为4.6%；技术引进经费为111.86亿元，比2000年的47.05亿元增长了1.4倍；新产品销售收入2004年达到6089.95亿元，为2000年的2.5倍。与2000年相比，2004年R&D人员增长了31.9%。

高技术产业拥有发明专利数由2000年的1143项上升到2004年的4535项，增长了近3倍，年均增长率达到35.8%；电子及通讯设备制造业2004年拥有发明专利数为2453项，占高技术产业拥有专利总数的54.1%。

二、高新技术产业开发区

“十五”期间，科技部制定了《关于进一步支持国家高新技术产业开发区发展的决定》和《国家高新技术产业开发区技术创新纲要》，对高新区的“二次创业”提出了重要的指导性意见，高新区步入了以“二次创业”为标志的崭新发展阶段。

高新区成为带动区域经济发展的重要支撑力量，53个国家高新区的主要经济指标都保持了30%以上的增长速度。2004年，国家高新区内企业创造的工业增加值达5500多亿元，占全国工业增加值的8.8%；出口总额达到824亿美元，占全国出口总额的12%；工业增加值和出口创汇占全国的比例分别比2000年提高了3.8个百分点和6.4个百分点。2004年，杨凌、吉林、海口、太原、西安、威海、合肥等高新区的工业增加值在其所在城市工业增加值中所占份额超过了40%。

> **专栏 9-2**
>
> **国家高新区“二次创业”的基本内涵**
>
> 一是要从注重招商引资和优惠政策的外延式发展向主要依靠科技创新的内涵式发展转变；二是要从注重硬环境建设向注重优化配置科技资源和提供优质服务的软环境转变；三是要努力实现产品以国内市场为主向大力开拓国际市场转变；四是要推动产业发展由小而分散向集中优势、加强集成、发展特色产业和主导产业转变；五是要从逐步的、积累式改革向建立适应社会主义市场经济要求和高新技术产业发展规律的新体制、新机制转变。

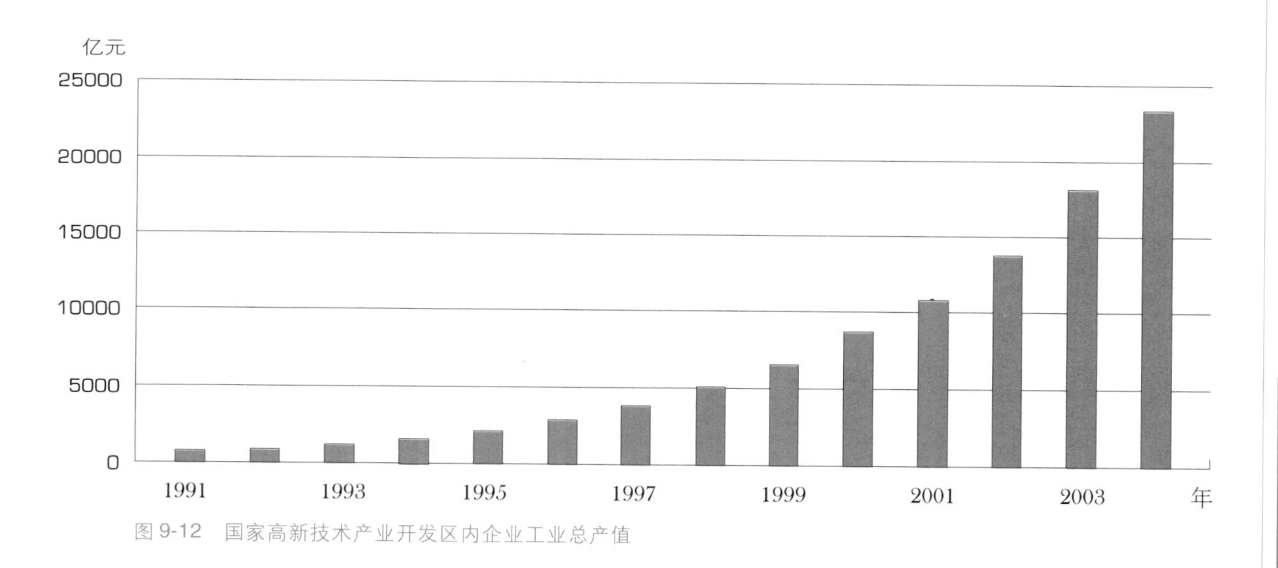

图9-12　国家高新技术产业开发区内企业工业总产值

○ 初步形成了从研发到产业化的科技创新体系

以大学、科研机构、企业研发中心、工程技术中心、企业孵化器、生产力促进中心、大学科技园为依托的创新平台已经形成。2004年，国家高新区内企业R&D经费达到614亿元，是2001年的2.8倍，占全国R&D经费总额的33%；R&D经费支出占产品销售收入的比例达到了2.7%，比2001年提高了0.5个百分点；高新区内经认定的高新技术企业R&D经费投入总额达559.3亿元，占高新区全部企业R&D经费投入的91.1%。国家高新区内科技孵化器的孵化场地面积和在孵企业数等主要指标均占全国的近40%。

○ 吸引了大批人才，成为创新资源的集聚区

2004年，高新区内企业从事科技活动的人员达到72.6万人，比2001年增加26.8万人；在国家高新区从业人员中，具有高中级以上职称的人员占14.5%，具有大专以上学历的人员占39%。2004年，国家高新区内企业拥有产品种数39974种，拥有专利的产品9263多项，其中发明专利超过3116多项，产品技术来源于企业自有的超过71.2%。国家高新区高新技术企业2.6万家，其中规模以上高新技术企业已占全国规模以上高新技术企业总数的40%。2004年高新区企业发明专利产品实现工业总产值达2414亿元，比2000年提高了1555亿元。

○ 培育了一大批具有科技经济竞争力的高新技术企业集团

2004年营业收入超亿元的高新技术企业达到2844家，10亿元以上的达到302家，100亿元以上的达到31家。培育和聚集了联想、华为、中兴、用友、海尔、东软、中芯国际等一大批具有较强竞争实力的自主创新的大企业集团。

○ 特色产业集群正在形成

北京的计算机及软件，上海的集成电路，深圳的电子信息，长春的汽车及零部件，西安的通讯及软件，成都的生物医药，杭州的通讯设备，武汉的光电子，天津的绿色能源等产业集群已经形成或正在形成，为构筑长江三角洲、珠江三角洲、环渤海地区高新技术产业带，促进西部大开发、东北老工业基地振兴、中部崛起，发挥了重要的支撑作用。

○ 国际影响力不断提高

北京、上海、深圳等10几个重点国家高新区在建设创新创业环境，提升科技创新能力，加快高新技术产业发展，强化科技园区功能等方面都取得了显著成绩，引起世界科技界、产业界的高度关注。其中几个比较突出的国家高新区已经开始向世界一流高新技术产业创新集群迈进。到2004年底，海尔、TCL、联想、华为、长虹等几家高新技术企业已成功地实现了“走出去”。

第十章
科普事业发展与社会发展领域科技进步

为贯彻落实科学发展观，“十五”期间，继续从各方面加强科学技术普及工作，中国公民的总体科学素质不断提高。中国社会领域科技发展的部署以可持续发展为着眼点，围绕中国人口、资源与环境等重大问题，突破了一批关键技术，抓了一批试点示范工程。针对中国资源缺乏、环境污染严重和自然生态普遍恶化的现状，加快了对资源合理开发利用的相关技术和设备的研究，加强了环保领域重大关键技术和环保设备的工程化、成套化研究开发；以中药现代化为突破口，加强了创新药物的研制与开发；加强了城镇规划和建设的系统配套技术研究；围绕维护社会稳定，提高人民生活质量，保障生产安全等方面开展攻关，取得了一系列重大成果，为促进经济社会协调发展，建设社会主义和谐社会提供坚实的科技支撑。

第一节 科普事业发展

“十五”期间，国家以提高国民科技素质为宗旨，通过加强对科普工作的领导和协调，调动社会各界支持科普事业的积极性，增加全社会对科普事业的投入，建立健全与科普工作相关的政策法规体系，以及加强科普基础性工作等措施，使中国的科普事业进入了健康发展的轨道，2003年中国公众达到科学素养标准的比例达到1.98%。

一、科普协调机制与政策

○ 科普工作已经成为各级党委和政府科技工作的重要组成部分

从中央到地方，相继建立了科普工作联席会议制度等工作协调的新机制，在研究协商重大科普问题，群策群力、共同推动重大科普工作方面发挥了重要作用。全国科普工作联席会议由科技部、中宣部、中国科协和中组部等19个成员单位组成。2002年，第三次全国科普工作会议在北京召开，会议由科技部、中宣部和中国科协联合举办，对全国的科普工作进行了总结和部署，中央领导和有关部委、全国各省市科技工作负责人出席了会议。

科普工作的社会化取得了显著进展

各级科协面向农村、城市、企业和各界群众开展了形式多样、内容丰富的科普活动。中国科协会同其他部门开展的“全国科普教育基地”评选活动、“全国科普日活动”、“西部科普工程”、“科教进社区”等活动都取得了良好的效果。工会、共青团和妇联组织，以及各科研机构、院校、大众媒体和企业也都结合自身工作的实际和特点，开展了形式多样的科普活动。

科普政策法规体系建设取得了突破

2002年6月，《中华人民共和国科学技术普及法》颁布实施，标志着中国的科普工作走上了法制化的轨道。“十五”期间，还相继出台了《2000—2005年科学技术普及工作纲要》、《2001—2005年中国青少年科学技术普及活动指导纲要》等科普工作的长远规划；出台了《关于鼓励科普事业发展的若干税收优惠政策》及其实施办法、《关于加强科技馆等科普设施建设的若干意见》、《关于进一步加强科普宣传工作的通知》等一系列政策性文件，并将科普创作纳入了国家科技进步奖励的范围。中国已经初步形成了一套指导科学普及工作的政策法规体系。

各部门和地方政府开展了各具特色的科普工作

科技部联合国土资源部、国家环保总局、中国地震局等部门先后出台了《国土资源科学技术普及行动纲要》（2004—2010年）、《关于加强全国环境保护科普工作的若干意见》、《关于加强防震减灾科学普及工作的通知》等政策文件。中国科学院与中宣部、科技部等联合开展了“科学与中国”院士专家巡讲团、“院士专家西部行”、“科技西部行”，还组织了“中国科学院公众科学日”，产生了广泛的社会影响。10几个省市在“十五”期间出台了科普工作条例，很多地方都结合自身实际开展了富有地方特色的科普活动。

二、科普能力与基础设施

科普经费投入逐步增长

《科学技术普及法》对政府的科普投入做出了明确规定。政府部门在加大对科普投入的同时，也积极鼓励社会力量投入科普事业。据统计，2004年，中国全社会科普经费投入24.16亿元，其中政府科普专项经费共计7.73亿元，人均科普经费与往年相比有了一定程度的增长。

科普场馆和设施建设稳步推进

截至2004年底，全国共有建筑面积在500平方米以上的各类科普场馆704个。其中科技博物馆（包括科技类博物馆、天文馆、水族馆、标本馆以及设有自然科学部的综合博物馆）185个，专业科技馆265个，青少年科技馆站254个。全部704个科普场馆，共有建筑面积286.88万平方米，展厅面积96.23万平方米。2004年度，全国共有2933万人次到各类科普场馆参观。科普画廊等公共基础设施，也是面向社会公众开展科学普及的重要场所。截至2004年底，全国共建有长度在10米以上的科普画廊61516个，城市社区科普（技）活动室30489个，农村科普（技）活动场地116877个，科普宣传专用车640辆。

○ 科普创作出版和媒体宣传日益繁荣

公共媒体已经成为中国公众获得科技信息的重要渠道。2003年，中国公众中超过90%的人通过电视、70%的人通过报纸、各有约30%的人通过广播或杂志获得科技信息。2004年，中国共出版科普图书2523种，年发行1888万册，每万人拥有科普图书约145册；出版各类科普期刊584种，年发行科普杂志6183万册，每万人拥有科普杂志约476册；全国科技类报纸年发行总量突破2亿份。全国各级电视台播放科普（技）电视节目时间达8.41万小时，各级电台播放科普（技）类节目时间也达到8万小时；出版科普（技）音像制品达到1558种。由各级政府部门投资兴建的专业科普（技）网站达到995个。

○ 科普人员队伍不断壮大

2004年，全国共有各类科普工作人员774804人。其中，科普专职人员108147人，占全国科普人员总数的14%；科普兼职人员666657人，占全国科普人员总数的86%。全国每万人人口中有科普人员6人。2004年，全国登记在册的科普志愿者总人数达47万人。科技部、中宣部和中国科协在1996、1999和2002年的全国科普工作会议上共联合表彰了398个全国科普先进集体和654名先进工作者。

○ 科普基地建设进一步加强

科技部、中宣部、教育部和中国科协联合命名了200家“全国青少年科技教育基地”，中国科协命名了188家“全国科普教育基地”。进行了科研院所和高校实验室向公众开放、科普社区建设等工作试点，对于发挥科普教育的示范引导起到了重要作用。截至2004年，全国共有省级以上科普（技）教育基地1192个，其中国家级科普（技）教育基地223个，省级科普基地969个。

○ 国家重点支持了一些大型的专项战略性科普研究工作

中国科协于2001年和2003年先后组织了两次中国公众科学素养调查。2004年起，科技部开始组织一年一度的全国科普统计工作。中国科协等14个部委联合共同研究制定了“全民科学素质行动计划”。

三、群众性、社会性和经常性的科普活动

2001年起，连续成功地举办了5届科技活动周，开展了一系列主题鲜明，时效性强，形式多样的科普活动。与“科技活动周”活动相互配合，中国科协开展了“全国科普日”活动，各地区分别举办了“科普之夏”、“科技之冬”等科普活动，产生了良好的反响。

专栏 10-1

科技活动周

经国务院批准，自2001年起，每年5月的第三周为“科技活动周”。“科技活动周”活动由科技部、中宣部、中国科协等部门联合举办，每年确定一个活动主题。2001年首届科技活动周的主题为“科技在我身边”；2002、2003、2004年的活动主题分别为“科技创造未来”、“依靠科学，战胜非典”和“科技以人为本，全面建设小康”。2005年科技活动周于5月14～20日在全国范围内展开，此次科技活动周仍以“科技以人为本，全面建设小康”为主题。

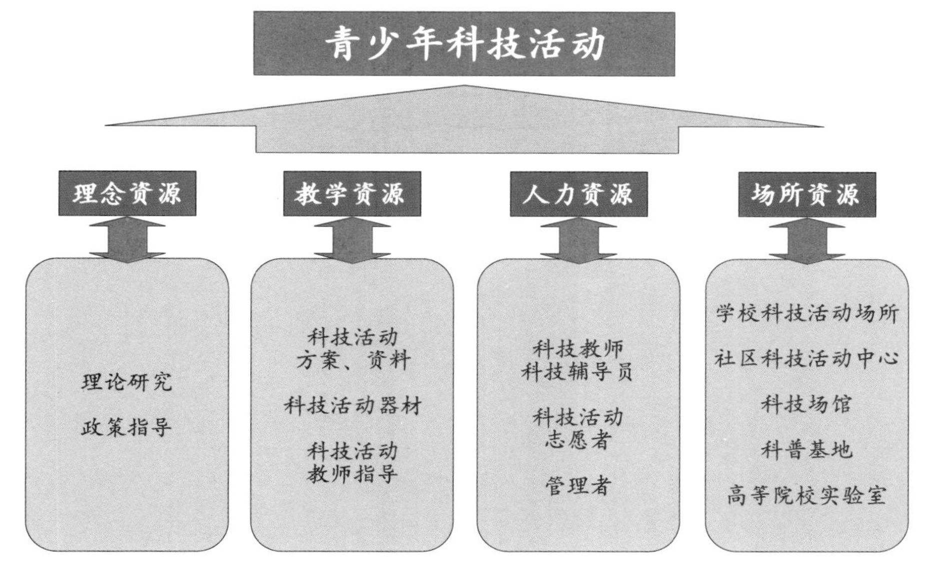

图 10-1　中国青少年科技活动的资源支持系统

○ 青少年科普活动丰富多彩

国家结合中小学教育改革，统合各种社会资源，多形式、多渠道地为青少年提供科普阵地，积极组织和推动青少年学生科技教育工作。例如，利用大中小学校等独特的教育资源，对学生及全体国民进行科技意识的宣传培养；组织中小学生参观国家重点实验室；加强中小学校科技设施的建设；支持或组织各类有助于青少年科技素质和创造力发展的竞赛活动等，形成了“全国青少年科技创新大赛”、“中学生国际奥林匹克学科竞赛”、“‘挑战杯’全国大学生课外学术科技作品竞赛”、“大手拉小手——青少年科技传播行动”、“青少年走进科学世界”、“未来工程师——设计与技能大赛”、“中国青少年电脑机器人竞赛活动”等一批具有影响力的活动，为青少年科技教育活动健康持久发展提供了基础。

○ 农村科普工作推陈出新

“十五”期间，中宣部、中央文明办、科技部等14个机构继续联合开展了“三下乡”活动；中宣部、科技部、铁道部、中国科协等部门特别开展了“科技列车龙江行”、“井冈行”和“科普列车老区行”、“科技西部行”等大型科普活动；中国科协推出了“西部科普工程”、共青团中央发起了“青年星火西进计划”，把农村科普与国家西部大开发战略结合起来。为全面总结和部署全国的农村科普工作，中国科协于2005年组织召开了全国农村科普工作会议。

○ 科普国际合作与交流全面展开

2004年8月在北京成功举办了主题为“科学、青年、未来”的第三届APEC青年科学节，来自15个国家的青少年欢聚北京，开展了一系列丰富多彩的科技文化交流活动。与美国国家科学基金会合作完成的两期“中美青年科技人员交流计划”，以及中国—欧盟科学与社会研讨会等活动，促进了中美、中欧在科普领域的交流与合作。

第二节 资源环境科技发展

中国已进入工业化中期和城镇化迅速发展时期。为了实现向低投入、高产出、低消耗、少排放和可持续的经济增长方式转变，"十五"期间，围绕资源和环境等重大问题，以环境保护和资源合理利用为重点，开展了环境污染控制重大关键技术研究，积极推进水资源合理利用与区域生态整治技术开发与示范，加强大型油气田、紧缺战略固体矿产资源勘探及开发技术研究，强化重大自然灾害预测与应急技术攻关，在若干领域取得了重大或阶段性突破，为促进经济、社会的可持续发展奠定了基础。

一、水安全保障

中国是一个水资源严重短缺的国家。通过水资源合理配置与调控、水污染控制、海水资源利用、人工增雨和城市污水再生利用等方面的技术攻关和工程示范，形成水安全保障技术体系，对改善水环境质量，缓解水资源短缺，促进国民经济的持续、快速发展具有重要意义。为达到这个目的，"十五"期间，中国启动了水污染控制技术与治理工程重大科技专项。

在太湖水污染控制与水体修复方面，建立了太湖梅梁湾水源地水质改善与生态修复总体技术系统和河网区面源控制生态工程技术系统，开展了重污染底泥疏浚与生态修复示范工程。目前太湖水污染加剧的趋势已得到遏制。已初步探索出适合中国国情的湖泊污染治理成套技术、治理方案以及长效管理机制。

针对水源地保护与水质改善、水厂强化净化和安全输配，研究开发了能够高效去除饮用水中普遍存在的微量有机物、藻类、硝酸盐、原生动物、病毒的技术以及消毒和输配过程中二次污染控制技术，发展了饮用水及其净化技术的安全评价方法，为饮用水安全提供了技术保障。在上海、深圳和天津建设了3个规模为20万吨以上的饮用水安全保障示范工程。

以构建人水协调的良性城市水环境生态系统为出发点，从受污染城市水体修复、城市面源污

> **专栏 10-2**
>
> **12个重大科技专项："水污染控制与治理工程"专项**
>
> 专项的目标是：选择滇池、太湖等大型湖泊典型区域开展水污染治理技术研究与示范，找到一条适合中国国情的解决大型湖泊污染的技术路线和成套技术；攻克中国污水处理与回用成套关键技术与设备的国产化问题，并建立若干科技产业化示范基地；攻克若干项污水生物与物化处理技术及成套设备，切实解决中国难降解有机废水的处理难题；解决饮用水微污染去除与安全消毒技术，为饮用水水质新标准实施提供技术保障，确保饮用水的安全供给。

图10-2　海水淡化装置

染控制、城市污水处理与资源化、城市水环境生态综合规划、管理制度及技术集成等各方面进行研究与工程示范，集成了一批具有推广应用价值的实用高效技术，构筑了以生态工程为核心的城市水环境改善技术平台，形成了保障城市水环境质量改善的管理体系，为水环境治理工程专业化、社会化和市场化奠定了基础。目前已在汉阳、镇江等地初步形成城市水环境质量改善的系统方案，并建成了相应示范工程。

在海水利用技术研发方面，低温多效海水淡化技术工程化取得重要突破，在山东黄岛电厂建成3000吨/日海水淡化示范工程并投入运行，10000吨/日海水淡化示范工程已开工建设，产水水质和电力、蒸汽消耗等指标达到国际先进水平；形成了万吨/时海水循环冷却成套技术，为解决沿海地区的淡水短缺提供了强有力的技术支撑。

二、矿产资源勘探与开发

通过实施国家紧缺战略性矿产资源、大型油气田的勘探、评价及技术开发等重大项目，突破了制约中国资源重点勘探领域的技术瓶颈，提高了采选冶综合回收率和资源综合利用率，为缓解资源对经济、社会发展的制约提供了技术支撑。

在油气资源勘探与开发方面，经过“十五”攻关，初步形成了陆相断陷盆地隐蔽油气藏勘探的理论体系，研发了具有国际领先水平的配套技术，并在胜利油田隐蔽油气藏勘探中得到应用。累计探明和控制隐蔽油气藏石油地质储量5.3亿吨。运用层序地层学方法，开展鄂尔多斯盆地和四川盆地川东复杂低渗气田勘探开发技术研究，预测了相应气藏的有利区，使探井成功率达71.4%。针对鄂尔多斯上古生界气藏低孔低渗的难点，建立了新的测井解释系列，使探井气层测井解释符合率保持在85%以上，开发出国内领先、部分国际先进的CO_2泡沫、全程伴助N_2的大型水基压裂技术，首次在鄂尔多斯上古生界建成工业生产天然气井。

针对大庆油田特高含水期开发阶段开展了二类油层的聚合物驱、二元复合驱、三元复合驱、泡沫复合驱、热力采油、微生物采油、注气提高采收率等矿场试验研究，大幅度提高了原油采收率。其中，通过先导性矿场试验表明，聚合物驱油技术、碱/表面活性剂/聚合物复合驱油技术均比水驱提高原油采收率20% OOIP（原油原始地质储量）以上。

在矿产资源开发与利用方面，针对重要矿产资源勘察、深凹露天矿山和地下矿山开采、复杂难处理矿选矿、新冶炼技术和深加工的共性关键技术进行科技攻关，取得了显著成效，促进了中国矿产资源开发和合理利用。

在大型矿山接替资源探查技术研究上，研制了新一代的强场源瞬变电磁仪，建立了生产矿山深、边部及外围大比例尺快速定位预测矿床的途径和方法体系，突破了强干扰、大埋深、弱蚀变、多信息源叠加和信息提取、分离、解析和反演技术难题。

在生物冶金及工程化技术研究开发上，研制了高效浸矿混合菌应用与活性控制技术、生物堆浸工程技术等，这些技术将会有效提高矿产资源利用率和改善矿山生态环境。

在贫赤（磁）铁矿选矿新工艺、新药剂与新设备技术上，首次成功应用阴离子反浮选工艺及药剂，创造性地提出了“阶段磨矿、粗细分选，重—磁—阴离子反浮选”工艺流程，并成功在鞍钢三大选矿厂应用。铁精矿品位由 64.4% 提高到 67.3%，SiO_2 含量由 8.6% 下降到 4.8%。

成功建立了国际上首个基于亚熔盐拟均相反应 / 分离的铬盐清洁生产工艺，达到了无铬渣、无含铬芒硝、无硫酸氢钠及无毒废气排放，初步实现了铬盐生产零排放。自主研发了国内第一条羰基法镍工业试验生产线（500 吨 / 年），实现了一氧化碳气体的循环利用，消除了生产过程污染。形成了具有自主知识产权的水硬铝石矿生产砂状氧化铝新工艺，整体技术达到国际领先水平。

罗布泊硫酸盐型盐湖卤水制取硫酸钾钾肥技术取得突破，完成了年产万吨硫酸钾工业试验，为年产 20 万吨硫酸钾工程建设提供了技术保障；完成了海水提取硝酸钾200吨/年中试和海水苦卤提取硫酸钾300吨/年中试；盐湖卤水提锂制取碳酸锂技术实现了工业化应用，为中国锂工业从矿石提锂向卤水提锂转变打下了坚实基础；水氯镁石脱水关键技术取得突破，完成了千吨 / 年中试，解决了水氯镁石流态化脱水设备的耐高温、耐腐蚀和密封性三大难题。

三、生态综合治理和环境污染防治

通过开展西部重点脆弱生态区综合治理技术与示范研究，完成了西部脆弱生态区生态系统的综合评价、生态环境的演变分析以及生态分区，构建了西部重点脆弱生态区生态综合治理的管理信息系统，建立了示范基地 33 个，建成示范区总面积达 18598 公顷，研发集成西部生态脆弱区治理模式 41 个。

针对中国面临的重大环境问题，重点攻克了环境监测、大气污染控制、土壤污染修复及环境管理等关键技术，开发了成套设备，提高了中国环保科技产业水平。建成了大型燃煤电厂二氧化硫和微细粒子控制的技术系统集成和设备大型化示范工程。电厂烟气脱硫系统已在 2 × 135MW 电站锅炉上稳定运行，脱硫效率超过 95%，各项指标均达到设计要求，国产化率超过 95%。与引进设备相比，其成本大幅度降低。完成了燃煤电厂袋式除尘滤料和关键工艺的研发，能提供满足2004年环境排放标准要求的电厂除尘成套技术和设备。

在大气污染光学监测技术方面，研发成功了可调谐红外激光差分吸收机动车排放道边在线自动监测系统和长光程空气质量自动监测系统。通过开展室内空气重点污染物健康危害控制技术研究，发明了固相吸附空气污染物采样器，首次提出了甲醛污染对人群健康影响的三段式模型，并通过流行病学调查，筛选出一套临床医学检验指标作为效应生物标志物体系。提出了在挥发性有机化合物对人群健康影响的研究中采用按化学性质相近分类，在同一类别中用药物半数致死量（LD50）的测定作为各种化合物毒性统一的调整因子的统计方法，并通过流行病学调查建立了一套室内装修污染对人群健康危害的评价模式。

在重大环境技术规范与对策方面，提出了电子废物技术导则和污水资源化技术政策建议；编制了国家重点作物和家畜禽生物遗传资源的目录以及相关管理制度，提出了国家生物安全法规构架、国家转基因植物环境影响监测框架，建立了国内外转基因生物环境释放试验和商业化生产数据库；建立了大气环境功能指标体系和区划技术方法，确定了不同区域和城市类型主要大气污染物环境容量计算模型和容量总量控制指标分配原则与方法，提出了实施容量总量控制的管理对策；编写了中国第一部气候变化国家评估报告，提出了中国应对气候变化的新的适应和减缓对策。

四、防灾减灾

中国是一个自然灾害频繁、危害严重的国家，防灾减灾是实现国家经济和社会可持续发展目标的重要保障。目前，中国已在气象、海洋、地震、水文以及抗森林火灾和病虫害等领域，建立了较为完善的、覆盖广的气象卫星、海洋卫星、陆地卫星系列，减灾小卫星星座系统正在建设中，预报、预警、评估、信息服务"天地一体化"的自然灾害监测体系已初步形成。

在气象数值预报系统技术研究方面，实现了"以雷达、卫星等遥感资料为主的三维变分同化系统"和"多尺度通用数值预报模式核心技术"两大突破，建成了中国第一个具有自主知识产权的新一代数值预报模式系统（GRAPES），其科学方案和整体技术性能达到了国际水平，在预报夏季台风暴雨和冬季大范围降雪过程上展示了其预报能力和应用潜力。

在强地震短期预测及救灾技术系统研究方面，进一步提出了中国大陆强震短期前兆演化特征和一些具有区域特点的强地震短期阶段异常的特征、识别标志和预测方法。研制了硐室多分量应变传感器、气体总量观测传感器、甚低频电磁接收机、地声测量传感器、水温和水位综合观测仪器及电导率、pH值、浑浊度综合测试仪等6种新型地震前兆观测传感器和小型化、低功耗的地电场仪、磁通门磁力仪；研制完成了球像面光学探生仪、集成式光学探生仪、声波/振动探生仪和红外热像仪共3种4套科研样机；初步完成了地震灾害现场搜索与救援支持系统研究。

第三节
人口健康与卫生科技发展

"十五"期间，中国人口健康与卫生领域面向医药科技前沿，突出自主创新和疾病防治能力建设，从计划生育与优生优育、疾病防治、创新药物、中医药现代化等方面进行科技攻关，在重大疾病的筛查、检测、预防、治疗研究方面取得了较好的成绩，建立了疾病防治关键技术平台，完善了一批新药研发创新平台，中医药现代化取得较大进展。

一、计划生育与优生优育

"十五"期间，先天性心脏病的产前筛查及确诊技术取得重要突破，先天缺陷儿的治疗及康复技术有所提高，避孕节育新技术和避孕药具研究得到进一步完善。

非手术输精管激光节育法获得成功。该节育法是一种简便、安全、可复性强的非手术节育新方法，比手术节育的并发症少，易恢复再通，方法简便，便于推广。目前，中国已成功开发出便携式激光节育治疗仪、激光节育器械包、输精管穿刺固定钳等，并分别获得了国家发明专利和实用新型专利。

在避孕节育新方法的监测与评价研究方面，中国率先提出了以监测为主、兼顾预警的先进理念和创新研究设计思路，在研究了药物流行病学监测方法、计算机软件技术和计划生育服务网络的基础上，集避孕药具的不良反应/不良事件主动监测和被动监测于一体，编制了避孕药具不良反应监测与预警软件（V1.0），编写了《计划生育药具不良反应监测防治指南》和《知识折页》系列，建立了国家避孕药具不良反应监测与防治中心。

研制出旋动式人工流产器。该器具采用一次性使用灭菌软质弹性部件进入宫腔，以旋动方式达到终止妊娠的目的。与现行负压吸宫术相比，它安全、有效、简便、经济、副作用少、痛苦小、群众乐于接受等特点，具有良好的社会效益。

二、重大疾病防治

针对艾滋病、肝炎、非典型性肺炎等重大传染性疾病，“十五”期间，中国采取“及时应对，超前部署”的方针，着力加强重大、新发传染病防治研究，取得了显著效果。

艾滋病疫苗取得阶段性成果。中国自主研制成功世界领先的抗艾滋病新药——西夫韦肽，疗效明显优于国际上最新抗艾滋病药物恩夫韦肽（T20），这是中国第一个在美国获得专利许可的生物技术类药物。2005年11月，中国首个具有自主知识产权的抗艾滋病新药——二咖啡酰奎尼酸（简称IBE-5），在经过严格的动物药效学试验和安全性试验后，正式被国家食品药品监督管理局批准进入人体临床试验阶段。唐草片已成为第一个经国家食品和药品监督管理局批准，用于改善艾滋病临床症状的中药。为了进一步做好抗艾滋病病毒治疗药物的储备工作，避免出现现有抗病毒药物耐药后无药可用的局面，还组织有关企业和有关研究院所共同攻关，重点开展了依非韦伦、奈非那韦等药物研究，部分产品已完成合成工艺路线和临床前研究。

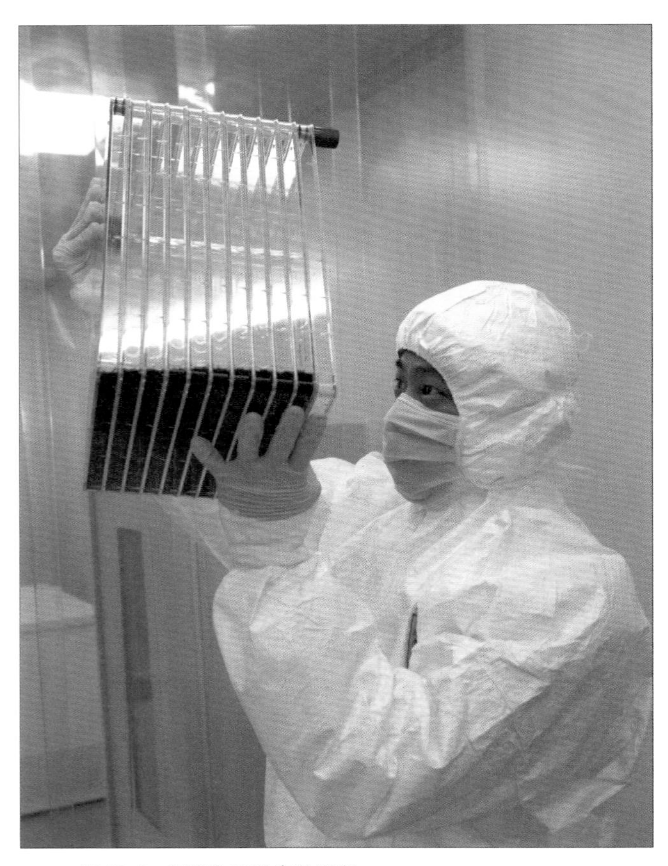

图10-3 SARS灭活疫苗研制

在非典型性肺炎（SARS）疫情期间，成功研制了首条技术先进、具有自主知识产权、防护效果好的生物防护链（包括防护头罩、隔离舱、隔离服、救护车等防护产品）和α-2b、ω干扰素两个预防药物，及时解决了SARS一线医务人员的防护问题；提出了具有中国特色的临床效果明显的中西医结合治疗方案。2004年，顺利完成了SARS疫苗1期临床试验，成为全球第一个完成1期临床试验的SARS病毒灭活疫苗的国家。此外，SARS病毒PCR早期诊断试剂、SARS病毒抗体ELISA检测试剂和SARS病毒抗体间接免疫荧光检测试剂也先后被正式批准上市。

在人禽流感防治技术及人用禽流感疫苗研制方面，以H5N1为原型毒株，成功研制出了一种人用禽流感疫苗（也称为大流行流感疫苗）的原型疫苗。已经完成了人用禽流感疫苗的生产工艺研究，建立了疫苗生产用毒种库，确定了疫苗生产工艺、质量标准和检定方法，制定了疫苗生产检定规程与技术文件。现有动物实验研究结果表明，该疫苗具有良好的安全性和免疫原性。

恶性肿瘤预防与治疗取得了显著进展。通过检测血液MG7Ag免疫PCR和胃液中硫酸粘蛋白等指标联合检测方法，完成了胃癌高发现场、高危人群优化筛检方案。完成了肝癌相关基因的筛选、鉴定和功能研究，获得502个肝癌相关的全长cDNA，确定了在血清学诊断、肝癌组织学分型标志、多肽药物基因和药靶基因等方面具有应用前景的8个候选基因。

血吸虫病防治效果显著。植物源性杀螺新药HL植物灭螺剂、氯硝柳胺新型衍生物——氯代水杨胺、氯硝柳胺新剂型、氯硝柳胺复方悬浮剂和氯硝柳胺纳米剂等灭螺药物研制取得突破，日本血吸虫rsj14-3-3/mAb和rSjGST标准化抗原等血吸虫诊断试剂研究成效显著；抗日本血吸虫感染CTL-Th1-B组合表位PDDV疫苗、日本血吸虫病基因工程多价疫苗和DNA疫苗、家畜日本血吸虫基因工程疫苗等抗血吸虫疫苗研究取得重大进展。阐明了洪涝灾害对血吸虫病的影响、三峡建坝生态变化与血吸虫病的关系，提出了三峡库区血吸虫病预防方案。

三、创新药物研制

"十五"期间，针对新药自主创新能力薄弱的关键环节，中国启动了创新药物与中药现代化重大科技专项，重点加强了新药研究开发体系的建设，积极推进与国际标准接轨的新药研发技术平台。目前，中国在硬件体系方面已日趋完善，规范化程度显著提高，部分标准规范已与国际接轨，基本形成了相互联系，相互配套，优化集成的整体性布局，初步构建了国家创新药物研发技术联盟。自主成功开发了42个新药，131个品种已进入临床试验阶段。

重组人p53腺病毒注射液是全球第一个正式上市的基因治疗药物，2003年10月获得国家食品药品监督管理局颁发的Ⅰ类新药证书，2004年1月获得试生产批文。该新药的成功上市标志着中国的基因治疗药物已率先实现产业化。

研制出脑卒中一类新药丁苯酞（恩必普）。"丁苯酞"是从芹菜中提取的有效活性成分，它能阻断缺血性脑损伤的多个病理环节，国际上尚无同类作用机制的药物。丁苯酞系列制剂是世界上第一个专门针对缺血性脑卒中的药物，也是具有中国自主知识产权的治疗急性缺血性脑卒中的创新性药物。该药的成功研制，标志着中国的脑血管疾病治疗药物研究已达到国际先进水平。

此外，研制的抗心律失常一类新药盐酸关附甲素、丁磺氨酸胶囊、盐酸安妥沙星、希普林、肺泰胶囊、脂可平软胶囊、H101基因工程腺病毒、人幽门螺杆菌分子内佐剂疫苗等药物都进入了临床Ⅲ期试验。

四、中医药现代化

为了提高中医药现代化研究水平，中国以《中药现代化发展纲要》为指导，对中药生产中的共性关键技术，濒危中药材繁育，中药饮片炮制规范化，重大难治疾病中医药临床诊断和疗效评价标准制订等进行了全面部署，以发挥中国传统中医药产业的优势，巩固和提高中医药的国际地位。

截至目前共完成了100余种常用中药材规范化种植，80种中药饮片规范化炮制，40种中药配方颗粒剂和40种中药提取物质量标准化研究等工作，建立和完善了14个中药现代化科技产业基地和一批中药材规范化种植基地，中药指纹图谱等质量控制关键技术也取得了明显进展。体外培育牛黄替代天然牛黄获得了成功。启动了百名老中医的经验传承研究工作，强化方法学研究，结合中医药防治重大疾病研究，初步建立了中医药疗效和安全性评价方法，为中医药现代化工作的全面推进奠定了重要基础。

> **专栏 10-3**
>
> **12个重大科技专项：**
> **“创新药物与中药现代化”专项**
>
> 专项的目标是：实现新药研制从仿制为主向自主创新为主、创仿结合的战略性转轨，使中国新药研究和开发的综合实力接近发达国家水平，全面提高中药现代化水平。通过项目实施为中国医药产业应对入世后的战略性调整提供科技支撑和保障。

五、新型医疗设备

为改变中国医疗设备生产落后，新型实用高、精、尖医疗器械多依赖进口的局面，“十五”期间，中国开展了医疗器械关键技术研究及重大产品开发，以提高国产品的技术创新能力、市场竞争力和占有率。

数字化医疗设备研制取得重要进展。“十五”期间，开展了脑外科手术机器人、骨外科手术机器人、神经康复机器人等医疗机器人，开发了新一代CT、MRI、黑白超、彩超等数字化医疗设备。

应用机器人辅助无框架定位手术系统临床手术700例，2003年首次在北京通过互联网为一位患者成功地实施了脑内血肿排空手术，获得了卫生部许可生产的试制证和准制证；研制出遥控操作辅助正骨医疗机器人系统样机，在图像处理及导航技术等关键技术方面取得突破性研究成果；部分数字化医疗设备和医疗微系统实现了产业化。

多层螺旋CT扫描机是中国具有全部自主知识产权的CT扫描机，在图像重建、高速数据通讯、焦点偏移实时跟踪及校正技术等方面取得重大突破，共申请了52项专利。目前该CT扫描机已经装备到国内多家医院，并出口到美国、欧洲等国家和地区，结束了中国CT扫描机全部依赖进口的状况。

自主研制出ASU-3500全数字化彩色超声成像系统，打破了国外厂家对中高档彩超的垄断局面。该系统能支持B型、M型、CFM、Power Doppler、PW、CW等扫描模式，具备组织谐波成像和全身扫描功能。普及型低剂量直接数字化X射线机采用线扫描成像技术，用低成本的方法实现了对X射线的数字化，病人受到的辐射剂量比其他X射线机低90%，可大量用于肺结核、早期肺癌的临床检查。2005年，该技术产品还通过了欧洲CE认证，已出口欧洲。

第四节 城镇建设科技发展

中国已进入城镇化快速发展阶段。“十五”期间，科技部等有关部门对城市发展与城镇化科技问题进行了系统部署，着力开展了城市规划与建设、数字城市服务系统、城市住宅与居住环境、绿色建筑、小城镇建设等关键技术研究与示范，解决了一批共性关键技术，推广应用了一批先进适用技术，为进一步推动中国城镇化与城市发展奠定了坚实基础。

一、城市规划

“十五”期间重点开展了城市规划、建设、管理与服务的数字化工程等研究，为建设居住适宜、环境友好、能源低耗、资源节约的绿色居住区与生态城市提供了技术支撑，促进了城市建设的健康发展。

○ 城市规划、建设、管理与服务的数字化工程

开展了城市数字化关键技术、地理信息系统（GIS）、管理信息系统（MIS）和办公自动化（OA）集成技术，GIS、计算机辅助设计（CAD）、三维景观及虚拟现实（VR）集成技术，城市多元空间数据融合与挖掘的关键技术，以及公众空间信息服务系统平台等关键技术研究等；研究开发了城市规划管理信息系统、市政公用业务管理系统等6类44个数字城市急需的业务应用系统；建立了17类数字城市建设的标准和规范，其中一些标准已成为行业正式颁布的标准与规范；在全国范围内建设了城市综合数字化、城市建设管理信息化、数字化社区、数字城市信息产品产业化基地等70个具有较强带动作用的示范工程。

○ 居住区规划设计研究

“居住区规划设计标准”、“住宅室内环境设计”和“可持续居住区研究”等项目研究，形成了支持居住区规划设计和住宅室内环境设计的技术性标准框架，对提高居住区的建设水平及环境质量，制定和完善有关标准规范具有重要意义。部分技术成果已应用于正在编制中的行业和国家标准。

○ 制定技术规范、推动可再生能源在居住区与住宅中的应用

2004年编制完成了《民用建筑太阳能热水系统应用技术规范》（送审稿）。该规范有力地配合了国家《可再生能源法》的执行，规范了太阳能热水系统在居住区与住宅建筑中的应用。

二、城市居住与环境

创建良好的居住环境和绿色建筑是“十五”期间重要的科技工作之一。“十五”期间围绕着城市大气和水污染、城市固体废弃物处理、污水处理及回收利用以及绿色建筑核心技术等问题开展了重点研究，为切实改善城市居住环境提供了技术保障，取得了一批重大成果。

○ 大气污染监测技术与设备

研制成功高性能烟气自动监测系统，包括测速仪、测尘仪、新型稀释采样样机及新型数据采集器等，开发出基于统一应用平台进行多项目在线连续监测的集成设备并投入现场运行考核。完成了中压中温有机溶剂微萃取大气细粒子的实验装置，建立了国内第一套完整、可信和有效的大气颗粒有机物 GC-MS 分析方法，并对北京市大气颗粒物中的有机成分进行了分析，取得了初步成功。

○ 污水、污泥高效低耗处理技术，中水回用、雨水利用技术和设备

取得了许多重要的工艺技术和产品成果，形成了一批先进有效、比较成熟的单项技术，为高效低耗技术的集成应用与示范奠定了坚实的技术基础。进行了城市面源污染控制技术、地表水环境质量改善技术、建筑中水回用技术、雨水利用技术研究和示范，在康居示范工程中得到了推广和应用。

○ 固体废弃物处理处置技术

研制开发出具自主知识产权的新型往复式炉排，系统集成了垃圾焚烧发电工艺中焚烧炉能量利用和转

图 10-4　上海首幢生态建筑示范楼 —— 上海市建筑科学研究院环境中心办公楼

化的关键技术，在浙江温州建成了日处理量600立方米的示范性生活垃圾焚烧发电厂。在杭州天子岭建设的中国第一个规模化生活垃圾填埋场大量应用了垃圾渗滤液亚表面回灌、覆盖新材料及沼气发电等核心技术，初步实现了生态填埋的设计思路。

○ 绿色建筑关键技术

包括建筑物理环境控制与设施（声、光、热、空气质量等），节能型建筑材料与构造（窗、遮阳、屋顶、建筑节点、钢结构等），建筑环境控制系统（高效能源系统、新的采暖通风和空调方式及设备开发等），建筑智能化系统、建筑绿化配套技术、绿色建筑技术集成与平台建设等。通过联合攻关，实现了部分绿色建筑关键技术的突破，达到国际领先水平，完成了近20项专利及软件著作权登记。

○ 绿色建筑系统集成创新、示范与推广应用

通过自主研发和集成创新，在北京、上海分别建设了具有国际先进水平的绿色办公、住宅示范楼。办公示范楼集成了自然通风、天然采光、超低能耗、再生能源、健康空调、绿色建材、智能控制、水资源回用、生态绿化、舒适环境等十大技术体系，其综合能耗比同类建筑节约75%，再生能源利用率占建筑使用能耗的20%，再生资源利用率达到60%，室内综合环境健康、舒适。独立住宅示范楼通过节能技术集成和再生能源技术应用，实现了“零”建筑能耗的技术目标。绿色建筑系统集成技术达到国际领先水平。绿色建筑适用技术仅在上海已推广应用60万平方米，建筑节能技术推广应用240万平方米。率先在北京、上海制定了绿色建筑规划设计导则和标准规范，有力地推动了国家有关节能、节水、节地、保护环境和提高建筑环境质量的法律、法规和政策的建设。

三、小城镇建设

“十五”期间，科技部联合建设部、劳动和社会保障部、国土资源部、民政部、农业部、中国农业银行等部门组织实施了小城镇科技发展重大项目。

小城镇发展关键技术研发取得一批创新性成果，包括小城镇绿色住宅产业、基础设施建设、农产品加工技术集成与产业聚集、现代服务业、地方资源合理利用、节能与新能源利用等关键技术研究及设备开发等。研究开发出小城镇绿色住宅产业相关的现场测试快速采样器；初步完成了较大规模集中式住区级太阳能供热系统参数的设定与计算、集成设备选型、蓄热方式选型，建立了太阳能热水系统试验检测方法；开发了地源热泵工程计算分析软件、建筑能耗分析软件DOE2的中文前后处理接口程序等；小城镇污水AmOn一体化处理设备已申请国际专利。

部分成果在技术集成的基础上得到了推广应用。在小城镇新型建材方面，建立了示范生产线和生产线13条。在小城镇污水处理方面，申请了两项混凝剂专利，已在沈阳、成都、浙江等地生产、使用。水污染控制关键技术在江苏有关污水处理工程中得到了应用。以利用农产品合成的聚天冬氨酸聚合物作为缓蚀剂和分散剂用于循环冷却水的处理技术已在山东等地推广应用。

第五节 公共安全科技发展

“十五”期间，围绕维护社会稳定，提高人民生活质量，保障生产安全等方面，以提升中国在公共安全领域的技术水平为主要目标，开展了一系列科技创新活动，提高了生产质量和效益，为保障人民安全和社会稳定奠定了基础。

一、生产安全

生产安全主要包括煤矿、非煤矿山、危险化学品、建筑、交通等方面的安全问题。在生产安全方面，着重以减少煤矿安全事故、保障矿业人员安全为目标，开展以煤矿瓦斯综合治理技术为核心的矿山安全科技研究。通过对煤矿瓦斯富集区的地球物理响应特征的系统研究，初步建立了煤矿复杂构造高精度地震探测理论基础与技术方法、瓦斯富集煤层大反射振幅差异识别模型及瓦斯突出煤层的地震精细识别方法，自主开发了先进的矿井复杂构造探测仪器，在国际上首次达到在地面查明地下700m深部断距大于等于3m的断层、圈定煤矿瓦斯富集区块的技术水平，为预防重大瓦斯灾害发生提供了先进的方法和技术手段。“城市公共安全规划与重大事故应急救援辅助决策支持地理信息系统”等研究成果已经在国内有关大型企业得到了广泛应用。

二、食品安全

“十五”期间，以提高食品质量水平，保障人民身体健康，提高中国农业和食品工业的市场竞争力为目标，从中国食品安全存在的关键问题和入世后所面临的挑战入手，采取自主创新和积极引进并重的原则，通过实施食品安全关键技术重大科技专项，重点解决了中国食品安全中的关键检测、控制和监测技术，建立了符合中国国情的食品安全科技支撑创新体系。

食品安全关键技术专项采取“反弹琵琶”的研究思路，即围绕加强市场监管，把住市场准入关，重点研究了中国食品生产、加工和流通过程中影响食品安全的关键控制技术和标准，食品安全检测技术与相关设备，以及多部门有

专栏 10-4

12个重大科技专项：“食品安全关键技术”专项

专项的目标是：提高食品质量，保障人民健康，提高中国农业和食品工业市场竞争力。重点研究解决食品安全的技术标准、关键检测、监控等方面的科技问题，开展重大战略问题研究，以地方为主体实施食品安全科技综合示范，加快建立符合中国国情的食品安全科技支撑体系。

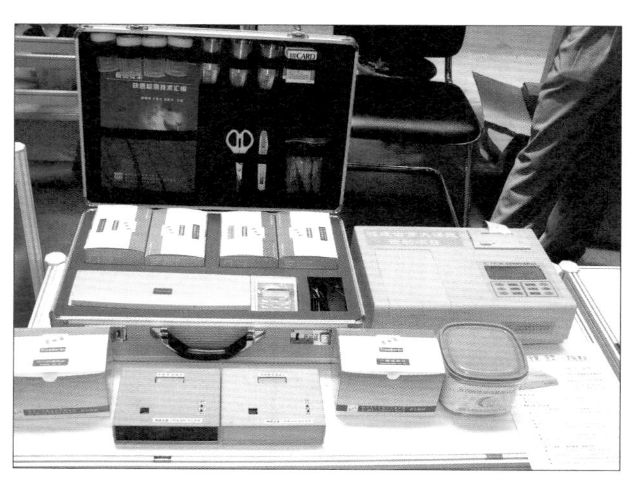

图 10-5　食品安全测试箱

机配合和共享的监测、预警和溯源网络体系，并选择全国有代表性的特色产品开展“从农田到餐桌”的全程控制体系研究与示范。

已成功研制出各类食品安全农兽药、生物毒素、食品添加剂、饲料添加剂和违禁化学品的快速检测方法、确证方法和各种检测试剂盒。研制的农药残留快速测定仪，食品安全快速检测仪，水产品、食品中甲醛快速检测仪，低温流通食品的时间温度记录仪，黄曲霉毒素、玉米赤霉烯酮检测试剂盒，生物毒素、氨基甲酸酯和有机磷类等农药残毒快速检测试剂盒，以及瘦肉精等兽药检测试剂盒，对于提高中国生物毒素、农药残留、兽药残留的快速检测具有重要意义。

针对每天必须检测每份原料奶的成分、细菌总数和安全性这一巨量检测工作，研制了一系列原料乳质量检测的国产化仪器和试剂盒新产品，为保障乳品加工原料奶的安全和质量提供了技术依托。

以禽流感快速检测技术为代表的一批快速及实验室检测技术的开发成功，为食品安全监控提供了有效手段，其中禽流感荧光PCR快速检测技术，使检测时间从21天缩短到4小时。

食品安全监测车实现了从固定实验室到现场移动食品检测的扩展。作为快速检测技术的平台，它符合食品安全检测实验室建设标准要求，成为食品安全检测移动式实验室。食品安全车可将食品检测技术与工商、质检、卫生、农业种养殖基地等监督部门的质量监管职能有机结合，对食品的生产加工进行监测。

三、社会安全

在维护社会稳定，打击犯罪方面，加强对违法犯罪、反恐防恐和群体突发事件处置等综合集成的关键

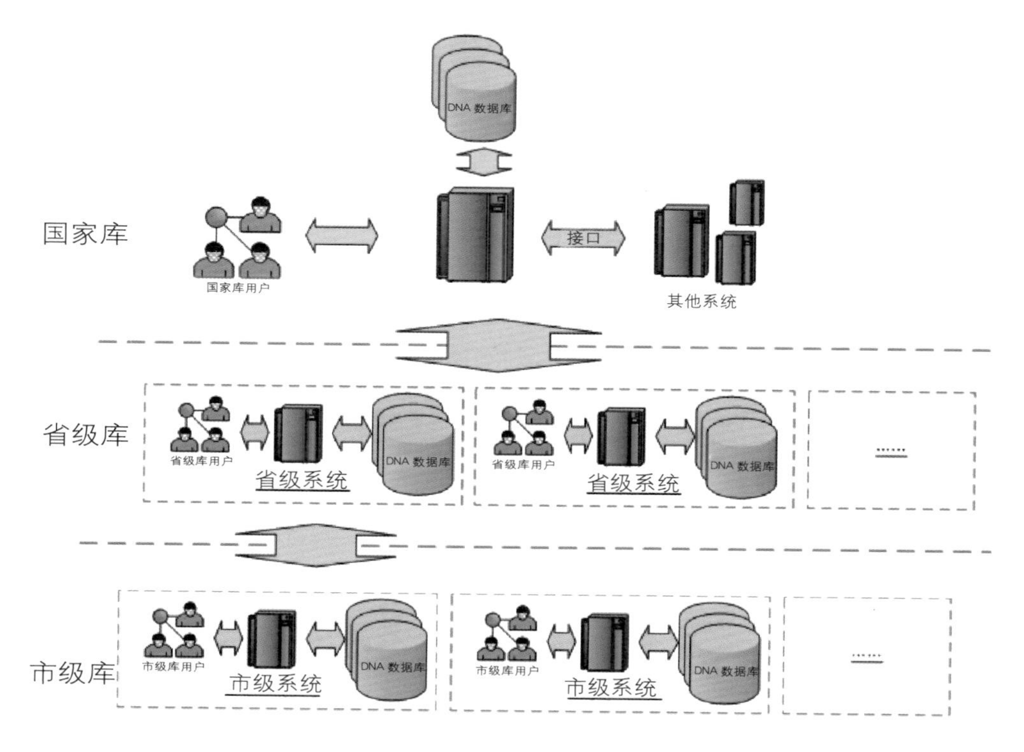

图10-6 全国性法医DNA数据样本库三级结构示意图

应用技术研究，以建立中国人体生物特征（人体DNA、人脸、虹膜等）和违禁品（雷管、毒品等）数据库为目标，重点攻克和解决了相应的探测、识别的关键技术及相应的试剂与设备。

○ 法庭科学DNA数据库、法医学DNA检验试剂

将DNA多态性分析技术、计算机自动识别技术、网络传输技术相结合，实现了对犯罪现场生物物证、重点犯罪嫌疑样本及无名尸体、失踪人员等样本的DNA分析结果数字化，确定了中国法医DNA数据库系统的基本结构、运行模式，编制了具有中国特色和自主知识产权的全国法医DNA数据库应用软件(网络版)，建立了全国性法医DNA数据样本库，已存储各类信息27万条，破获各类案件3000余起，提高了运用刑事科技打击犯罪的快速准确能力。

○ 人脸识别与三维颅面鉴定系统

该系统拥有256万人脸识别数据库，人脸检测速率达到90幅/秒。系统的研制成功，标志着中国在人脸识别理论与方法上取得了突破。在基于虹膜识别的身份认证技术方面，成功研制了中国第一套完全自主知识产权的虹膜识别系统，在成像装置、人机接口、活体检测、图像预处理、特征提取和表达、数据平台建设等方面取得了国际领先水平的研究成果，为中国金融、国防、公安、海关、信息安全、网络等关键领域提供了安全便捷的身份认证解决方案，打破了该领域被国外技术长期垄断的局面。

○ 毒品探测与侦查设备

研究开发出具有极高的探测灵敏度的离子迁移谱毒品探测仪，可直接探测出极其微量的海洛因、大麻、可卡因、摇头丸、冰毒和脱氧麻黄碱等多种毒品。其探测灵敏度可达10^{-9}克，检测时间仅需要几秒钟，可提高毒品侦查检测效率。

第十一章
区域科技发展与地方科技工作

发展区域科技是中国科技工作的重要组成部分。"十五"期间，中国区域科技发展坚持"创新、产业化"的方针，以推动区域协调发展为主要目标，突出重点，统筹安排，分类指导，突出特色，集成国家科技计划，加强对地方经济社会发展的科技支撑。启动了区域科技发展战略研究，加强区域科技规划工作。通过政策引导和项目带动，推动了科技工作在地方经济社会宏观管理体系中发挥重要作用。各地区创新能力不断增强，开创了区域科技工作新局面。

第一节 区域科技发展的新局面

"十五"期间，根据国家区域发展战略重点和区域科技资源分布特点，地方科技投入快速增长，科技产出效益明显增加，高技术产业发展迅速，科技资源空间布局不断优化，地方国际科技合作活跃，各具特色的区域创新体系正在形成。

一、科技资源

"十五"期间，各地区不断加大地方财政科技投入。2004年，中国地方财政科技拨款为402.9亿元，比2003年增长20.1%，占地方财政支出的比例为2.0%；全国31个省（市、区）中，地方财政科技拨款超过6亿元的省市有18个，北京、浙江、广东地方财政科技拨款占财政支出比例分别达3.63%、3.61%、3.53%。

◦ 东、中、西部科技投入均稳步提高，东部增长最快

从科技经费筹集额和R&D经费支出额来看，东、中、西部地区都有不同程度的增长，地区分布结构基本保持稳定，与2000年相比，东部地区这两项指标的增长幅度和增长率均高于中西部地区。2004年，东、中、西部科技经费筹集额分别达3004.1亿元、718.2亿元、606.1亿元，比2000年分别增长88.4%、73.9%、78.7%，年均增长速度分别为17.2%、14.8%、15.6%。2004年，东部地区R&D经费占全国的72.4%，与地区GDP之比为1.49%，远高于中部地区的0.72%、西部地区的0.92%。

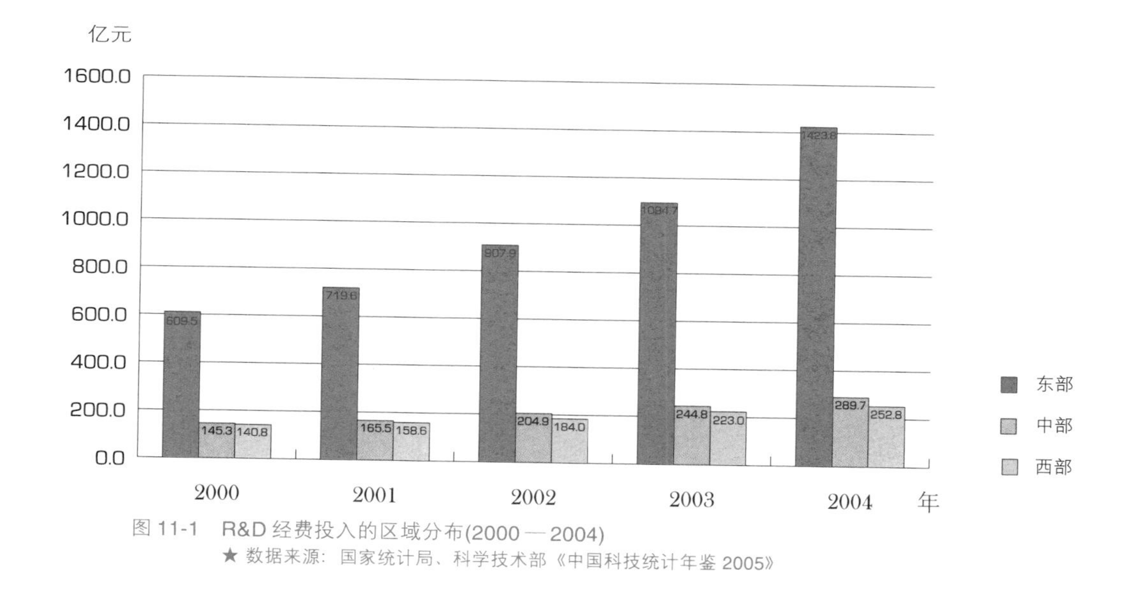

图 11-1 R&D 经费投入的区域分布(2000—2004)

★ 数据来源：国家统计局、科学技术部《中国科技统计年鉴 2005》

○ 科技人力资源向东部集聚

东部地区作为中国经济较发达的地区，同样也是中国科技活动人员的主要聚集地。2004年，东、中、西部科技活动人员分别为204.0万人、80.1万人、64万人，占全国科技活动人员总数的比例分别为58.6%、23%、18.4%。2000—2004年，东部地区科技活动人员和数量持续增长，中西部地区发展相对滞缓，甚至略有下降。东部地区 R&D 人力资源总量同期也有明显增长，中西部地区则变化不大。

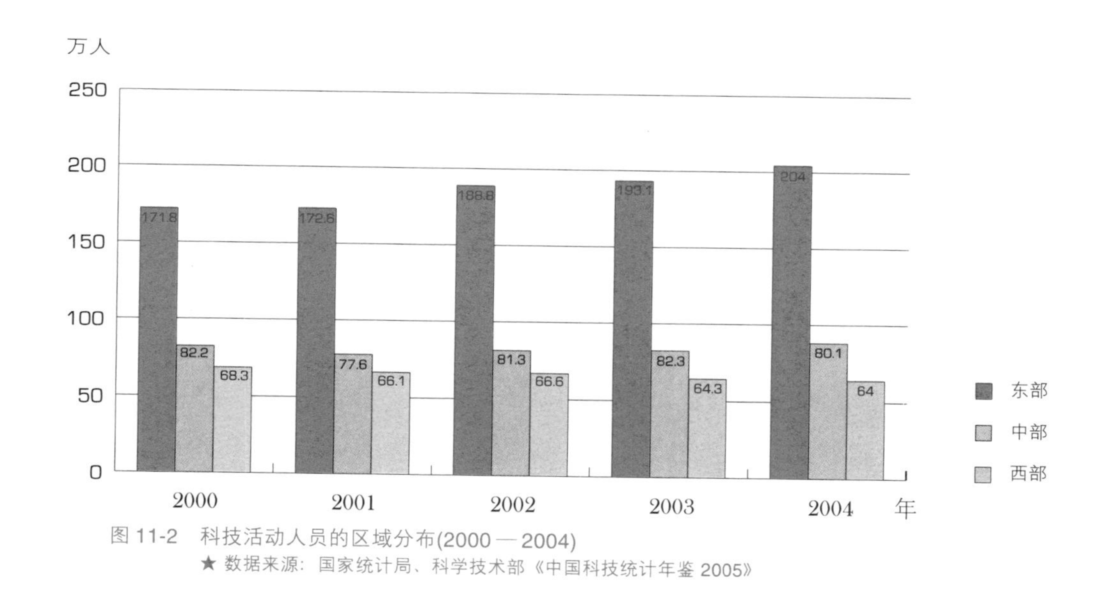

图 11-2 科技活动人员的区域分布(2000—2004)

★ 数据来源：国家统计局、科学技术部《中国科技统计年鉴 2005》

二、科技产出

2004年，东、中、西部科技产出与2000年相比均有较大幅度提高，东部科技产出增速快于中西部。从发明专利授权量和科技论文数来看，2004年，东、中、西部地区的发明专利授权量分别达11339件、2813件、2110件，分别是2000年的2.2倍、1.2倍、1.0倍，年均增长速度分别为34.3%、22.0%、19.2%；东、中、西部地区被国外主要检索工具收录的科技论文数分别达55785篇、15115篇、9640篇，分别是2000年的1.1倍、1.1倍和0.8倍。

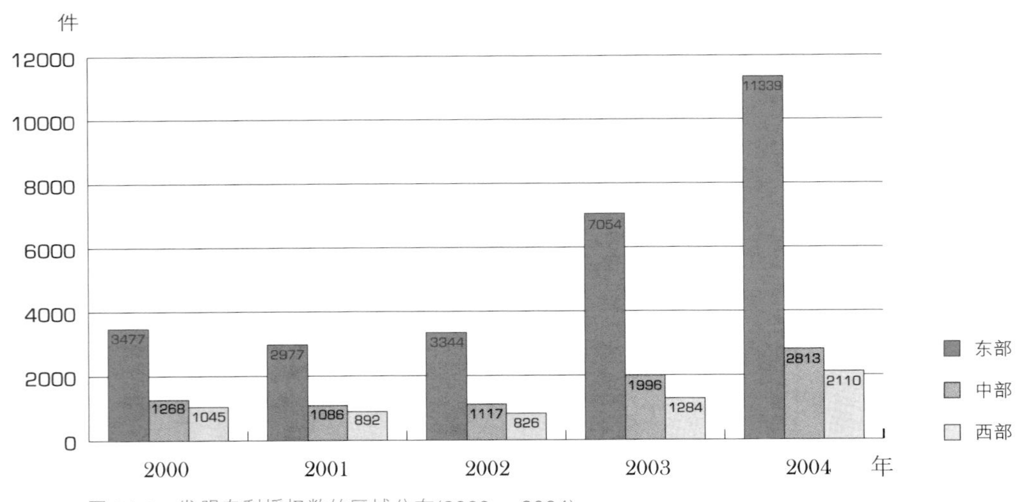

图11-3 发明专利授权数的区域分布(2000—2004)
★ 数据来源：国家统计局、科学技术部《中国科技统计年鉴2005》

三、区域高技术产业

“十五”期间，中国区域高技术产业发展进入快速增长阶段。2004年，东、中、西部实现工业总产值分别为25038.7亿元、1478.1亿元、1251.7亿元，在2000—2004年期间的年均增速分别为30.8%、10.2%、10.5%；全国高技术产业实现增加值达6341.4亿元，其中东、中、西部分别为5433.7亿元、492.6亿元、415.1亿元，年均增速分别为25.85%、11.30%、11.18%，东部优势明显。2000年以来，随着国家东北老工业基地振兴战略的实施，东北三省高技术产业的总产值保持年均13.0%的增长速度，2004年实现高技术产业总产值1038.1亿元，实现增加值240.53亿元。

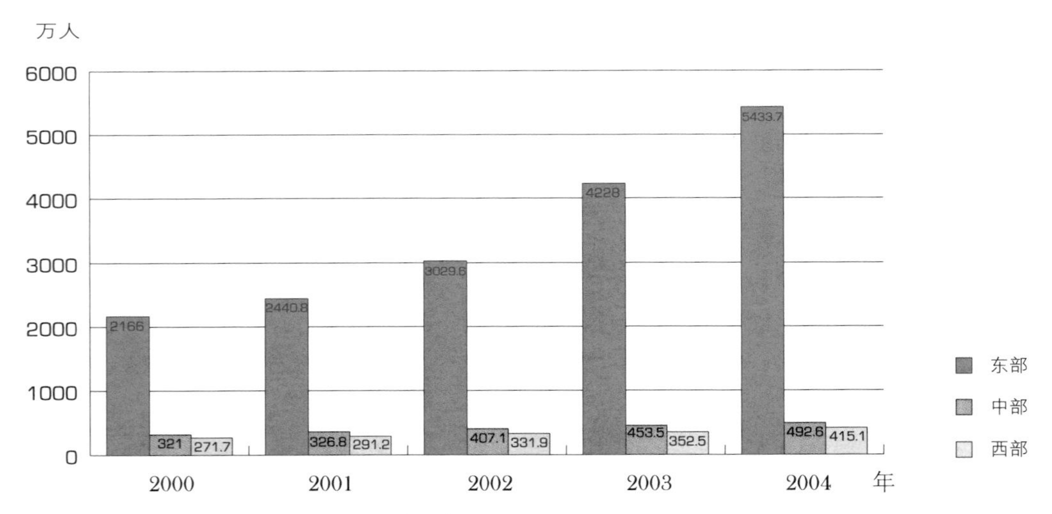

图11-4 高技术产业增加值的区域分布(2000—2004)
★ 数据来源：《中国高技术产业统计年鉴2005》，中国统计出版社，2005，11

○ 高技术产业集群逐步形成

以上海为龙头的长三角都市圈，成为全国发展高技术产业最快的地区；珠三角地区以深圳、广州为核心分别形成了电子信息产业走廊和电气机械产业集群；京津冀地区的北京中关村、天津滨海新区已形成环渤海地区科技创新和产业化的聚集地和辐射源。在中部，以武汉、合肥为核心的都市圈初步形成了以电子信息、生物工程、新材料、新医药、精细化工、环保等六大高技术产业密集带；在西部初步形成了以“两带一市两城”（包括陕西关中、四川成都、德阳、绵阳以及重庆市）为核心的西部高技术产业集聚区；东北地区以哈大高速公路为轴的高技术产业带初步形成。

○ 以高新区为代表的高技术产业集群迅速崛起

经过10多年的发展，国家高新区已聚集了一批具有高成长性、高竞争力的产业科技。北京、上海、天津、深圳、西安等地的软件、集成电路、通信设备、新能源产业集群，已成为当地吸引投资创业和科技创新的主导力量。武汉中国光谷已成为国内综合实力最强的光电子信息产业基地之一，2004年光纤光缆国内市场占有率达到了50%，激光设备的国内市场占有率达到60%。东北地区7个高新区工业总产值、工业增加值和上缴税额的增长速度高于全国高新区的平均增长速度。2004年西部地区13个国家级高新技术产业开发区年收入达2834.7亿元。2005年国家还积极推动了全国20个省、市的109家火炬特色产业基地建设，涉及电子与信息、生物工程与新医药、光机电一体化、新材料、能源与环保设备等高新技术领域。

图11-5 天津滨海新区

四、地方国际科技合作

中国各地区开展了大量形式多样的国际科技合作。以北京为核心的环渤海地区和以上海为核心的长三角地区，充分利用科技资源集中、经济政治资源富集的优势，以北京奥运会、上海世博会、国家重大国际科技合作计划等为契机，大力推动高水平、全方位、多层次的国际科技合作。珠三角地区充分利用CEPA、中国－东盟自由贸易区发展等有利机会，积极吸引国际产业和技术转移，成为中国外资研发投入和技术转移的重地。东北地区积极推进东北老工业基地振兴科技行动，在科技部以及相关部委的积极推动与协助下，面向日本、韩国、俄罗斯等国家大力推进国际科技合作。

中部地区利用后发优势，发挥在全国承东启西的区位优势，将“引进来”与“走出去”结合起来，在高技术产业等领域加大国际科技合作力度，逐渐成为国际投资以及国际产业技术转移的热点区域。

随着西部大开发的深化，西部地区通过科技项目带动国际合作，如通过西部开发科技专项“贵州清镇市喀斯特生态经济技术开发与示范”与斯洛文尼亚开展了科技合作。目前，科技部计划通过加强与世界银行、联合国发展计划署、亚洲开发银行、日本国际协力事业团等国际组织和机构在科技培训网络建设、专家引进等方面的合作，推动中西部地区的国际合作。

五、区域创新体系

在国家有关部门的大力推动下，各省（市、自治区）开展了区域创新体系研究与建设工作，各具特色的区域创新体系正在形成。2003年5月召开了全国区域创新体系建设与研究工作研讨会，推动了地方加强区域创新体系的制度建设；沪苏浙、东北三省分别签署了共建区域创新体系的合作协议，建立了联席会议制度，共同推动了跨行政区创新体系建设；京津两地、泛珠三角地区也各自签署了科技合作协议。

○ 地方科技体制改革进展迅速

目前，地方技术开发类科研机构已有70%以上完成了企业化转制，有近一半的省（市、自治区）技术开发类科研机构转制工作全面完成。地方公益类科研院所改革已全面启动。

○ 地方多元化科技投融资体系快速发展

除加大地方财政对科技投入外，各省（市、自治区）纷纷成立了中小企业信用担保公司、科技风险投资公司等，积极通过银行信贷、风险资金、信用担保等各种融资方式支持科技创新。

○ 地方科技服务组织形式多样

各地区专业化科技中介机构迅速壮大，功能日趋多样化。各地区的技术市场、技术产权交易所、科技人才市场、科技风险投资中心、科技评估机构等也都形成了快速发展态势。

第二节 重大区域科技行动

为加强科技对地方经济社会发展的支撑和引领作用，"十五"期间，国家不断优化区域科技发展布局并加强政策支持，实施了西部开发科技专项及振兴东北老工业基地科技行动等若干重大区域科技行动，取得了明显成效。

一、西部开发科技专项

为落实党中央、国务院实施西部大开发的重大战略决策，贯彻"科教先行"的指导方针，科技部进行了西部开发科技发展的战略部署。2000年和2001年相继出台了《关于加强西部大开发科技工作的若干意见》和《"十五"西部开发科技规划》，实施了消除"数字鸿沟"西部行动、西部新材料行动、西部新能源行动、"星火西进"行动等。而且在国家科技攻关计划中专门设立了"西部开发"重大项目（简称"西部专项"），每年投入7000万元支持西部地区科技发展。"西部专项"实施5年来，西部地区的科技能力得到较大提高。

专栏 11-1

西部专项

"西部专项"于2001年启动，以西部地区科技能力建设为核心，围绕西部生态环境建设、"三农"问题、高技术产业、产业结构调整、特色资源开发等方面的重大科技需求，进行重点部署。"十五"期间共安排222个课题，累计经费总额达38.9亿元，其中国家拨款3.5亿元。在课题主要承担单位中，以西部地区单位为第一承担单位的课题占总课题数的83.8%。

在研究开发、工程化示范、高科技专业孵化器等方面加强西部地区能力建设，共投入10.9亿元，其中国拨经费7840万元，支持18个西部科研基地建设，在提高地方特色优势产业竞争力等方面发挥了独特作用。以"基地＋项目＋人才"为主要方式，把人才工作放在首位，通过项目带动、培训等手段，在西部地区努

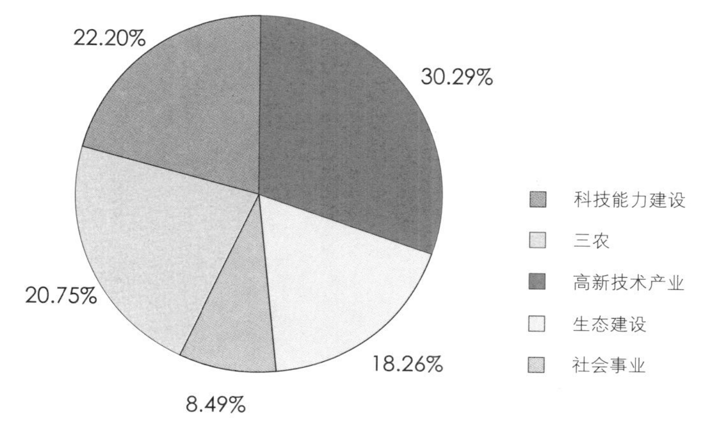

图 11-6 西部专项中国拨经费的重点领域分布

力培养锻造一支有能力承担国家项目，有能力组织带动一批研究骨干，有能力为地方经济社会发展提供技术支撑的学科带头人、科技领军人才和研发队伍。

始终把解决“三农”问题作为一个重点。5年来，在农业技术示范推广、农副产品深加工产业化示范以及生态农业、节水农业和集约型草原畜牧业发展等方面，共投入12.1亿元，其中国拨经费7330万元，积极推动西部农业结构调整和农民增收致富。

支持西部高技术产业发展是“西部专项”的重点，共投入8.9亿元资金，其中国拨经费1.07亿元，在四川成都、德阳、绵阳，陕西关中和重庆市等地区和电子信息、新材料、新能源等领域，取得大量科技攻关成果。其中以太阳能、地热能、生物质能为主的新能源技术开发成就显著，开发出了近30项新技术、新设备，在一定程度上改善了西部地区的能源结构。

围绕水资源综合利用和针对西部典型生态区综合治理，共投入6.2亿元，其中国拨经费6450万元，在若干技术领域的研究与应用推广方面取得重大突破。基本摸清了西北地区水资源时空分布及承载力状况，提出了生态、生产和生活用水的科学方案建议。配合青藏铁路、西气东输等国家重大基础设施建设，攻克了一批关键技术难题。

把西部地区的人口、健康、卫生和公共安全保障作为课题选择和实施的重要方面，共投入7852万元，其中国拨经费3000万元，重大疾病防治、饮用水安全、防震减灾预测预警等技术取得了突破，社会效益明显。

二、东北老工业基地振兴科技行动

为贯彻落实国家关于东北老工业基地振兴战略以及相关政策，2004年科技部启动了“振兴东北老工业基地科技行动”，设立了振兴东北科技专项。2004—2005年度投入专项经费1亿元，重点加强东北地区装备制造业等优势特色产业的科技支撑能力，重点支持现代农业、中药现代化、现代装备制造业、软件产业国际化示范、新能源开发利用等重大产业化项目建设，以及高新区公共技术创新平台建设。中国科学院紧紧围绕国家东北地区等老工业基地振兴战略，实施了“东北振兴科技行动计划”，充分发挥院士与科学家群体的决策咨询作用，着力推进“促进东北地区传统产业升级改造”、“促进东北地区高新技术产业发展”、“促进东北地区现代农业发展和生态环境建设”和“加强人才培养培训交流”等四大工程。

2004年，科技部与东北三省建立了科技振兴东北老工业基地省部联席会议制度。辽宁、吉林和黑龙江三省政府在科技部的支持下，本着“联合互动，共建共享，协调发展”的原则，共同签署建立东北区域创新体系合作协议，联合建立了东北大型科学仪器装备协作共用网，各地区也通过省部共建等形式建立了相应的科学仪器协作共用网及国家仪器中心。2005年，黑龙江、辽宁、吉林三省科技厅及大连、沈阳、长春、哈尔滨四市科技局成立了东北技术转移联盟，共同制定了《东北技术转移联盟章程》，签署了《东北技术转移联盟合作协议书》。

第三节
地方科技工作

适应新形势的地方科技工作机制和制度正在形成，许多地方成立了科技领导小组，一把手亲自抓科技工作。全国有26个省市制定了科技进步条例，为科技发展营造了良好的社会环境。地方财政科技拨款逐年增加，为区域科技发展创造了物质条件，地方科技工作环境得到较大改善。

一、省（市）部科技合作

在科技部与地方政府的积极努力下，围绕着科研基础设施建设、创新机制建设等内容，启动了“省部共建”科技合作工作。省部合作机制的建立整合了多方科技资源，调动了各方积极性。“十五”期间，科技部先后与安徽省、上海市、天津市建立了工作会商制度，与东北三省建立了科技振兴东北老工业基地省部联席会议制度。科技部先后遴选了一批地方特色明显、有突出优势的优秀地方实验室，着手建设省部共建国家重点实验室培育基地，目前已经在全国的38个地区实施了省部共建重点实验室。科技部与安徽省共同推进汽车自主创新基地建设，重点是建设了汽车研发平台，建立了产学研联盟，实施了重大汽车研发项目。科技部与上海市政府、安徽省政府确定上海市、合肥市为中国科技体制改革创新综合试点城市，开启了科技创新试点市建设的工作。

专栏 11-2

省部共建中的工作会商制度

省部会商制度是科技部与省（市）政府共同建立的一种加强地方科技工作的工作机制。成立“部、省（市）合作委员会”，委员会主任由科技部部长和地方政府的省（市）长共同担任。合作委员会一般每年或每季度会商一次，围绕重大合作事项部署相关工作，会商制度的实施期限一般为5年。工作会商的主要内容：一是共同探索科技体制综合改革工作；二是共同构筑科技基础条件平台；三是共同推进若干重大科技项目的实施；四是共同推进县市科技工作。

二、县（市）科技工作

县（市）科技工作是地方科技工作的基础和重要组成部分。为了进一步加强地方科技工作，科技部继续开展科技进步先进县（市）、科教兴县（市）和科技进步考核等工作，2004年，科技部成立了地方科技工作协调领导小组及办公室，确定2004年为“县（市）科技工作年”，并于同年10月首次召开了全国县（市）科技工作会议。会议全面总结、研究和部署了县（市）科技工作。国务委员陈至立同志做了重要讲话，科技部部长徐冠华同志做了工作报告，全国15个先进单位进行了典型经验介绍，人事部、科技部对全国科技管理系统89个先进集体、78名先进工作者进行了表彰，科技部对83个全

专栏 11-3

县（市）科技工作年的重点任务

一是推动一把手抓第一生产力责任制，加强党委、政府对科技工作的领导和支持；二是突出搞好科技示范推广，强化科技进步对县域经济发展的先导和支撑作用；三是进一步强化县（市）科技管理部门的工作职能，提高其对科技进步的综合管理能力；四是加大制度和机制创新力度，逐步建立适应社会主义市场经济的新型县（市）科技服务体系；五是加强多种形式的科技培训和科普活动，提高劳动者的科技素质和技能；六是切实增加和落实科技投入，改善科技工作的条件和服务于经济发展的能力。

国科技进步示范市（县、区）授牌。

2005年，为贯彻落实全国县（市）科技工作会议精神，科技部、财政部联合启动了“科技富民强县专项行动计划”。重点在中西部地区和东部欠发达地区，每年启动一批试点县（市），实施一批重点科技项目，集成推广500项左右的先进适用技术。准备通过3～5年的努力，支持300个左右国家级试点县（市）实施专项行动，以项目为载体，发挥示范引导作用，从整体上带动1000个左右的县（市）依靠科技进步实现富民强县。纳入实施2005年度专项行动计划的县（市）有89个，中央财政落实2005年度总经费达1亿元。

三、攻关计划引导项目

为推动地方增长方式转变和产业结构调整，“十五”期间，国家科技攻关计划专门设立了攻关计划引导项目，每年投入经费7000万元，重点支持符合国家科技攻关计划条件，对地方主导产业和社会可持续发展具有较大带动作用，能够提升地方科技创新能力的地方重大项目。攻关计划引导项目根据国家科技攻关计划的总体要求，针对不同地方的重大需求，在信息、自动化、新材料、能源交通、资源环境、农业、生物医药、社会发展等领域，进行了较为全面的部署和安排。共安排攻关计划引导项目309项，累计投入总额达53.35亿元，其中国家财政计划拨款3.5亿元。

经过5年的实施，攻关计划引导项目充分发挥了引导和示范作用，取得了良好的经济效益和社会效益。截至2004年，共取得2044项科研成果，其中研发了422种新产品、360种新材料、587套新装置和成套设备，解决了675项关键技术；共申请专利716项，获得专利授权375项，其中发明专利118项；共培养研究生1033人；新建示范点802个，中试线165条，生产线159条，试验基地264个；共获得国家级奖12项，省部级奖98项；成果转让205项。

四、援藏援疆等地区科技专项

边疆少数民族地区的发展关系到国家的长治久安。科技部紧紧围绕西藏经济社会发展中的关键科技问题，通过资金、技术、人才及物资等多种形式支持西藏发展。2001 — 2004年，围绕太阳能、特色医药和生物资源等开发利用，共安排了108个项目，投入8232万元，其中太阳能综合利用关键技术开发投入达2353万元。2005年科技部设立了“西藏专项”，当年投入1000万元；还发布了《关于进一步加强科技援藏工作的若干意见》，对今后援藏工作做出总体部署。

“十五”期间，科技部进一步加大了支持新疆科技发展的力度，集成各主要科技计划资源，在风力发电机组关键技术、能源资源勘探开发、特色农业技术、生态环境恢复、科技基础条件建设等领域共安排课题532项，投入资金4亿多元。2005年设立了“新疆专项”，当年投入1000万元。

科技部还针对特定地区经济社会发展中的不同需求，组织实施了三峡科技行动、奥运（2008）科技行动计划、世博科技行动等多个地区科技专项，大大加强了地方经济社会发展中科技工作的力度。

第十二章
国际科技合作

国际科技合作是中国科技工作的重要组成部分。"十五"以来，中国围绕国家战略需要，推动双边、多边和区域科技合作，积极参与国际大科学计划和区域科技合作项目，提高了国际影响力。在政府的引导支持下，地方和民间的国际科技合作也取得了大发展，一个全方位、多层次、广领域、高水平的国际科技合作态势初步形成。国际科技合作的服务科技进步，服务经济社会发展，服务国家整体外交的作用日益突出。

第一节 总体部署与概况

2000年发布了《"十五"期间国际科技合作发展纲要》，2001年启动实施了"国际科技合作重点项目计划"，提出了国际科技合作的指导方针和主要任务，对"十五"期间中国国际科技合作工作做出了总体部署。

一、指导方针与主要任务

◦ 国际科技合作的指导方针

紧密围绕全面建设小康社会的奋斗目标，以增强自主创新能力和提高国家科技竞争力为中心，营造更加开放的国际科技合作环境。按照国家经济社会发展战略和科技发展战略部署，以"平等互利，成果共享，保护知识产权，尊重国际惯例"的原则，配合国家总体外交，加强统筹协调，不断拓宽渠道，改进合作方式，提升合作层次，加快实现向主动利用全球科技资源的战略转变，努力为国家科技进步、经济建设和社会发展服务，为总体外交服务。

◦ 国际科技合作的主要任务

支持参与国际基础科学研究计划和高技术发展计划，大幅度提高中国科学技术研究与发展水平；支持参与大科学和大型国际研究计划，争取在空间技术、高能物理、极地考察与开发、生命科学、生物技术等领域的大型国际研究计划中占有一席之地。同时，重点支持若干项由中国科学家提出的中国有一定优势和特色的国际合作项目。结合国家科技发展计划主要任务开展国际科技合作项目，支持一批提高产业技术水平和促进社会发展的国际合作项目；重点支持一批具有较强科技实力和涉外合作能力的科研机构、大学和企业成为国家科技合作的基地；实施“走出去”战略，开辟合作渠道，深化合作内容，拓展合作领域，推动科技兴贸工作和星火国际化。引导地方和部门的国际科技合作走向规范化，提高合作水平及成效。

二、国际科技合作概况

“十五”期间，双边和多边科技合作取得实质性进展。截至2004年，中国已与152个国家和地区建立了科技合作关系，与其中的96个国家签订了政府间科技合作协定。在政府间科技合作协定的框架下，各专业部门与国外签订的部门间合作协议数量大幅增长。与此同时，中国大力加强与欧洲、亚洲的区域科技合作。中国和欧盟于2005年5月召开了中欧科技战略高层论坛，共同发表了《联合声明》，这标志着中欧科技合作进入兴盛期。2004年，中国首次以观察员身份参加了2004年经济合作与发展组织（OECD）科技政策委员会部长级会议。中国积极倡议并举办了首届APEC科技部长会议和首届亚欧科技部长会议，为推动亚太地区全方位科技合作和启动亚欧两大洲间的科技合作奠定了基础。

中国积极参与并牵头一系列国际大科学、大工程计划，国际科技合作能力大大提升。中国已加入1000多个国际科技组织，其中全国性学会参加了240多个国际科技组织，有280多人次的科学家先后在国际科技组织中担任理事、执委以上领导职务。在政府间科技合作的推动、示范和鼓励下，国际科技合作形式更为丰富，半官方及民间科技合作交流也取得了较大发展。中外高等院校之间，研究所和实验室之间，研究所与企业之间以及公司与企业之间已建立了多层次、多形式的科技合作和交流关系。

第二节
国际大科学工程

“十五”期间，中国在参与并牵头一批前沿的国际大科学、大工程计划方面取得重大突破，为提升中国在更深层次参与全球科技合作与竞争、提高国际影响力发挥了重要作用，为世界科技发展做出了贡献。

一、ITER计划

2003年，中国正式加入了国际热核聚变实验反应堆（ITER）计划。该计划是美国、前苏联等在20世纪80年代倡导的国际科技合作项目，旨在通过可控的核聚变反应造出一个“人造太阳”，解决人类面临的能源危机。该计划目前的参与方有中国、欧盟、印度、日本、韩国、俄罗斯和美国。

在这个为期35年，共计投资约100亿欧元的国际大型科技合作项目中，中国承担建造总费用的10%，平等参与该项目的实施。目前，中国已先后派遣多名技术人员到ITER联合研究中心从事设计研发工作。同时，结合中国今后将承担的任务，国内相关单位已经承担了近20项技术课题的研究任务。ITER计划能极大改善国际能源安全，大幅减少空气污染和温室气体排放，对促进经济发展和保护环境具有重要意义。

二、伽利略计划

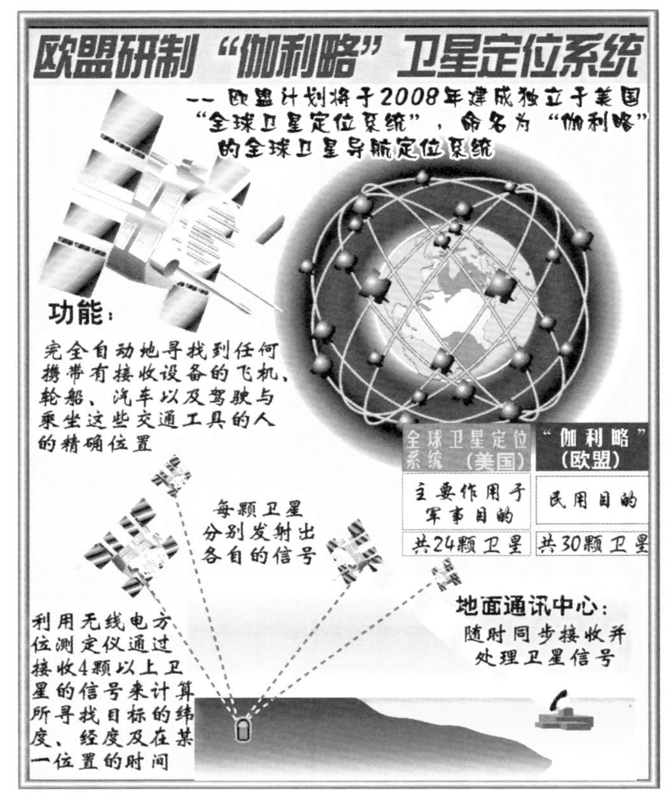

图12-1 "伽利略"卫星定位系统示意图

2003年10月,《中华人民共和国和欧盟及其成员国关于全球卫星导航系统（伽利略计划）的合作协定》正式签署，中国由此成为参加伽利略计划的第一个非欧盟成员国。伽利略计划是由欧盟委员会和欧洲空间局共同发起的欧洲民用卫星导航计划，旨在建成一套独立于美国GPS系统和俄罗斯GLONASS系统的能够覆盖全球的多用途、多功能民用全球卫星导航定位系统。该系统总投资35亿欧元。

中欧伽利略合作是迄今中欧最大的科技合作项目。中方向伽利略计划投入2亿欧元，其中7000万欧元用于支持中方加入伽利略计划开发阶段，1.3亿欧元用于部署阶段。自2005年4月开始，中方已派出三名专家赴伽利略联合执行体工作。目前首批合同已签署，合作进入实质性阶段，今后将朝着系统建设和特许运营方向进一步发展。

三、人类基因组计划

1999年中国加入人类基因组计划，成为该计划中的惟一发展中国家成员。人类基因组计划对人类认识自身，提高健康水平，推动生命科学、医学、生物技术、制药业、农业等学科的发展具有极其重要的意义。

中国承担的是3号染色体约3000万个碱基对的测序任务。2000年4月，中国科学家完成了1%人类基因组的工作框架图；2001年8月，中国提前两年绘制完成负责部分的"完成图"，从而跻身于国际生命科学前沿水平国家行列。

四、人类肝脏蛋白质组计划

中国科学家首先提出并领衔了"人类肝脏蛋白质组计划"。这是第一个关于人类组织/器官的蛋白质组计划。中国科学家首次成为大型国际科研计划的领导者之一。目前已有16个国家和地区的百余个实验室参加了该计划，中国科学家承担了30%以上的研究任务，成为推进该计划的主力。现已制定完成了样本采集等多个标准操作程序，鉴定中国人胎肝蛋白质3000种，法国人肝脏蛋白质5000种，中国成人肝脏蛋白质12000种，并建立了数据库。该计划将在2010年前后完成，中国预期投入2亿元资金。

五、人类脑计划

2001年10月，中国成为参加人类脑计划的第20个成员国，并且开始启动“中华人类脑计划”。1997年正式启动的人类脑计划的核心内容是神经信息学，其目的是更好地认识脑、保护脑和创造脑。中国科学家主要在具有中国特色的传统医学、汉语认知与特殊感知觉的神经信息学研究等领域开展工作，并将建立中国独特的神经信息平台、电子网络和信息数据库。目前，中国已经研制成功第一个脑解剖图谱（脑图谱是人类脑计划第一阶段的4个重要研究领域之一）。

六、全球对地观测系统

2004年，中国加入了全球对地观测系统。全球对地观测系统包括地面遥感车、飞机、火箭、人造卫星、航天飞机等多个观测地球的平台，各种平台相互配合使用，能够实现对全球陆地、大气、海洋的多个角落的立体观测和动态监测。中国将在2020年前发射100多颗卫星，服务于国土资源、测绘、水利、森林、农业和城市建设等社会发展的各个领域。它们不仅将形成中国自己的对地观测网，还将和其他国家的对地观测平台一起，组成全球对地观测系统，为对地观测领域的全球一体化做出贡献。

七、地球空间双星探测计划

地球空间双星探测计划（简称“双星计划”）是中国国家航天局和欧洲空间局共同支持的一个空间探测计划，是中国第一次以自己的先进空间探测项目同发达国家从技术到应用的高层次、实质性的对等合作。该计划的成功实施，有力促进了中国空间物理学科的发展，提高了中国空间探测技术的创新能力，确立了中国在国际空间科技界的地位，对推进中国空间探测技术实现跨越式发展具有重要意义。

八、国际综合大洋钻探计划

2004年，中国正式加入了国际综合大洋钻探计划。国际综合大洋钻探计划（IODP）由国际大洋钻探计划（ODP）发展而来，2003年10月1日开始启动。该计划以“地球系统科学”思想为指导，计划打穿大洋壳，揭示地震机理，查明深部生物圈和天然气水合物，理解极端气候和快速气候变化的过程，为国际学术界构筑起新世纪地球系统科学研究的平台，同时为深海新资源勘探开发、环境预测和防震减灾等实际目标服务。1998年4月，中国正式加入国际大洋钻探计划，到2003年的5年期间，国内有10多个实验室积极投身到大洋钻探采样和资料分析，从而促进了中国深海基础研究及基地建设，增强了中国在国际学术界的地位。

九、全球变化研究计划

全球变化研究计划始于1989年，中国是发起国之一。该计划由四个相对独立又相辅相成的分计划组成，即世界气候研究计划（WCRP）、国际地圈－生物圈计划（IGBP）、全球环境变化的人文因素计划（IHDP）

和生物多样性计划（DIVERSITAS）。近年来，国家投入数亿元科研经费支持大气、陆地、海洋等各个领域的研究，建立了具有一定规模的观测台站及网络，陆续建成了一批国家或部门重点开放实验室，在全球变化研究中发挥了重要的、不可替代的作用。中国在古环境演化、季风亚洲区域集成研究、水资源和水循环、碳循环以及全球气候变化对中国经济社会的影响等五个方面取得了一系列国际水平的成果，并发表了一批高水平的论文。

十、大型强子对撞机

欧洲核子研究中心（CERN）正在研制的大型强子对撞机（LHC）将是世界上最高能量的质子对撞机，计划于2007年投入运行，实现质心系能量高达14万亿电子伏特的质子—质子对撞，探索粒子物理国际前沿的重大问题。1999年，中国科学家承担了大型强子对撞机的两个大型高能物理实验探测设备CMS和ATLAS的部分研制工作，目前已经取得阶段性重要成果。

第三节 双边和多边科技合作

“十五”期间，在双边和多边的国际科技合作中，中国组织实施了一批对科技经济具有重要影响的项目，科技合作规模不断扩大，合作领域更加广泛，从原来的传统技术、基础研究，拓展到生物、信息、空间、新材料和新能源等高技术领域；合作层次进一步提升，从简单的人员交流发展到联合研究等实质性的合作研究，建立了联合计划、联合基金等长效合作机制，取得了实质性进展。

一、中欧科技合作

根据1998年签署的《中华人民共和国政府和欧洲共同体科技合作协定》，欧盟框架计划对中国开放，中国向欧盟开放相应的科技计划，欧盟框架计划成为国外第一个对中国开放的科技计划。截至2005年9月，中国参加欧盟第五框架计划的项目有82项，欧盟第六框架计划的项目有108项。这些项目覆盖了信息技术、能源、材料、生命科学、农业、环境和自然资源等领域。项目总投

图 12-2　欧洲核子研究中心科学试验室之一

入约4亿欧元，并在移动通信、材料、食品质量与安全等领域出现了一批符合双方共同重点的大型项目。欧盟参加了中国国家基础研究计划的项目。

二、中美科技合作

中美两国有关部门在《中美科技合作协定》框架下，签署了50多个合作议定书或备忘录，在基础研究、能源、资源环境、农业、卫生等众多领域开展了卓有成效的合作。在基础研究领域，美方参与了北京正负电子对撞机和第三代北京谱仪改造、上海深紫外自由电子激光实验装置、相对论重离子对撞机等重大项目，中方参与了美方牵头的阿尔法磁谱仪超导磁体部件的研制工作。在清洁能源与新能源方面，节能建筑、可持续发展示范村（城）、清洁煤技术、氢能和燃料电池技术等成为中美合作的新热点。2005年，华能集团在中国政府支持下加入美国发起的“未来发电”计划，标志着中国企业参与中美政府间重大科技合作项目和国际大科学工程项目取得突破。在农业领域，中美联合建立了一批联合研究中心和实验室，开展了黄河流域水资源管理、废水灌溉再利用等联合研究项目。在卫生领域，中国疾病预防控制中心与美国国立卫生研究院合作开展了综合性艾滋病研究项目（CIPRA）。

专栏 12-1

北京正负电子对撞机改造

北京正负电子对撞机(BEPC)于2001年开始进行升级改造，探测器北京谱仪（BES）也开始进行全面改造。改造后，对撞机的工作效率将提高约100倍，成为国际上最先进的双环对撞机之一。目前，中国高能物理学家正与美国以及其他国家高能物理学家一起合作，研究改造北京正负电子对撞机的细节问题。例如，高能所与美国布鲁克海文实验室联合研制超导插入磁铁的7个线圈，并与美国公司合作研制大型超导螺线管线圈。高能所和日本高能加速器组织联合设计超导高频腔。改造后的北京正负电子对撞机将成为国际知名的高能物理实验基地。

三、中俄科技合作

中俄在两国总理定期会晤委员会框架内设有专门的科技合作分委会，负责统一协调、管理两国科技合作工作。双方在航空航天、核能和其他能源、新材料、化工、船舶、生物技术及信息通信技术等领域的科技合作呈现稳步发展的势态。目前，两国正着手开展共同制定中俄中长期科技合作计划，以确定双方在基础研究和高技术领域的重大合作项目。

图 12-3　7000 米载人水下机器人

专栏 12-2

中俄7000米载人潜水器合作

继中俄合作开发6000米水下机器人之后，双方在7000米载人潜水器的研制中再度合作。通过在潜水器各种耐压结构及总体框架研制方面的合作，特别是大直径钛合金载人球壳研制方面的合作，有效地解决中国在加工和试验能力上的不足。

四、中英科技合作

2004年5月温家宝总理访英期间签署的中英联合声明将科技合作列为双边重点合作领域。迄今为止，英国所有6家科研理事会均已同中国的对口单位建立起正式的合作关系。在广泛交流的基础上，中英两国已经开始国家核心科研计划的对接合作，如高性能计算机和网格技术研发。目前，中英双边科技合作重点领域包括：清洁和可再生能源（包括清洁煤）、生物医药和传统医药现代化、气候变化、环境和可持续发展、传染疾病、纳米材料科学和空间技术。

五、中法科技合作

中法从1991年起通过实施"中法先进研究计划"，开展了旨在促进和加强双方在基础科学和高技术科学方面的一系列研究。每年双方共同征集项目，至今已经召开9次专家指导委员会会议，共确定了350多项合作项目。优先合作领域包括生物技术、生物医学、信息技术、环境、材料和地学。双方还鼓励有条件的研究机构建立长期、稳定的合作伙伴关系，积极支持在中国创办联合实验室的合作形式，至今已成立了8家中法联合实验室。中法两国从1997年至2005年共同培养了150名建筑师和城市规划师。中法两国政府签订了一系列科技合作协定，在抗击新发传染病、信息、通讯、交通、航天、能源、环保、新材料等八大领域开展了密切而卓有成效的合作，其中包括共建中科院上海巴斯德研究所，针对传染性疾病进行攻关性研究。

六、中德科技合作

自1978年签订《中德政府间科技合作协定》以来，两国科技合作领域和合作范围逐渐扩大，合作不断向深度和广度发展。双方首先在能源、冶金、航空、农业、医学、数学、物理、化学等专业领域开展合作，继而又将合作领域扩大至制造技术、激光加工、材料、信息、生物、文物保护等合作领域。中德积极倡导"2+2"合作模式（即各方都有研究机构和企业参与合作），充分发挥企业在合作中的作用，取得了不少成功的经验。双方还联合建立了中德分子医学实验室、中德无线通讯技术研究所、中德软件技术研究所、中德计算生物联合研究所等。2005年11月，中国签署了德国政府倡导的国际反质子和离子加速器（FAIR）与X射线自由电子激光装置项目（XFEL）筹备阶段的备忘录，为中国科学家参与国际大科学项目提供了平台。

七、中意科技合作

中意的合作领域涉及环境、能源、农业、生物、航空航天、信息、医疗卫生、传统医药、文物保护、可持续发展、中小企业创新、遥感、高能物理、化工等众多领域。中意环境科技合作是近年来双边合作中的亮点。中国科技部和意大利环境国土部共同于2003年创立了中意能源环境合作基金，共同支持双方在能源、环境和可持续发展领域的合作，特别是在京都议定书框架下开展的清洁发展机制项目（CDM）。

专栏 12-3

中意羊八井宇宙观测站合作

目前正在进行的规模较大的一项中意合作项目，是在中国西藏羊八井地区开展的羊八井宇宙线观测站的ARGO实验。该实验是在高海拔的西藏羊八井建造5000m^{2}RPC（高阻板粒子探测器）全覆盖式“地毯”阵列，以实现对宇宙线大气簇射的低阈能、高灵敏度和高精度观测，从而以全天候、宽视场的阵列技术统一覆盖10GeV～100TeV的宽广能区，开展多项宇宙线和天体粒子物理前沿课题研究。中意合作ARGO全覆盖阵列的完成，使羊八井观测站成为国际性的世界上规模最大的高海拔大型科学观测基地。

图 12-4　羊八井宇宙线观测站成为国家野外重点实验室

八、中日韩科技合作

中日在政府间科技联委会框架下开展了一系列高水平的研究项目，研究领域包括生命科学、气象、地震、海洋科学、大气科学、环境等。此外，中日还通过JICA（日本国际协力事业团）、日本花甲协会等一些渠道开展国际科技合作，截至2004年，中日通过JICA渠道共组织实施了72个专项技术合作项目和162个调查合作项目，组织了大约15000名技术管理人员赴日本培训，邀请了5000多名日本专家来华进行技术指导，通过日本花甲协会等组织引进日本花甲专家3500名。

中韩科技合作发展迅速，双方在大气科学、生命科学、新材料科学、光电技术以及纳米技术等领域建立了联合研究中心，两国科学技术人员依托这些中心开展了一系列合作研究项目。

中日韩三国重点在信息通信领域开展了科技合作。其中包括联合开发下一代互联网协议—— IPv6，并使它成为全球通行的标准；加快统一Linux标准等。此外，三国还在防灾减灾、环保、能源、智能机器人等领域开展了科技合作。

九、中国与其他国家（地区）科技合作

中国和以色列在科学与战略研究基金框架下，在农业、水资源、生物医学和纳米材料等领域开展了深入的合作研究，双方科学家共享研究成果，共同发表了多篇论文，收到了很好的效果。

中国和南非在矿业冶金、交通科技、新材料等领域的合作研发取得了可喜成果。例如“振动掘进技术的推广应用”和“城市桥梁管理信息系统研究开发”等项目为推动我高新技术企业开拓海外市场和促进我地方经济发展做出了贡献。

“十五”期间，中国还与世界上其他国家（地区）如荷兰、挪威、芬兰、爱尔兰、埃及、加拿大、古巴、巴西、印度、越南、澳大利亚等开展了广泛的国际合作与交流，取得了丰富成果。

第四节 国际科技合作新模式

“十五”期间，中国进行国际合作的形式不断创新，层次和水平进一步提高，已从过去的相互考察，参加学术会议和技术座谈会，举办展览等浅层次的合作形式，发展到联合成立研究机构，联合设立研究基金，联合建立产业化示范基地，实行科技重点计划对接，建立长期科学战略联盟以及启动协作网络等多种新的实质性合作形式。

一、联合成立研究机构

在国家的积极支持下，中国科学院以发展与国际一流研究机构的长期战略合作伙伴关系为核心，采取了多种新的合作模式。中国科学院与境外科研机构共建联合实验室、联合中心、青年科学家小组、科学家伙伴小组和联合研究团队达82个。其中，与法国共建的中法信息、自动化与应用数学联合实验室是中法合建的第一个国家层面上的基础研究联合实验室；与英国石油公司(BP)合作建立的中国科学院—BP面向未来清洁能源研究中心将在清洁能源领域开展为期10年的基础性合作研究；与法国合建的中科院上海巴斯德研究所，吸引到优秀的法国科学家担任所长，这一合作模式有助于借鉴国外经验管理中国科学研究机构。

二、联合设立研究基金

中国国家自然科学基金委员会先后与美国国家科学基金会（NSF）、英国皇家学会（RS）、德国研究基金会（DFG）、日本科学技术振兴机构（JST）、韩国科学与工程基金会（KOSEF）、澳大利亚研究理事会（ARC）、俄罗斯基础研究基金会（RFBR）等进行合作，共同投资，共同评审，“十五”期间共组织了18个重大国际合作研究项目，极大地促进了实质性国际合作研究的开展。自然科学基金会与德国研究基金会共同建立的

中德科学促进中心（设立了联合研究基金）已经成为中德两国基金组织间成功合作的典范。此外，中国科技部先后与英国、爱尔兰、荷兰、以色列、澳大利亚科技部门联合设立了科技合作基金，支持各自国家的大学、研究院所和企业参与双边政府间科技项目的合作。

三、联合建立产业化基地

中国与俄罗斯先后在山东、黑龙江、浙江建立了三个中俄科技合作产业化示范基地。在双方共同努力下，基地的产业规模和能力建设不断提升，形成了政府型、大学型和企业型三种不同的发展模式，合作建立了一批联合实验室，一批科技成果在中国安家落户。科技部分别在新加坡、美国马里兰、英国剑桥和曼彻斯特、俄罗斯莫斯科建立了海外科技园，为国内科研院所、企业"走出去"以及吸引海外优秀留学人才为国服务提供了平台。

四、建立计划对接机制

中国科技部同英国贸工部签订了两国科研信息化和网格技术合作备忘录，决定在英国科研信息化核心计划和中国863计划高性能计算机及其核心软件重大专项计划之间开展合作。另外，为了推动高新技术企业间的创新合作，中国科技部与荷兰经济部签订了中荷创新合作备忘录，决定在中国的火炬计划、科技型中小企业创新基金与荷兰的相应计划Technopartner 和SenterNovem之间合作，为双边企业创新合作搭建合作信息平台。

五、构建科学战略联盟

为适应科学研究周期较长的特点，中俄双方就共同制定并实施"中俄中长期科技合作计划"达成一致意见，并列入了2005年11月召开的《中俄总理定期会晤委员会第十次会议纪要》。该计划将结合双方各自的科技优势，确定科技合作的战略目标，实施一批高新技术和基础研究领域的重大项目。目前，该计划的制定已经启动。中国科技部和荷兰教育、文化和科学部2001年签订了《中国荷兰科学战略联盟计划》，旨在建立长期的双边科技互利合作，最后形成战略联盟。计划涉及材料科学、生物技术和环境三个领域，以基础性研究工作为主。计划执行期为15年。

第五节
提升国际科技合作能力

"十五"期间，中国通过创新科技合作管理机制，加大科技合作经费投入力度，培养引进尖端科技人才，提升了中国国际科技合作能力。

一、构筑合作新机制

中国2001年启动的"国际科技合作重点项目计划"，是国家层面上惟一的对外国际科技合作与交流平台，旨在通过整合、统筹、充分利用全球科技资源，增强自主创新能力，提高国际竞争力。该计划汇聚和综合了国家各大科技计划中需要国际合作和可以对外开放的项目，充分调动全国各地方、部门的科技合作资源，拓宽合作渠道和合作领域，初步构筑了中央经费引导，地方政府和部门以及项目承担单位共同投入参与国际科技合作与交流的新机制。该计划的组织实施对提高中国国际科技合作的层次和水平发挥了十分积极的作用。

二、加大经费投入

"十五"期间，国际科技合作的经费有了明显的增长。根据对科技部、教育部、卫生部、中国科学院、中国工程院、国家自然科学基金委等和省市科技厅（科委）以及有关科研院所的不完全统计，2004年中国共与69个国家和地区及国际组织签订了1152项科技合作研究项目，项目合同金额72.44亿元人民币。国际科技合作经费的增加为中国积极主动地选择和参与国际科技合作和竞争，在合作中保证平等互利、共同投入、成果共享，起到重要的保障作用。

专栏 12-4

国际科技合作重点项目计划的进展

2001—2005年，国际科技合作重点项目计划共资助项目631项。通过集成、整合投入国际科技合作研发经费42.4亿元，其中国际科技合作重点项目计划专项经费2.8亿元，863计划、973计划和攻关计划中用于国际科技的经费为3.7亿元，引导其他部门和地方配套投入3.3亿元，项目承担单位自筹14.5亿元，外方合作单位投入18.2亿元。

截至2004年底，通过国际科技合作计划的实施，共发表论文3623篇，申请发明专利578项，制定国际标准6项，国家标准5项，行业标准12项，成果转让48项，产值48.6亿元。

三、开展人才交流

国际科技合作在引进海外优秀人才参与中国科技经济建设和培养本土一流人才方面发挥了十分重要的作用。以中国国家外国专家局为例，2004年共邀请来自80多个国家3万多名外国科技专家来华从事科学研究和技术交流工作，同期中国也有2万多名专业技术人员出国参加各种学术交流和培训活动。教育部、中国科学院、国家自然科学基金委员会等有关部门设立了多个专项基金，鼓励和支持海外留学人员以讲学、合作研究和其他多种形式回国工作，与国内科学基金项目承担者开展深层次和持续的合作研究。其中，"十五"期间国家自然科学基金委利用海外青年合作研究基金、港澳青年合作研究基金共资助377项，经费15080万元。这些专项基金的实施受到海外留学人员和国内研究单位的广泛欢迎，有效地促进了国内学术机构与海外华人学者间的交流合作。

四、合作成效显著

国际科技合作促进中国科技能力的提升，也体现在具体的科技产出指标上。以论文产出指标为例，2004

年SCI收录的中国国际合作论文为11963篇，占中国发表论文总数的20.8%，与2001年相比增幅达40%；中国作者为第一作者的国际合著论文6598篇，合作伙伴涉及71个国家(地区)，而2001年仅为3696篇，涉及国家（地区）为55个；其他国家作者为第一作者、中国作者参与工作的国际合著论文为5364篇,合作伙伴涉及64个国家（地区）。

表12-1 2004年科技论文的国际合作形式表

合作形式	中国第一作者（篇）	比例（%）	中国参与论文（篇）	比例（%）
双边合作	6015	91.2	4122	77.0
三方合作	538	8.1	797	14.9
多方合作	45	0.7	435	8.1

第六节 服务国家外交战略

国际科技合作是中国科技工作的重要内容，也是中国整体外交战略的重要组成部分。国际科技合作在推进区域科技与经济发展，维护国家利益，促进与大国关系的发展和“南南合作”，促进国家整体外交战略的顺利实施方面发挥了重要作用。

一、树立良好国际形象

中国政府通过大力支持中国科技人员在国际科技组织中任职、创办国际科技组织、举办重大国际会议、提供科技援助等措施，在有关全球环境、人口、资源、可持续发展等当今国际社会普遍关注的国际事务中，积极维护广大发展中国家利益，树立了良好的国际形象。目前中国已经广泛地加入了各类国际科技组织，并在一些国际科技组织任职。获得境外科技奖的中国科学家的数量也逐年递增。以中国科学院为例，截至2003年，境外科技奖的获得超过100人次。近5年来，中国科技部举办了150个发展中国家技术培训班，涉及的科技领域相当广泛，培训学员遍布亚、非、拉美，将近2500人次。积极落实《中非合作论坛》的后续行动，在肯尼亚实施的Bt杀虫剂技术示范项目，在尼日利亚实施的热带病诊断技术中心示范项目，在埃及实施的建立一次性无菌医疗器械研发中心项目，在几内亚比绍开展的对虾工厂化育苗及养殖技术合作项目，在肯尼亚和坦桑尼亚实施的太阳能示范项目，均促进了同非洲国家的团结与合作，增加了中非人民的友谊，给中国带来了良好的国际声誉。

中国国际科技合作不仅极大地促进了中国的科技进步和经济社会发展，也为世界的科技进步做出了贡献。通过科学家的交流与合作，特别是通过参加国际大科学计划和工程，如参加欧洲核子中心的研究活动等，中国的科学家也为世界的科技进步做出了贡献。又如中、美、俄、韩、加、荷六国建立的全球性高速互联网络（GLORIAD）是国际上第一条环北半球的高速科研学术网络，中国科学院在香港开通的香港公开交换节点（HK OEP）也已经成为亚太地区互联网的汇聚中心和国际互联网在亚太地区的交换中心，有力地促进了多学科领域的科学家们与国际同行之间的资源共享、协同工作，在高能物理、天文、大气、生物等应用领域发挥了重要作用。

二、促进外交战略实施

科技外交日益成为中国整体外交战略的重要组成部分。中美科技合作与商务和经济合作一起被称为中美关系的三大支柱，为稳定和推动中美关系的发展做出了突出贡献。中国、巴西地球资源卫星合作堪称为“南南合作”的成功典范，对推动中巴建立全面合作的战略伙伴关系起了重要作用，成为中国对发展中国家总体外交中一个重要的支撑点。中欧双方在科技合作中采取“主动携手”的战略，相互开放科技计划，建立以知识为基础的战略伙伴关系，为中欧科技界创造了良好的交流与合作环境，扩大了中欧双方科研人员的友好往来与了解，促进了中欧双边政治、经济和贸易关系的发展。中国几年来连续为越南举办科技管理培训班，为越南培养了一批高级科技管理人才，得到了越方的好评，为落实“睦邻，安邻，富邻”做出了贡献。

附录一
主要科技指标

目录

一、科技人力资源

表 1-1　科技人力资源概况（2000—2004年）

	2000	2001	2002	2003	2004
全国					
经济活动人口（万人）	73992	74432	75360	76075	76823
大专及以上学历人口（万人）[a]	4402	4838	5622	6606	7034
科技人力资源总量（万人）[a]	3200	3380	3660	3850	4280
科技活动人员（万人）	322.35	314.11	322.18	328.40	348.21
#科学家工程师	204.59	207.15	217.20	225.47	225.21
R&D人员（万人年）	92.21	95.65	103.51	109.48	115.26
#科学家工程师	69.51	74.27	81.05	86.21	92.63
#基础研究	7.96	7.88	8.40	8.97	11.07
应用研究	21.96	22.60	24.73	26.03	27.86
试验发展	62.28	65.17	70.39	74.49	76.33
研究机构					
科技活动人员（万人）	47.25	42.70	41.48	40.62	39.78
#科学家工程师	29.65	27.60	27.10	26.60	26.29
R&D人员（万人年）	22.72	20.50	20.59	20.39	20.33
#科学家工程师	14.95	14.80	15.23	15.60	15.82
高等学校					
科技活动人员（万人）	35.22	36.64	38.30	41.10	43.68
#科学家工程师	31.51	35.88	37.61	40.38	36.38
R&D人员（万人年）	16.30	17.11	18.15	18.93	21.17
#科学家工程师	14.70	16.80	17.80	18.60	20.62
企业及其他[b]					
科技活动人员（万人）	239.88	234.77	242.40	246.68	264.76
#科学家工程师	143.43	143.67	152.49	158.49	162.55
R&D人员（万人年）	53.19	58.04	64.77	70.16	73.76
#科学家工程师	39.85	42.67	48.02	52.01	56.18

注：a：根据全国人口统计和教育统计数据估算所得；

b：其他是指政府部门所属的从事科技活动但难以归入研究机构的事业单位。

数据来源：国家统计局、科学技术部《全国R&D资源清查综合资料汇编2000》，国家统计局、科学技术部《中国科技统计年鉴》2002—2005年。

表 1-2 部分国家R&D 人员

	年份	R&D 人员（万人年）	每万劳动力[a]中R&D人员（人年/万人）	R&D科学家工程师[b]（万人年）	每万劳动力[a]中R&D科学家工程师[b]（人年/万人）
中 国	2004	115.3	15.0	92.6	12.1
澳大利亚	2002	10.4	105.4	7.2	72.4
奥地利	2002	3.9	99.0	2.4	61.4
比利时	2004	6.3	140.1	3.6	80.6
加拿大	2002	17.7	106.5	11.3	67.7
捷 克	2003	2.8	54.5	1.6	30.8
丹 麦	2002	4.3	150.4	2.6	91.0
芬 兰	2003	5.7	218.3	4.2	159.3
法 国	2002	34.4	127.2	18.6	69.0
德 国	2003	48.1	121.6	26.5	67.0
希 腊	2001	3.0	69.3	1.4	32.9
匈牙利	2003	2.3	56.0	1.5	36.4
冰 岛	2002	0.3	172.7	0.2[c]	114.3[c]
爱尔兰	2002	1.4	76.6	0.9	51.4
意大利	2002	16.4	68.1	7.1	29.6
日 本	2003	88.2	132.4	67.5	101.3
韩 国	2003	18.6	81.3	15.1	66.0
卢森堡	2000	0.4	135.6	0.2	60.9
墨西哥	2001	4.3	11.1	2.2[d]	5.7[d]
荷 兰	2002	8.7	105.5	4.4	52.5
新西兰	2001	1.5	76.0	1.0	52.0
挪 威	2003	2.9	122.2	2.1	88.4
波 兰	2003	7.7	45.3	5.9	34.4
葡萄牙	2002	2.4	45.3	1.8[c]	33.3[c]
斯洛伐克	2003	1.3	50.7	1.0	36.5
西班牙	2003	15.1	80.5	9.3	49.2
瑞 典	2001	7.2	161.7	4.6	103.0
瑞 士	2000	5.2	124.6	2.6	61.5
土耳其	2002	2.9	11.9	2.4	9.9
英 国	1998	25.7[e]	90.3[e]	15.8	54.6
美 国	1999	—	—	126.1	89.6
OECD总体	2000	—	—	338.0	6.3
欧盟25国	2002	204.5	96.7	116.0	54.9
欧盟15国	2002	187.7	105.9	104.6	59.0
阿根廷	2003	3.9	22.3	2.7	15.5
以色列	—	—	—	—	—
罗马尼亚	2003	3.3	32.9	2.1	20.8
俄罗斯	2003	97.3	133.1	48.7	66.7
新加坡	2003	2.4	109.4	2.0	93.1
斯洛文尼亚	2002	0.9	87.9	0.5	47.4

注： a：中国“劳动力”指经济活动人口；b：外国 R&D 科学家工程师数据为参与 R&D 活动的研究人员；c：2001 年；d：1999 年；e：1993 年。

数据来源：国家统计局、科学技术部《中国科技统计年鉴 2005》，OECD《主要科学技术指标 2005/1》。

二、R&D经费

表2-1　R&D经费按活动类型和执行部门分布（2000—2004年）

单位：亿元

	R&D经费	按活动类型分布			按执行部门分布			
		基础研究	应用研究	试验发展	研究机构	企业	高等学校	其他
2000	895.7	46.7	151.9	697.0	258.0	537.0	76.7	24.0
2001	1042.5	55.6	184.9	802.0	288.5	630.0	102.4	21.6
2002	1287.6	73.8	246.7	967.2	351.3	787.8	130.5	18.0
2003	1539.6	87.7	311.4	1140.5	399.0	960.2	162.3	18.1
2004	1966.3	117.2	400.5	1448.7	431.7	1314.0	200.9	19.7

数据来源：国家统计局、科学技术部《中国科技统计年鉴2005》。

表2-2　中央和地方财政科技拨款及其占财政总支出的比重（2000—2004年）

年份	国家财政支出（A）			国家财政科技拨款（B）			B/A		
	（亿元）	中央	地方	（亿元）	中央	地方	（%）	中央	地方
2000	15886.5	5519.8	10366.7	575.6	349.6	226.0	3.62	6.33	2.18
2001	18902.6	5768.0	13134.6	703.3	444.3	258.9	3.72	7.70	1.97
2002	22053.2	6771.7	15281.5	816.2	511.2	305.0	3.70	7.55	2.00
2003	24650.0	7420.1	17229.9	975.5	639.9	335.6	3.96	8.62	1.95
2004	28486.9	7894.1	20592.8	1095.3	692.4	402.9	3.84	8.77	1.95

数据来源：财政部《中国财政年鉴》2001—2005年。

表2-3 部分国家R&D经费与国内生产总值的比值

（2000—2004年）

单位：%

	2000	2001	2002	2003	2004
中 国	0.90	0.95	1.07	1.13	1.23
澳大利亚	1.56	—	1.62	—	—
奥地利	1.91	2.04	2.12	2.20	2.27
比利时	2.04	2.17	2.23	2.31	2.38
加拿大	1.93	2.08	1.96	1.94	1.91
捷 克	1.23	1.22	1.22	1.26	—
丹 麦	—	2.41	2.53	—	—
芬 兰	3.40	3.41	3.44	3.49	—
法 国	2.18	2.23	2.26	2.19	—
德 国	2.49	2.51	2.53	2.55	—
希 腊	—	0.65	—	—	—
匈牙利	0.80	0.95	1.02	0.95	—
冰 岛	2.75	3.06	3.09	3.04	—
爱尔兰	1.14	1.11	1.12	—	—
意大利	1.07	1.11	1.16	—	—
日 本	2.99	3.07	3.12	3.15	—
韩 国	2.39	2.59	2.53	2.64	—
卢森堡	1.71	—	—	—	—
墨西哥	0.37	0.39	—	—	—
荷 兰	1.90	1.88	1.80	—	—
新西兰	—	1.14	—	1.16	—
挪 威	—	1.60	1.67	1.75	—
波 兰	0.66	0.64	0.58	0.56	—
葡萄牙	0.80	0.85	0.94	—	—
斯洛伐克	0.65	0.64	0.58	0.58	—
西班牙	0.94	0.95	1.03	1.10	—
瑞 典	—	4.27	—	—	—
瑞 士	2.57	—	—	—	—
土耳其	0.64	0.72	0.66	—	—
英 国	1.86	1.87	1.90	1.89	—
美 国	2.72	2.73	2.66	2.60	—
OECD总体	2.23	2.27	2.25	2.24	—
欧盟25国	1.80	1.83	1.85	1.85	—
欧盟15国	1.89	1.92	1.95	1.94	—
阿根廷	0.44	0.42	0.39	0.41	—
以色列	4.66	4.97	5.05	4.93	4.85
罗马尼亚	0.37	0.39	0.38	0.40	—
俄罗斯	1.05	1.18	1.25	1.29	—
新加坡	1.89	2.10	2.15	2.13	—
斯洛文尼亚	1.44	1.56	1.53	—	—
巴 西	1.04	—	—	—	—
印 度	—	0.78	—	—	—
南 非	0.7	0.76	—	—	—
泰 国	0.26	0.26	0.26	—	—

数据来源：国家统计局、科学技术部《中国科技统计年鉴 2005》，OECD《主要科技指标 2005/1》，瑞士国际管理发展学院《国际竞争力报告》2000—2004，世界银行《世界发展指标 2005》。

三、政府研究机构的科技活动

表3-1 研究机构科技活动概况

（2000—2004年）

	2000	2001	2002	2003	2004
研究机构合计					
机构数（个）	5064	4635	4347	4169	3979
从业人员（万人）	70.26	62.27	58.91	56.89	56.14
科技活动人员（万人）	47.25	42.70	41.48	40.64	39.78
科学家工程师	29.65	27.67	27.05	26.64	26.29
R&D人员（万人年）	22.72	20.50	20.63	20.39	20.33
科学家工程师	14.95	14.80	15.22	15.55	15.82
科技经费筹集额（亿元）	559.39	626.00	702.66	750.63	789.06
政府资金	377.42	434.90	498.00	535.02	596.05
企业资金	37.65	25.40	36.27	47.06	49.81
银行贷款	10.68	8.60	11.88	11.30	9.07
科技经费内部支出额（亿元）	495.70	557.90	620.21	681.29	706.27
劳务费	120.41	142.50	159.76	169.15	172.23
业务费	245.12	231.90	298.59	313.41	393.52
固定资产购建费	99.66	123.90	122.02	137.97	140.52
R&D经费支出（亿元）	257.98	288.50	351.33	398.99	431.75
基础研究	25.30	33.60	40.72	46.90	51.67
应用研究	66.70	80.00	121.17	141.06	159.09
试验发展	165.98	174.90	189.44	211.03	220.98
课题数（万个）	5.74	5.37	5.49	5.66	5.70
课题投入人员（万人年）	28.50	20.88	20.73	22.07	21.51
科学家工程师	19.05	16.15	15.71	16.50	15.84
课题投入经费（亿元）	289.15	220.85	254.34	337.40	341.44
自然科学与技术领域					
从业人员（万人）	66.54	58.60	55.66	53.59	52.56
科技活动人员（万人）	44.58	39.84	38.84	37.93	36.91
科学家工程师	27.66	25.41	24.99	24.55	24.09
R&D人员（万人年）	22.04	19.86	19.87	19.57	19.49
科学家工程师	14.31	14.22	14.54	14.85	15.09
科技经费筹集额（亿元）	541.75	595.66	672.29	715.44	748.63
政府资金	359.98	412.47	474.53	507.97	564.39
企业资金	37.70	24.22	35.83	46.54	48.24
银行贷款	11.52	8.59	11.85	11.22	9.06

（续表）

科技经费内部支出额（亿元）	490.73	529.13	590.96	648.70	668.46
劳务费	116.21	131.59	148.33	156.64	158.23
业务费	239.11	225.23	291.69	305.68	376.20
固定资产购建费	93.91	117.55	115.42	131.47	134.03
R&D经费支出（亿元）	253.93	284.89	345.90	392.38	423.75
基础研究	24.33	33.58	39.15	45.19	49.20
应用研究	65.21	77.19	118.93	138.36	156.04
试验发展	164.39	174.12	187.82	208.83	218.52
课题数（万个）	5.36	4.97	4.95	5.09	5.10
课题投入人员（万人年）	27.73	20.10	19.57	20.81	20.20
科学家工程师	18.35	15.45	14.69	15.48	14.80
课题投入经费（亿元）	287.22	218.26	249.85	331.09	333.61
社会与人文科学领域					
从业人员（万人）	1.83	1.82	1.82	1.87	1.95
科技活动人员（万人）	1.52	1.52	1.51	1.56	1.63
科学家工程师	1.26	1.25	1.24	1.26	1.30
R&D人员（万人年）	0.60	0.59	0.70	0.73	0.75
科学家工程师	0.54	0.53	0.63	0.63	0.65
科技经费筹集额（亿元）	11.0	13.85	14.87	17.65	19.75
政府资金	8.84	10.83	12.02	14.63	16.38
企业资金	0.07	0.20	0.05	0.12	0.39
银行贷款	0.01	0.01	0.01	0.07	0.00
科技经费内部支出额（亿元）	10.31	13.18	14.03	16.47	18.08
劳务费	4.37	5.80	6.54	7.35	7.94
业务费	2.45	3.28	3.29	3.82	8.81
固定资产购建费	1.57	1.90	1.93	2.17	1.32
R&D经费支出（亿元）	3.04	3.35	4.77	5.70	6.77
基础研究	0.86	1.02	1.44	1.70	2.42
应用研究	1.15	1.64	2.05	2.48	2.60
试验发展	1.03	0.69	1.28	1.52	1.75
课题数（万个）	0.38	0.39	0.40	0.43	0.46
课题投入人员（万人年）	0.77	0.78	0.84	0.88	0.92
科学家工程师	0.70	0.70	0.75	0.73	0.76
课题投入经费（亿元）	1.93	2.58	2.92	3.77	5.02

注：表 3-1~ 表 3-3 中的研究机构是指县以上独立核算研究机构及科技信息与文献机构，且不含转制所。
数据来源：国家统计局、科学技术部《中国科技统计年鉴》2001 — 2005 年。

表3-2 研究机构科技活动人员及经费按行业分布（2004年）

	科技活动人员（人）	科技经费筹集额（万元）	科技经费内部支出额（万元）	R&D经费（万元)
总计	397502	7890944	7063106	4317270
农、林、牧、渔业	62624	735416	694044	237158
采矿业	742	11002	11514	1293
制造业	23467	317044	301118	91389
电力、燃气及水的生产和供应业	1561	38986	33845	14322
建筑业	4476	77521	64322	5996
交通运输、仓储和邮政业	2687	58256	51102	15120
信息传输、计算机服务和软件业	2279	75054	49708	11034
批发和零售业	55	217	224	27
住宿和餐饮业	0	0	0	0
金融业	45	501	560	0
房地产业	10	38	36	0
租赁和商务服务业	395	5305	4835	133
科学研究、技术服务和地质勘察业	72417	1939300	1778001	3767145
水利、环境和公共设施管理业	13297	210729	184082	49766
居民服务和其他服务业	81	850	859	123
教育	1881	21362	21181	3462
卫生、社会保障和社会福利业	23912	271708	368927	95260
文化、体育和娱乐业	3550	73422	65442	4690
公共管理和社会组织	4157	61435	57686	19860
国际组织	105	5248	6913	493

数据来源：国家统计局、科学技术部《中国科技统计年鉴 2005》。

表3-3 中央部门属和地方部门属研究机构的课题情况（2000—2004年）

	单位	2000	2001	2002	2003	2004
研究机构合计						
课题数	万个	5.74	5.37	5.49	5.66	5.70
课题投入人员	万人年	28.50	20.88	20.73	22.07	21.51
科学家工程师	万人年	19.05	16.15	15.71	16.50	15.84
课题投入经费	亿元	289.15	220.85	254.34	337.40	341.44
中央部门属						
课题数	万个	2.63	2.60	2.76	2.93	3.01
课题投入人员	万人年	20.96	14.30	14.01	15.52	14.93
科学家工程师	万人年	15.68	13.08	10.80	11.95	11.39
课题投入经费	亿元	262.01	196.08	226.28	306.56	307.66
地方部门属						
课题数	万个	3.11	2.77	2.72	2.74	2.69
课题投入人员	万人年	7.54	6.58	6.72	6.55	6.58
科学家工程师	万人年	3.37	3.07	4.90	4.55	4.44
课题投入经费	亿元	27.14	24.77	28.09	30.83	33.77

数据来源：国家统计局、科学技术部《中国科技统计年鉴》2001—2005年。

四、高等学校的科技活动

表 4-1 高等学校科技活动概况

（2000 — 2004 年）

	2000	2001	2002	2003	2004
学校数（个）	1041	1225	1396	1552	1731
从业人员（万人）	111	121	130	145	161
科技活动人员（万人）	35.22	36.64	38.30	41.10	43.68
科学家工程师	31.51	35.88	37.61	40.38	36.38
R&D人员（万人年）	15.9	17.1	18.1	18.9	21.2
#科学家工程师	14.70	16.80	17.80	18.60	20.62
#基础研究	5.1	5.1	5.6	5.8	7.4
应用研究	8.7	9.2	9.5	10.0	10.4
试验发展	2.1	2.8	3.1	3.1	3.4
科技经费筹集额（亿元）	166.78	200.00	247.70	307.79	391.63
政府拨款	97.47	109.83	137.29	164.76	210.60
企业资金	55.45	72.46	89.58	112.59	148.62
银行贷款	1.38	0.97	1.30	1.46	1.30
科技经费内部支出额（亿元）	137.15	165.92	204.17	253.88	318.17
劳务费	28.54	29.81	38.22	49.15	58.28
业务费	81.18	—	—	—	—
固定资产购建费	27.43	51.26	38.34	45.06	81.37
R&D经费（亿元）	76.7	102.4	130.5	162.3	200.9
基础研究	17.8	19.0	27.8	32.9	47.9
应用研究	40.0	56.6	67.1	89.7	108.8
试验发展	18.9	26.8	35.6	39.7	44.2

数据来源：国家统计局、科学技术部《中国科技统计年鉴 2005》。

表 4-2 高等学校分学科领域科技活动概况（2004 年）

	单位	自然科学与工程技术领域	社会与人文科学领域
科技活动人员	人	316653	120154
科学家工程师	人	244333	119460
R&D人员	人年	160694	51381
科学家工程师	人年	155235	51174
科技经费筹集额	万元	3672822	243432
政府拨款	万元	1954060	151959
企业资金	万元	1440293	45922
科技经费内部支出额	万元	2972843	208826
劳务费	万元	511680	71070
固定资产购建费	万元	771204	42497
R&D经费	万元	1800567	208826
基础研究	万元	420459	58906
应用研究	万元	1036595	51437
试验发展	万元	343513	98483
R&D课题数	项	157632	79831
R&D课题人员投入	人年	160688	47679
R&D课题经费支出	万元	1390552	86775

数据来源：国家统计局、科学技术部《中国科技统计年鉴 2005》。

表 4-3 部分国家高等学校 R&D 经费按活动类型分布

单位：亿美元

	中国（2004）	美国（2003）	法国（2002）	瑞士（2002）	丹麦（2002）	澳大利亚（2000）	挪威（2001）	西班牙（2002）	韩国（2003）
R&D经费	24.28	476.83	61.26	17.70	10.05	16.09	6.25	15.64	16.22
# 基础研究	5.79	335.65	53.20	14.25	5.83	8.77	3.05	7.21	5.84
应用研究	13.15	108.95	6.68	2.50	3.22	6.07	2.25	6.10	5.32
试验发展	5.34	32.23	1.38	0.95	1.01	1.24	0.95	2.34	5.06

数据来源：国家统计局、科学技术部《中国科技统计年鉴 2005》，OECD《R&D 统计数据库 2004》。

五、大中型工业企业的科技活动

表5-1 大中型工业企业的科技活动概况
（2000—2004年）

	2000	2001	2002	2003	2004
有科技机构的企业数（个）	6187	6000	5836	5545	6468
有科技机构的企业占全部企业的比重（%）	28.4	26.2	25.3	24.9	23.4
科技机构数（个）	7601	7400	7192	6841	9083
科技活动人员（万人）	138.7	136.8	136.7	141.1	144.9
科学家工程师	76.9	79.1	81.3	87.3	84.2
科技经费筹集额（亿元）	922.8	1046.7	1213.0	1588.6	2090.7
政府资金	43.2	41.1	53.7	51.8	64.8
企业资金	744.4	880.4	1020.3	1339.6	1832.5
银行贷款	97.3	95.6	99.9	156.5	155.3
科技经费内部支出额（亿元）	823.7	977.9	1164.1	1467.8	2002.0
新产品开发经费支出	388.9	422.0	509.2	639.0	821.0
R&D人员（万人年）	32.9	37.9	42.4	47.8	43.8
R&D经费支出（亿元）	353.6	442.3	560.2	720.8	954.4
技术引进经费支出（亿元）	245.4	285.9	372.5	405.4	367.9
消化吸收经费支出（亿元）	18.2	19.6	25.7	27.1	54.0
购买国内技术支出（亿元）	26.4	36.3	42.9	54.3	69.6

数据来源：国家统计局、科学技术部《中国科技统计年鉴2005》。

表5-2 各行业大中型工业企业R&D经费及其与产品销售收入的比值（2004年）

	R&D经费内部支出（万元）	与产品销售收入的比值（%）
大中型工业企业合计	9544311	0.71
煤炭开采和洗选业	258467	0.81
石油和天然气开采业	217296	0.51
黑色金属矿采选业	2890	0.08
有色金属矿采选业	12713	0.29
非金属矿采选业	6064	0.34
农副食品加工业	53777	0.16
食品制造业	64065	0.38
饮料制造业	118054	0.71
烟草制品业	52279	0.21
纺织业	253159	0.50
纺织服装、鞋、帽制造业	54083	0.35
皮革、毛皮、羽毛（绒）及其制品业	19363	0.16
木材加工及木、竹、藤、棕、草制品业	23102	0.58
家具制造业	18429	0.34
造纸及纸制品业	84822	0.50
印刷业和记录媒介的复制	17235	0.38
文教体育用品制造业	24129	0.42
石油加工、炼焦及核燃料加工业	102484	0.13
化学原料及化学制品制造业	676867	0.91
医药制造业	281812	1.42
化学纤维制造业	79431	0.58
橡胶制品业	99437	0.85
塑料制品业	83026	0.55
非金属矿物制品业	160514	0.53
黑色金属冶炼及压延加工业	886566	0.63
有色金属冶炼及压延加工业	198657	0.56
金属制品业	83989	0.43
通用设备制造业	509239	1.22
专用设备制造业	346521	1.24
交通运输设备制造业	1274728	1.17
电气机械及器材制造业	934264	1.38
通信设备、计算机及其他电子设备制造业	2262135	1.13
仪器仪表及文化、办公用机械制造业	125810	0.89
工艺品及其他制造业	39766	0.64
电力、热力的生产和供应业	108497	0.08
燃气生产和供应业	2085	0.07
水的生产和供应业	8559	0.32

数据来源：国家统计局、科学技术部《中国科技统计年鉴2005》。

六、科技活动产出

表 6-1　国内科技论文按学科领域和机构类型的分布
（2000 — 2004 年）

单位：篇

	2000	2001	2002	2003	2004
总　计	180848	203229	238833	274604	311737
按学科分布					
基础学科	37024	38190	44110	47633	54883
医药卫生	50516	61312	70339	99063	112294
农林牧渔	11309	12109	15357	17771	20748
工业技术	81282	89463	103927	104347	114941
其他	717	2155	5100	5790	8871
按机构类型分布					
高等学校	115626	132608	157984	181902	214710
研究机构	29580	29085	28779	30123	34043
企业	12931	14452	16307	15489	13673
医疗机构	15816	19736	25612	33242	35691
其他	6895	7348	10151	13848	13620

数据来源：中国科学技术信息研究所《中国科技论文统计与分析（年度研究报告）》2000 — 2004 年。

表 6-2　SCI、EI 和 ISTP 收录的我国科技论文
（2000-2004 年）

年份	SCI、EI和ISTP收录中国			SCI论文数			EI论文数			ISTP论文数		
	论文数（篇）	占总收录的比重%	位次	（篇）	占总收录的比重%	位次	（篇）	占总收录的比重%	位次	（篇）	占总收录的比重%	位次
2000	49678	3.55	8	30499	3.15	8	13163	5.78	3	6016	2.94	8
2001	64526	4.38	6	35685	3.57	8	18578	7.66	3	10263	4.47	6
2002	77395	5.37	5	40758	4.18	6	23224	10.12	2	13413	5.66	5
2003	93352	5.09	5	49788	4.48	6	24997	8.04	3	18567	4.50	6
2004	111356	6.32	5	57377	5.43	5	33500	10.49	2	20479	5.33	5

注： SCI、EI 和 ISTP 分别为美国《科学引文索引》、《工程索引》和《科学技术会议录索引》的缩写。
数据来源：中国科学技术信息研究所《中国科技论文统计与分析（年度研究报告）》2000 — 2004 年。

表6-3　中国专利局专利申请受理量和授权量

（2000 — 2004 年）

单位：件

		申请量				授权量			
		小计	发明	实用新型	外观设计	小计	发明	实用新型	外观设计
合 计	2000	170682	51747	68815	50120	105345	12683	54743	37919
	2001	203573	63204	79722	60647	114251	16296	54359	43596
	2002	252631	80232	93139	79260	132399	21473	57484	53442
	2003	308487	105318	109115	94054	182226	37154	68906	76166
	2004	353807	130133	112825	110849	190238	49360	70623	7025
国 内	2000	140339	25346	68461	46532	95236	6177	54407	34652
	2001	165773	30038	79275	56460	99278	5395	54018	39865
	2002	205544	39806	92166	73572	112103	5868	57092	49143
	2003	251238	56769	107842	86627	149588	11404	68291	69893
	2004	278943	65786	111578	101579	151328	18241	70019	63068
国 外	2000	30343	26401	354	3588	10109	6506	336	3267
	2001	37800	33166	447	4187	14973	10901	341	3731
	2002	47087	40426	973	5688	20296	15605	392	4299
	2003	57249	48549	1273	7427	32638	25750	615	6273
	2004	74864	64347	1247	9270	38910	31119	604	7187

数据来源：国家知识产权局《专利统计年报》2000 — 2004 年。

表6-4　主要国家发明专利授权量及世界排名

（2001 — 2002 年）

	2001		2002	
	授权量（件）	位次	授权量（件）	位次
中 国	16296	10	21473	12
美 国	166038	1	167334	1
日 本	121742	2	120018	2
德 国	48207	3	61153	3
法 国	42963	4	53415	4
英 国	39649	5	52593	5
韩 国	34675	6	45298	6
意大利	25130	7	34899	7
荷 兰	20624	8	27482	8
西班牙	19709	9	26626	9
瑞 典	14873	14	24546	10
瑞 士	15639	12	21852	11
比利时	15081	13	20785	14
奥地利	14328	15	20390	15
俄罗斯	16292	11	18114	16
澳大利亚	13983	16	14496	18
加拿大	12019	17	12951	22
墨西哥	5476	24	6616	27
巴 西	3589	27	4740	28

数据来源：世界知识产权组织工业产权统计，2001 — 2002 年。

七、高技术产业发展

表7-1 高技术产业基本情况

（2000—2004年）

	2000	2001	2002	2003	2004
全部制造业					
企业数（个）	148279	156816	166868	181186	259374
工业总产值（亿元）	75108	84421	98326	127352	135287
增加值（亿元）	19701	22312	26313	34089	45778
从业人员年平均人数（万人）	4606	4529	4617	4884	5667
产品销售收入（亿元）	71698	80272	94114	124035	171837
利税总额（亿元）	6700	7522	9091	12119	10969
高技术产业					
企业数（个）	9758	10479	11333	12322	17898
工业总产值（亿元）	10411	12263	15099	20556	27769
增加值（亿元）	2759	3095	3769	5034	6341
从业人员年平均人数（万人）	390	398	424	477	587
产品销售收入（亿元）	10034	12015	14614	20412	27846
利税总额（亿元）	1033	1108	1166	1465	1294
航空航天制造业					
企业数（个）	176	169	173	148	177
工业总产值（亿元）	388	469	535	551	502
增加值（亿元）	106	124	149	141	149
从业人员年平均人数（万人）	46	42	39	34	27
产品销售收入（亿元）	378	444	500	547	498
利税总额（亿元）	17	21	28	28	26
计算机及办公设备制造业					
企业数（个）	494	543	630	810	1374
工业总产值（亿元）	1677	2200	3479	5987	8692
增加值（亿元）	374	432	604	1022	1226
从业人员年平均人数（万人）	24	30	39	59	83
产品销售收入（亿元）	1599	2296	3442	6306	9193
利税总额（亿元）	104	107	148	210	270

（续表）

电子及通信设备制造业					
企业数（个）	3977	4294	4709	5166	8044
工业总产值（亿元）	5981	6900	7948	10217	14007
增加值（亿元）	1471	1623	1939	2572	3366
从业人员年平均人数（万人）	174	177	193	223	304
产品销售收入（亿元）	5871	6724	7659	9927	13819
利税总额（亿元）	592	593	537	675	861
医疗设备及仪器仪表制造业					
企业数（个）	1810	1985	2140	2135	3538
工业总产值（亿元）	584	653	759	911	1327
增加值（亿元）	174	193	242	275	427
从业人员年平均人数（万人）	47	47	48	45	58
产品销售收入（亿元）	558	628	734	880	1303
利税总额（亿元）	58	74	87	105	148
医药制造业					
企业数（个）	3301	3488	3681	4063	4765
工业总产值（亿元）	1781	2041	2378	2890	3241
增加值（亿元）	634	722	835	1025	1173
从业人员年平均人数（万人）	100	103	106	115	114
产品销售收入（亿元）	1627	1924	2280	2751	3033
利税总额（亿元）	263	313	366	447	480

数据来源：国家统计局、国家发展和改革委员会、科学技术部《中国高技术产业统计年鉴 2005》。

表7-2 高技术产业的主要科技指标

（2000—2004年）

	2000	2001	2002	2003	2004
全部制造业					
R&D人员（万人年)	29.67	33.93	37.99	43.02	38.65
R&D经费（亿元）	323.05	412.37	526.31	678.42	892.48
技术引进经费（亿元）	235.54	274.05	362.98	394.74	354.48
新产品销售收入（亿元）	7607.67	8763.42	10806.72	14021.36	20259.95
拥有发明专利数（件）	6054	7729	8838	14654	17101
高技术产业					
R&D人员（万人年）	9.16	11.16	11.84	12.78	12.08
R&D经费（亿元）	111.04	157.01	186.97	222.45	292.13
技术引进经费（亿元)	47.05	75.95	93.71	93.54	111.86
新产品销售收入（亿元）	2483.82	2875.86	3416.11	4515.04	6098.95
拥有发明专利数（件）	1443	1553	1851	3356	4535
航空航天制造业					
R&D人员（万人年）	3.08	3.21	3.61	2.82	2.40
R&D经费（亿元）	13.79	16.52	22.29	22.26	25.25
技术引进经费（亿元）	2.98	4.70	7.40	7.58	3.35
新产品销售收入（亿元）	81.33	96.08	143.16	215.11	212.48
拥有发明专利数（件）	139	105	126	141	73
计算机及办公设备制造业					
R&D人员（万人年）	0.39	0.67	0.66	1.24	1.36
R&D经费（亿元）	11.55	10.71	24.84	25.75	39.60
技术引进经费（亿元）	7.78	11.72	19.29	17.43	2.20
新产品销售收入（亿元）	537.00	629.36	752.75	954.96	1342.01
拥有发明专利数（件）	131	115	38	271	711
电子及通信设备制造业					
R&D人员（万人年）	3.66	4.93	4.97	6.16	6.05
R&D经费（亿元）	67.94	105.39	112.16	138.50	188.55
技术引进经费（亿元）	30.56	53.64	58.48	59.53	100.01
新产品销售收入（亿元）	1630.81	1878.06	2206.06	2926.19	4026.43
拥有发明专利数（件）	589	828	1068	2100	2453
医疗设备及仪器仪表制造业					
R&D人员（万人年）	0.80	0.83	0.79	0.81	0.88
R&D经费（亿元）	4.28	5.14	6.04	8.27	10.55
技术引进经费（亿元）	1.21	1.00	1.96	1.62	0.55
新产品销售收入（亿元）	64.42	70.25	65.28	115.00	129.31
拥有发明专利数（件）	170	197	135	385	396
医药制造业					
R&D人员（万人年）	1.21	1.52	1.82	1.75	1.39
R&D经费（亿元）	13.47	19.25	21.64	27.67	28.18
技术引进经费（亿元）	4.51	4.89	6.58	7.38	5.75
新产品销售收入（亿元）	170.26	202.11	248.86	303.79	388.72
拥有发明专利数（件）	414	308	484	459	902

数据来源：国家统计局、国家发展和改革委员会、科学技术部《中国高技术产业统计年鉴2005》。

表7-3　部分国家高技术产业R&D经费占工业增加值的比例

单位：%

	中国(2004)	美国(2001)	日本(2002)	德国(2001)	法国(2002)	英国(2002)	加拿大(2001)	意大利(2002)	韩国(2003)
制造业	1.9	8.7	10.4	7.6	7.4	6.9	4.6	2.3	7.3
高技术产业	4.6	27.2	29.9	23.8	28.6	25.4	41.1	11.6	18.3
航空航天器制造业	16.9	14.4	21.6	23.8	29.4	23.4	15.3	23.4	—
计算机及办公设备制造业	3.2	36.7	90.4	19.8	15.8	5.9	71.8	8.8	4.4
电子及通信设备制造业	5.6	37.2	20.4	44.1	57.2	23.4	71.5	19.4	23.4
医疗设备及仪器仪表制造业	2.5	36.8	30.1	14.8	16.1	8.3	—	6.4	10.7
医药制造业	2.4	14.8	27.0	22.3	27.2	49.1	23.9	6.6	4.4

数据来源：国家统计局、国家发展和改革委员会、科学技术部《中国高技术产业统计年鉴2005》。

表7-4　高技术产品进出口额按技术领域分布（2002—2004年）

单位：百万美元

	2002			2003			2004		
	出口额	进口额	差额	出口额	进口额	差额	出口额	进口额	差额
合　计	67855	82839	–14983	110320	119301	–8981	165364	161345	4019
计算机与通讯技术	54529	28264	26265	91931	40306	51625	136215	50695	85521
生命科学技术	2030	2334	–304	2502	3062	–560	3237	3793	–556
电子技术	7917	35328	–27411	11423	53591	–42168	18430	77149	–58719
计算机集成制造技术	703	8257	–7554	1028	11351	–10323	1496	17402	–15906
航空航天技术	732	4965	–4233	755	5501	–4746	996	6366	–5370
光电技术	1268	1478	–210	1804	2185	–381	3797	3216	580
生物技术	166	108	58	190	105	85	219	108	111
材料技术	227	1600	–1374	412	2441	–2029	670	2294	–1624
其他技术	284	504	–221	275	759	–484	304	322	–18

注：依据中国海关提供的数据加工而成。

八、科普事业国际比较

表8-1　2002年美、日、中国台湾和大陆地区科技博物馆数量、观众人数对比

	馆总数	馆数/人口总数	年接待观众数	观众数/人口总数
美　国	560个	1:41万人	15000万人	约1:1.5
日　本	320个	1:38万人	4000万人	约1:3
中国台湾地区	90个	1:26万人	1200万人	约1:2
中国大陆地区	240个	1:540万人	3000万人	约1:40

表8-2　不同国家的公众具备基本科学素养的比例

国 别	调查年份	公众比例
美　国	2000	17.0%
欧　盟	1992	5.0%
加拿大	1989	4.0%
日 本	1991	3.0%
中 国	2003	2.0%

附录二
英文缩略语对照表

英文缩略语对照表（以英文字母排序）

英文缩略	英文全称	中文全称
3G	Third Generation	第三代移动通讯
APEC	The Asia-Pacific Economic Cooperation	亚太经贸合作组织
API	Application Programming Interface	应用编程接口
APL	Acute promyelocytic Leukemia	急性早幼粒细胞白血病
ARC	Australian Research Council	澳大利亚研究理事会
ARGO	Array for Real-time Geostrophic Oceanography	地转海洋学实时观测阵
ASP	Active Server Page	动态服务器主页
ATRA	All-Trans-Retinoic Acid	全反式维甲酸
AWG	American Wire Gauge	美国线规
B3G	Beyond Third Generation	超（后）三代（新一代）宽带无线移动通信技术
B3G/4G	Beyond Third Generation/Fourth Generation	超三代/第四代移动通信技术
BEPC	Beijing Electron Positron Collider	北京正负电子对撞机
BIOS	Basic Input Output System	基本输入输出系统
CAD	Computer Aided Design	计算机辅助设计
CAE	Computer Aided Education	计算机辅助教育
CAPP	Computer-Aided Process Planning	计算机辅助工艺编制
CCD	Charge Coupled Device	电荷耦合器件
CDM	Clean Development Mechanism	清洁发展机制
CDMA	Code Division Multiple Access	码分多址
CDNA	C deoxyribonucleic acid	C脱氧核糖核酸
CEFR	China Experimental Fast Reactor	中国实验快堆
CEPA	Mainland and Hong Kong Closer Economic Partnership Arrangement	《内地与香港更紧密经贸关系安排》
CERN	European laboratory for particle physics	欧洲粒子物理研究所
CFM	Ceramic Cross-Flowing Micofirtration	陶瓷膜微滤工艺
CIPRA	Comprehensive International Program of Research on AIDS	国际综合性艾滋病研究项目
CMV	Cucumber Mosaic Virus	黄瓜花叶病毒
CNGI	China Next Generation Internet	中国下一代互联网
COD	Chemical Oxygen Demand	化学需氧量
COF	Chip On Film	薄膜覆晶
CPU	Central Processing Unit	中央处理器
CT	Computed Tomography	计算机体层摄影
DFB	Distributed FeedBack	分布反馈
DFG	German Research Foundation	德国研究基金会
DNA	Deoxyribonucleic Acid	脱氧核糖核酸
DVD	Digital Video Disc	数字化视频光盘
EI	Engineering Index	工程索引
ELISA	Enzyme Linked Immunosorbent Assay	酶联免疫吸附试验
EPA	Ethernet for Plant Automation	以太网总线控制
ERP	Enterprise Resource Planning	企业资源计划
EST	Expressed Sequence Tags	表达序列标签

英文缩略	英文全称	中文全称
GC-MS	Gas Chromatograph- Mass Spectrometer	气相层析质谱仪
GDP	Gross Domestic Product	国内生产总值
GIS	Geographical Information Systems	地理信息系统
GLOBEC	Global Ocean Ecosystem Dynamics	全球海洋生态系统动力学
GLONASS	Global Navigation Satellite System	全球导航卫星系统
GLORIAD	Global Ring Network for Advanced Applications Development	中-美-俄环球科教网络
GPCR	G Protein-Coupled Receptors	G 蛋白耦合接受器
GPS	Global Position System	全球定位系统
GRAPES	Global/Regional Assimilation and Prediction System	全球区域同化预报系统
GSSP	Global Stratotype Sections and Points	全球界线层型剖面和点
HK OEP	Hong Kong Open Exchange Point	香港公开互联网开放交换点
ICP	Internet Content Provider	互联网上提供内容服务与提供电子商务的厂商
IGBP	International Geosphere-Biosphere Programme	国际地圈-生物圈计划
IHDP	International Human Dimensions Programme on Global Environmental Change	国际全球环境变化人文因素计划
IODP	Integrated Ocean Drilling Program	综合大洋钻探计划
IP	Internet Protocol	网际协议
IPv6	Internet Protocol Version 6	下一版本的互联网协议
ISTP	Index to Scientific & Technical Proceedings	科学技术会议录索引
IT	Information Technology	信息技术
ITER	International Thermonuclear Experimental Reactor	国际热核聚变实验反应堆
ITU-T	International Telecommunications Union	国际电信同盟
JICA	Japan International Cooperation Agency	日本国际协力机构
JST	Japan Science and Technology Agency	日本科学技术振兴机构
KOSEF	Korea Science and Engineering Foundation	韩国科学与工程基金会
LD50	Median Lethal Dose	半数致死量
LED	Light-emitting Diode	发光二极管
LHC	Large Hadron Collider	大型强子对撞机
MEMS	Micro-electromechanical Systems	微型机电系统
MES	Manufacturing Enterprise Solutions	生产执行系统
MIS	Management Information System	管理信息系统
MITE	miniature inverted-repeat transposable element	微倒转重复序列
MNGI	Military Next Generation Internet	军用下一代网络试验网
MOC1	monoculm1	单分蘖
MOSA	Chinese Mobile Embedded Software Technology Alliance	手机嵌入式软件联盟
MRT	Magnetic Resonance Imaging	磁共振扫描
NSF	The National Science Foundation	美国国家科学基金会
OA	Office Automation	办公自动化
OBS	Ocean Bottom Seismograph	海底地震仪

英文缩略	英文全称	中文全称
ODP	Ocean Drilling Program	大洋钻探计划
OECD	Organization for Economic Cooperation and Development	经济合作与发展组织
OEIC	Optoelectronic Integrated Circuit	光电子集成电路
OFDM/GMC	Orthogonal Frequency Division Multiplexing/ GMC	正交频分复用多载波无线传输技术
OOIP	Original Oil-In-Place	原油原始地质储量
PAX	Paired-type Homeobox	配对盒基因
PCR	Polymerase chain reaction	聚合酶链反应
PDM	Product Data Management	产品数据管理
PDP	Plasma Display Panel	等离子显示器
PIN-TIA	PIN- TransImpedance Amplifier	同轴封装接收组件
PKI/KMI	Public Key Infrastructure/ Key Management Infrastructure	公共钥匙基础结构/密钥管理基础设施
R&D	Research and Development	研究与发展
RFBR	Russian Foundation for Basic Research	俄罗斯基础研究基金会
RNA	Ribonucleic Acid	核糖核酸
RPC	Resistive Plate Chamber	高阻板粒子探测器
RS	The Royal Society	英国皇家学会
SAR	Synthesize Aperture Radar	合成孔径雷达
SARS	Severe Acute Respiratory Syndrome	非典型肺炎
SCDMA	Synchronous Code Division Multiple Access	同步码分多址接入
SCI	Science Citation Index	科学引文索引
SDH	Synchronous Digital Hierarchy	同步数字层
SIG	Spatial Information Grid	空间信息网络
SM-PDP	Shadow Mask- Plasma Display Panel	荫罩式等离子体显示
SOI	Silicon – on – Insulator	绝缘硅
STM-256	Scanning Tunneling Microscopy-256	256帧扫描隧道显微术
SUV	Sports Utility Vehicle	运动型多功能车
T-DNA	T-deoxyribonucleic acid	T-脱氧核糖核酸
TD-SCDMA	Time Division-Synchronous Code Division Multiple Access	时分同步码分多址接入
UBQ	Ubiquitin	泛素
ULSI	Ultra Large-Scale Integration	特大规模集成电路
VR	Virtual Reality	虚拟现实
WCDMA	Wideband Code Division Multiple Access	宽带码分多址移动通信系统
WCRP	World Climate Research Programme	世界气候研究计划
WUE	Water Use Efficiency	水分利用效率
XFEL	X-ray Free Electron Laser	X 射线自由电子激光

图书在版编目(CIP)数据

中国科学技术发展报告2005/中华人民共和国科学技术部编. 北京：科学技术文献出版社，2006.8

ISBN 7-5023-5449-2

Ⅰ. 中… Ⅱ. 中… Ⅲ. 科学技术－技术发展－研究报告－中国－2005 Ⅳ. N120.1

中国版本图书馆CIP数据核字(2006)第118806号

出 版 者 科学技术文献出版社
地 址 北京市海淀区西郊板井农林科学院农科大厦A座8层/100089
图书编务部电话 (010) 51501739
图书发行部电话 (010) 51501720，(010) 68514035(传真)
邮购部电话 (010) 51501729
网 址 http://www.stdph.com
E-mail: stdph@istic.ac.cn
责任编辑 张述庆
责任校对 赵文珍
责任出版 王杰馨
装帧设计 视觉共振设计工作室
发 行 者 科学技术文献出版社发行 全国各地新华书店经销
印 刷 者 北京华联印刷有限公司
版(印)次 2006年8月第1版第1次印刷
开 本 889×1194 16开
字 数 305千
印 张 14.5
印 数 1～10000册
定 价 120.00元